"十二五"职业教育国家规划教材
经全国职业教育教材审定委员会审定
土木工程专业系列规划教材

建筑力学题解（第二版）

上册　理论力学

沈养中　李桐栋　主　编
高淑荣　石　静　孟胜国　副主编

科学出版社
北　京

内 容 简 介

本书是与“十二五”职业教育国家规划教材《建筑力学（第四版）》与《结构力学（第四版）》、普通高等教育“十一五”国家级规划教材《理论力学（第四版）》、《材料力学（第三版）》配套的教学辅导教材。本书涵盖建筑力学的知识要点，对精选773道概念题和730道计算题全部做了解答。本书内容丰富、突出应用、深入浅出、通俗易懂，注重培养分析问题和解决问题的能力。全书共分上、中、下三册。上册为理论力学（第一章至第七章），包括静力学基础、平面力系、空间力系、点与刚体的运动、质点与刚体的运动微分方程、动能定理、达朗贝尔原理与虚位移原理；中册为材料力学（第八章至第十四章），包括轴向拉伸与压缩、截面的几何性质、扭转、弯曲、应力状态与强度理论、组合变形、压杆稳定；下册为结构力学（第十五章至第二十二章），包括平面杆件体系的几何组成分析、静定结构的内力计算、静定结构的位移计算、力法、位移法、力矩分配法和无剪力分配法、影响线、工程结构有限元计算初步。

本书可作为高等职业学校、高等专科学校、成人高校及本科院校所属二级职业技术学院和民办高校土建大类专业，以及道桥、市政、水利等专业的力学课程的学习辅导教材，专升本考试用书。也可作为本科院校相关专业学生学习辅导用书，以及教师和有关工程技术人员的参考用书。

图书在版编目(CIP)数据

建筑力学题解（上册 理论力学）/沈养中，李桐栋主编. —2版. 北京：科学出版社，2016

（“十二五”职业教育国家规划教材·经全国职业教育教材审定委员会审定·木土工程专业系列规划教材）

ISBN 978-7-03-047244-1

Ⅰ. ①建… Ⅱ. ①沈…②李… Ⅲ. ①建筑科学－力学－高等职业教育－题解 Ⅳ. ①TU311－44

中国版本图书馆CIP数据核字(2016)第021906号

责任编辑：李 欣/责任校对：马英菊

责任印制：吕春珉/封面设计：曹 来

科学出版社 出版

北京东黄城根北街16号

邮政编码：100717

http://www.sciencep.com

铭浩彩色印装有限公司印刷

科学出版社发行 各地新华书店经销

*

2002年10月第 一 版 开本：787×1092 1/16

2016年2月第 二 版 印张：13 3/4＋18 1/2＋17

2016年2月第一次印刷 字数：1 120 000

定价：96.00元（上、中、下册合定价）

（如有印装质量问题，我社负责调换〈骏杰〉）

销售部电话 010-62136230 编辑部电话 010-62138017-2025（VA03）

第二版前言

本书是在第一版的基础上，根据高职高专的特点和高等教育大众化的特点进行修订的。本次修订除继续保持第一版中的涵盖面广、内容丰富、突出应用、深入浅出、通俗易懂，注重培养分析问题和解决问题能力的特色外，增加了第二十二章：工程结构有限元计算初步，突出了建筑力学的实用性；增加了概念题773道，题型有：选择题、填空题、判断题和简答题；并对原有的计算题进行了修改和调整，题量达730道。对所有的概念题和计算题都做了解答。

本书分为上、中、下册，上册为理论力学（第一章至第七章），中册为材料力学（第八章至第十四章），下册为结构力学（第十五章至第二十二章），参加本书修订工作的有：江苏建筑职业技术学院沈养中（第一、二、三章）、李桐栋（第四、五、六、七、二十二章）、河北工程技术高等专科学校高淑荣（第十二、十三、十四章）、石静（第十七、十八章）、闫礼平（第十五、二十章）、王国菊（第十九、二十一章）、张翠英（第八、九章）、骆素培（第十一章）、山西阳泉职业技术学院孟胜国（第十六章）、刘少泷（第十章）、李达（第二十二章）。全书由沈养中统稿。

本书由北京大学于年才教授、河北科技大学陈健教授和宁波职业技术学院程桂胜教授担任主审，在此致以衷心的感谢。

在本书的编写过程中，许多同行提出了很好的意见和建议，在此深表感谢。

鉴于编者水平有限，书中难免有不妥之处，敬请同行和广大读者批评指正。

第一版前言

本书是与《理论力学》、《材料力学》以及《结构力学》配套的教学用辅导教材。本书涵盖建筑力学的知识要点，对696道题全部做了解答。内容丰富、突出应用、深入浅出、通俗易懂，注重培养分析问题和解决问题的能力。

参加本书编写工作的有：沈养中（第一、二、三章）、石静（第十七、十八章）、李桐栋（第四、五、六、七章）、高淑荣（第十二、十三、十四章）、孟胜国（第十六章）、闫礼平（第十五、二十章）、王国菊（第十九、二十一章）、张翠英（第八、九章）、骆素培（第十一章）、刘少泷（第十章）。全书由沈养中统稿。

本书由北京大学于年才教授和河北建筑工程学院程桂胜教授主审，在此致以衷心的感谢。

在本书的编写过程中，许多同行提出了很好的意见和建议，在此深表感谢。

鉴于编者水平有限，书中难免有不妥之处，敬请同行和广大读者批评指正。

编　者

2002年6月

目　录

中册　材料力学

下册 结构力学

上册　理论力学

第一章
静力学基础

内容提要

1. 力与力偶

（1）力是物体间的相互机械作用，这种作用使物体的运动状态或形状发生改变。力使物体运动状态发生改变的效应称为运动效应或外效应；力使物体的形状发生改变的效应称为变形效应或内效应。力的运动效应又分为移动效应和转动效应。力分为集中力和分布力两类。

（2）静力学公理是研究力系简化和平衡的基本依据。主要有：二力平衡公理、加减平衡力系公理、力的平行四边形法则、作用与反作用定律和刚化原理。

（3）力矩是力使物体绕一点转动效应的度量。力矩的计算是一个基本运算，除利用力矩的定义计算外，还常利用合力矩定理进行计算。

1）力矩的定义。平面内力 $\boldsymbol{F}$ 对 O 点之矩是一个代数量，它的绝对值等于力的大小 F 与 O 点到力作用线的垂直距离 d 的乘积。力矩的正负号表示转向，当力使物体绕矩心逆时针方向转动时为正，反之为负。力 $\boldsymbol{F}$ 对 O 点之矩用符号 $M_O(\boldsymbol{F})$ 表示（或简记为 M_O），即

$$M_O(\boldsymbol{F}) = \pm Fd \tag{1.1}$$

2）合力矩定理。合力对平面内任一点之矩等于各分力对同一点之矩的代数和。即

$$M_O(\boldsymbol{F}_{\mathrm{R}}) = M_O(\boldsymbol{F}_1) + M_O(\boldsymbol{F}_2) + \cdots + M_O(\boldsymbol{F}_n) = \sum M_O(\boldsymbol{F}) \tag{1.2}$$

（4）由两个大小相等、方向相反且不共线的平行力组成的力系称为力偶。力偶对物体只产生转动效应，不产生移动效应，因此一个力偶既不能与一个力等效，也不能与一个力平衡。力与力偶是表示物体间相互机械作用的两个基本元素。

（5）力偶矩是力偶使物体产生转动效应的度量。只要力偶矩保持不变，力偶可在其作用面内任意搬移，或者可以同时改变力偶中的力的大小和力偶臂的长短，力偶对刚体的效应不变。

2. 约束与约束力

（1）对于非自由体的某些位移起限制作用的条件（或周围物体）称为约束。约束对被

约束物体的作用力称为约束力，有时也称为约束反力，简称反力。约束力的作用点是约束与物体的接触点，方向与该约束所能够限制物体运动的方向相反。

（2）工程中常见约束的性质、简化表示和约束力的画法。

序号	约束名称	约束性质	约束简化表示	约束力画法
1	柔索	限制构件沿柔索伸长方向的运动	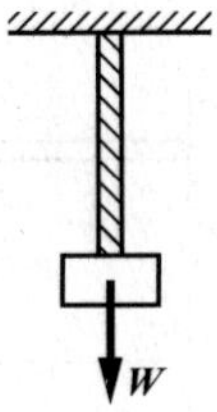	
2	光滑接触面	限制构件沿接触点处公法线朝接触面方向的运动	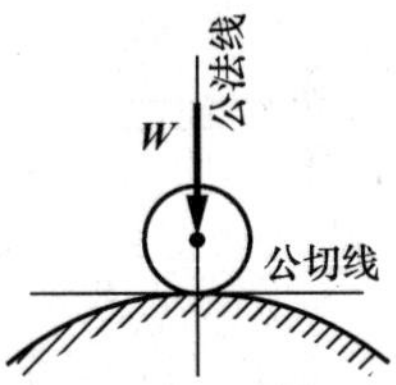	
3	光滑铰链	限制两构件在垂直于销钉轴线的平面内相对移动		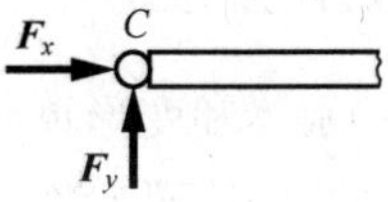
4	固定铰支座	限制两构件在垂直于销钉轴线的平面内相对移动	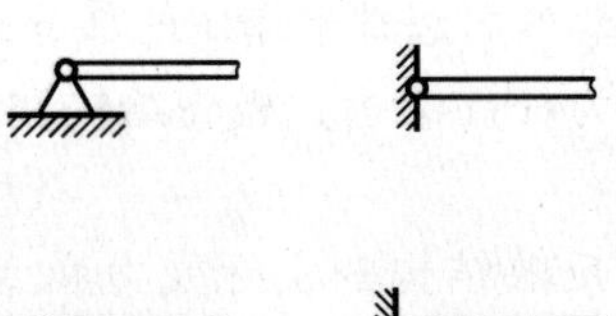	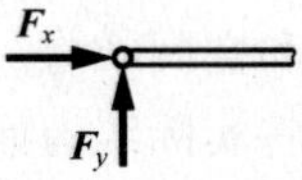
5	活动铰支座	限制构件沿支承面法线方向的移动	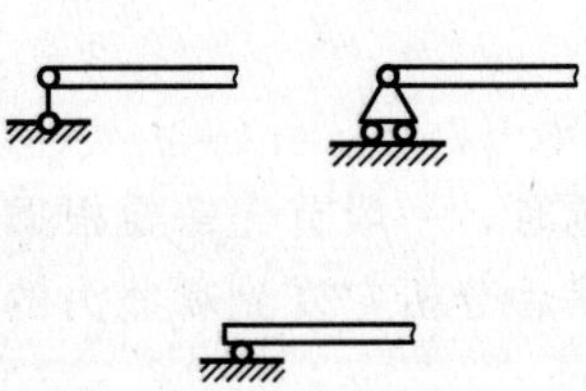	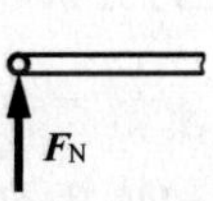

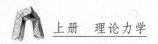

续表

序号	约束名称	约束性质	约束简化表示	约束力画法
6	定向支座	限制构件的转动和垂直于支承面方向的移动	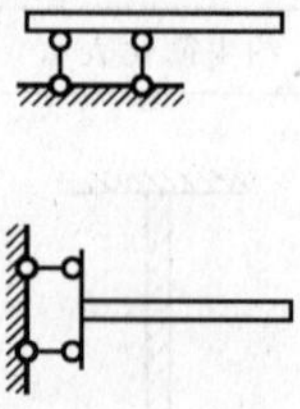	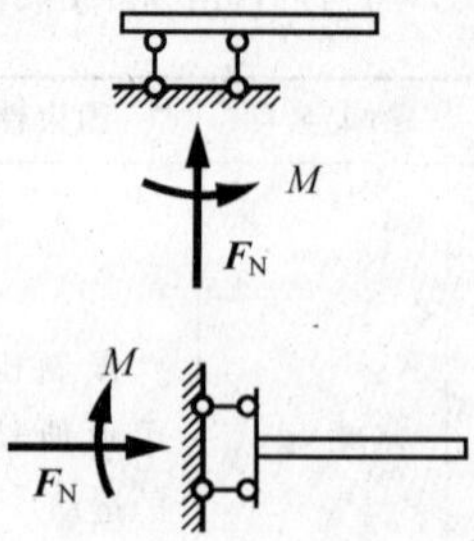
7	固定端	限制构件的移动和转动	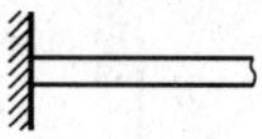	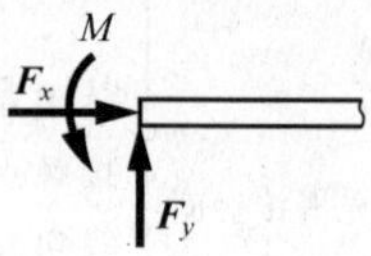

3. 结构的计算简图

（1）刚体和变形体是建筑力学中两个力学模型。刚体是指在外力的作用下，其内部任意两点之间的距离始终保持不变的物体。在研究物体的平衡和运动规律时，若物体的变形很小，则可把物体抽象为刚体。在研究结构或构件的强度、刚度和稳定性问题时，必须把物体抽象为变形体。

（2）在建筑物中承受和传递荷载而起骨架作用的部分或体系称为结构。

（3）结构按其几何特征可分为杆件结构、板壳结构和实体结构；按其空间特征可分为平面结构和空间结构。

（4）将实际结构抽象为既能反映结构的实际受力和变形特点又便于计算的理想模型，称为结构的计算简图。

（5）在选取杆件结构的计算简图时，通常对实际结构从以下几个方面进行简化：结构体系的简化、杆件的简化、结点的简化、支座的简化和荷载的简化。

4. 物体的受力分析和受力图

（1）在求解工程中的力学问题时，一般首先需要根据问题的已知条件和待求量，选择一个或几个物体作为研究对象，然后分析它受到哪些力的作用，其中哪些是已知的，哪些是未知的，此过程称为受力分析。

（2）受力分析通过画受力图进行。画物体受力图的步骤如下：

1）取分离体。将研究对象从与其联系的周围物体中分离出来，单独画出。

2）画主动力。画出作用于研究对象上的全部主动力。

3）画约束力。根据约束类型画出作用于研究对象上的全部约束力。

(3) 为保证受力图的正确性，不能多画力、少画力和错画力。为此，应着重注意以下几点：

1）遵循约束的性质。凡研究对象与周围物体相连接处，都有约束力。约束力的个数与方向必须严格按照约束力的性质去画，当约束力的指向不能预先确定时，可以假定。

2）遵循力与力偶的性质。主要有二力平衡公理、三力平衡汇交定理、作用与反作用定律。若作用力的方向一经确定（或假定），则反作用力的方向必与之相反。

3）只画外力，不画内力。

概念题解

概念题 1.1～概念题 1.29　力与力偶

概念题 1.1　平衡状态是指物体相对于______处于______或______的状态。

答　地球；静止；作匀速直线运动。

概念题 1.2　力是物体间的相互______作用，这种作用使物体的______或______发生改变。

答　机械；运动状态；形状。

概念题 1.3　力使物体______状态发生改变的效应称为运动效应或外效应；力使物体的形状发生改变的效应称为______效应或内效应。力的运动效应又分为______效应和______效应。

答　运动；变形；移动；转动。

概念题 1.4　两个大小相等的力对物体的作用效应相同。（　　）

答　错。

概念题 1.5　如果一个力与一个力系等效，则此力称为该力系的______，而该力系中的各力称为合力的______。

答　合力；分力。

概念题 1.6　已知 $\boldsymbol{F}_1$ 和 $\boldsymbol{F}_2$ 为两个力，式子 $\boldsymbol{F}_1=\boldsymbol{F}_2$ 的意义是______。

答　力 $\boldsymbol{F}_1$ 与 $\boldsymbol{F}_2$ 大小相等、方向相同。

概念题 1.7　已知 $\boldsymbol{F}_1$ 和 $\boldsymbol{F}_2$ 为两个力，式子 $F_1=F_2$ 的意义是______。

答　力 $\boldsymbol{F}_1$ 与 $\boldsymbol{F}_2$ 大小相等。

概念题 1.8　已知 $\boldsymbol{F}_1$ 和 $\boldsymbol{F}_2$ 为两个力，式子 $\boldsymbol{F}_1=-\boldsymbol{F}_2$ 的意义是______。

答　力 $\boldsymbol{F}_1$ 与 $\boldsymbol{F}_2$ 大小相等、方向相反。

概念题 1.9　已知 $\boldsymbol{F}_1$ 和 $\boldsymbol{F}_2$ 为两个力，式子 $\boldsymbol{F}_R=\boldsymbol{F}_1+\boldsymbol{F}_2$ 的意义是______。

答　力 $\boldsymbol{F}_1$ 与 $\boldsymbol{F}_2$ 的合力等于 $\boldsymbol{F}_R$。

概念题 1.10　如果力 $\boldsymbol{F}_R$ 是 $\boldsymbol{F}_1$、$\boldsymbol{F}_2$ 二个力的合力，用矢量方程表示为 $\boldsymbol{F}_R=\boldsymbol{F}_1+\boldsymbol{F}_2$，

则三力大小之间的关系为（　　）。

A. 必有 $F_R = F_1 + F_2$

B. 不可能有 $F_R = F_1 + F_2$

C. 必有 $F_R > F_1$，$F_R > F_2$

D. 可能有 $F_R < F_1$，$F_R < F_2$

答　D。

概念题 1.11　作用于同一刚体上的两个力，使刚体处于平衡的必要和充分条件是：这两个力大小相等、方向相反、作用线沿同一条直线。（　）

答　对。

概念题 1.12　二力构件是指（　　）。

A. 受二个力作用的构件

B. 受二个力作用而处于平衡状态的构件

C. 受作用线共线而方向相反的两个力作用的构件

D. 受大小相等而方向相反的两个力作用的构件

答　B。

概念题 1.13　二力构件是指两端用铰链连接并且只受两个力作用的构件。（　）

答　错。

概念题 1.14　若不计自重，图示结构中构件 AC 是否是二力构件？若考虑自重，情况又怎样？

答　是；否。

概念题 1.15　静力学公理中，二力平衡公理和加减平衡力系公理适用于任何物体。（　）

答　错。

概念题 1.16　当求铰 C 的约束力时，能否将作用于 D 点的力 $\boldsymbol{F}$ 沿其作用线移到 E 点？为什么？

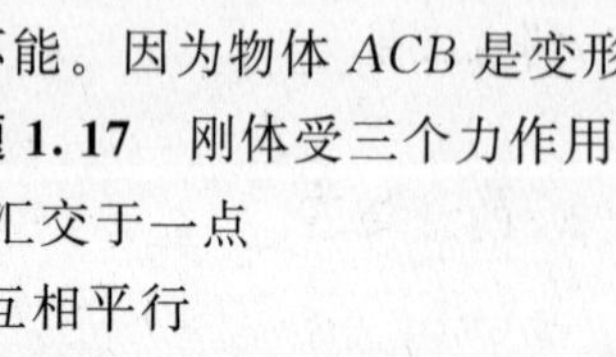

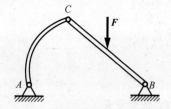

概念题 1.14 图

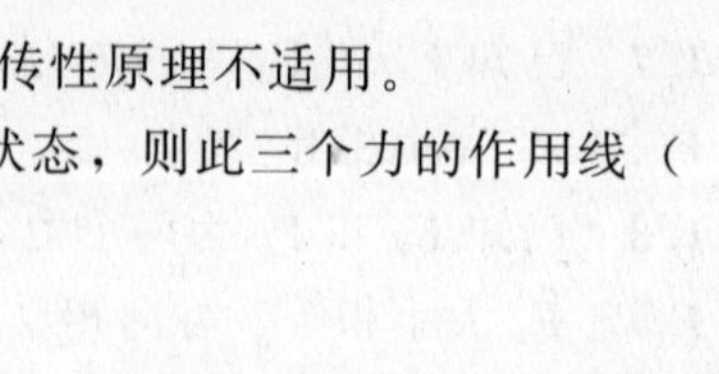

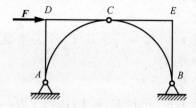

概念题 1.16 图

答　不能。因为物体 ACB 是变形体，力的可传性原理不适用。

概念题 1.17　刚体受三个力作用而处于平衡状态，则此三个力的作用线（　　）。

A. 必汇交于一点

B. 必互相平行

C. 必两两相交

D. 必位于同一平面内

答　D。

概念题 1.18 已知一刚体在五个力作用下处于平衡，如其中四个力的作用线汇交于 O 点，则第五个力的作用线必过 O 点。(　　)

答 对。

概念题 1.19 二个力平衡的条件是二个力等值、反向、共线，作用力与反作用力也是等值、反向、共线，但它们不平衡，请说明两者的不同之处。

答 二个力平衡条件中的二个力是作用于同一刚体上，而作用力与反作用力是分别作用于两个物体上。

概念题 1.20 桌子压地板，地板以反作用力支持桌子，此二力大小相等、方向相反、作用线相同，所以桌子平衡。(　　)

答 错。

概念题 1.21 静力学公理中，作用力与反作用力公理和力的平行四边形公理适用于任何物体。(　　)

答 对。

概念题 1.22 图示情况下力 $\boldsymbol{F}$ 对 O 点之矩 $M_O(\boldsymbol{F})$ ＝______。

答 $F\sin\alpha\sqrt{a^2+b^2}$

概念题 1.23 图示情况下力 $\boldsymbol{F}$ 对 O 点之矩 $M_O(\boldsymbol{F})$ ＝______。

答 $Fa\cos\alpha - Fl\sin\alpha$

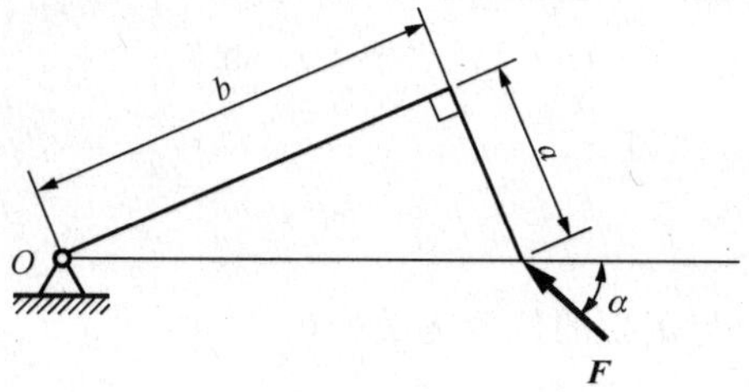

概念题 1.22 图

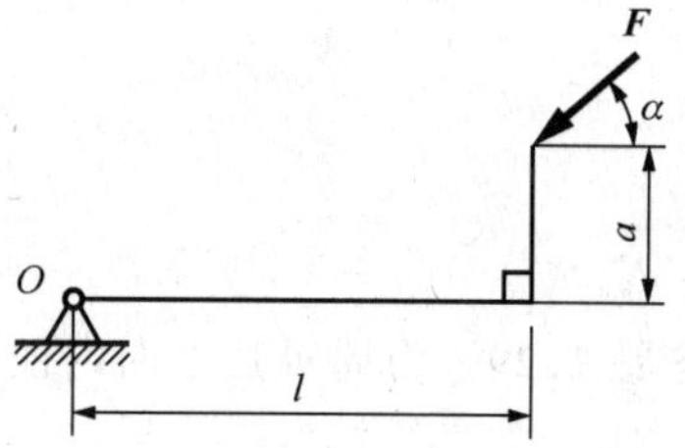

概念题 1.23 图

概念题 1.24 图示情况下力 $\boldsymbol{F}$ 对 O 点之矩 $M_O(\boldsymbol{F})$ ＝______。

答 $Fl\sin\alpha$

概念题 1.25 图示情况下力 $\boldsymbol{F}$ 对 O 点之矩 $M_O(\boldsymbol{F})$ ＝______。

答 $Fl\sin\alpha$

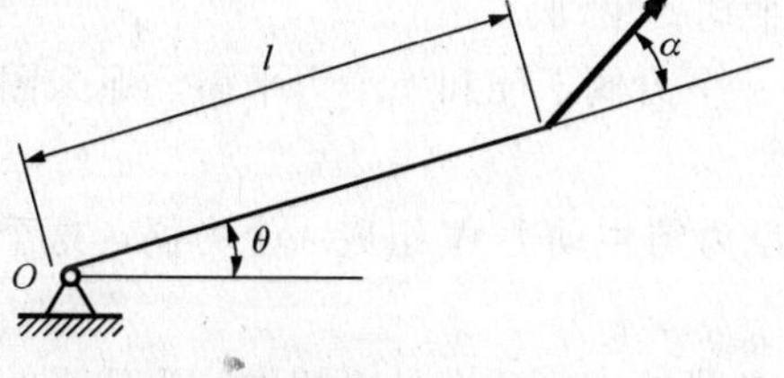

概念题 1.24 图

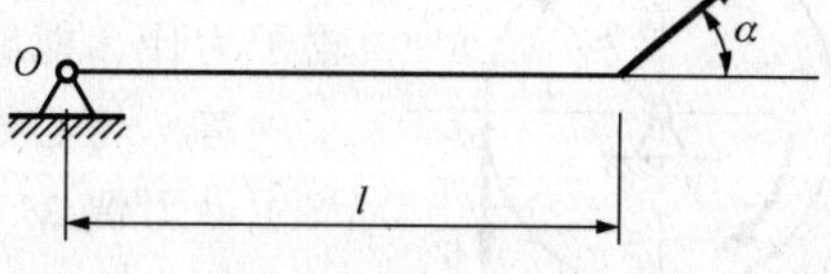

概念题 1.25 图

概念题 1.26 下面关于组成力偶的两个力的说法中正确的是（　　）。

A. 力偶中两个力大小相等、方向相反，所以两个力的合力为零

B. 力偶中两个力大小相等、方向相反，所以两个力平衡

C. 力偶中两个力大小相等、方向相反，作用线互相平行，所以两个力为一对作用力和反作用力

D. 力偶中两个力大小相等、方向相反，作用线互相平行，所以两个力不能合成为一个合力，也不能平衡

答 D。

概念题 1.27 构成力偶的两个力 $\boldsymbol{F}=-\boldsymbol{F}'$，所以力偶的合力等于零。（ ）

答 错。

概念题 1.28 图示四个力偶中（ ）是等效的。

A.（a）与（d）

B.（b）与（c）

C.（c）与（d）

D.（a）与（b）与（c）与（d）

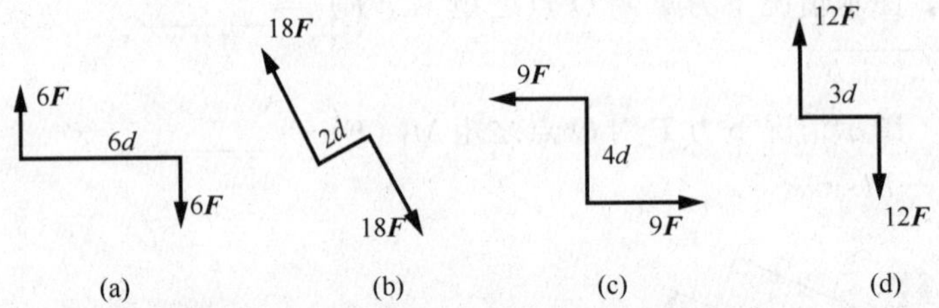

概念题 1.28 图

答 A。

概念题 1.29 力偶对其平面内任一点的矩与矩心的位置无关。（ ）

答 对。

概念题 1.30～概念题 1.36 约束和受力图

概念题 1.30 对于非自由体的某些位移起限制作用的条件（或周围物体）称为______；约束力的方向总是与约束所能限制物体运动的方向______；约束力由______力的作用而引起，且随______力的改变而改变。

答 约束；相反；主动；主动。

概念题 1.31 既然一个力偶不能和一个力平衡，那么图中的轮子为什么能够平衡呢？

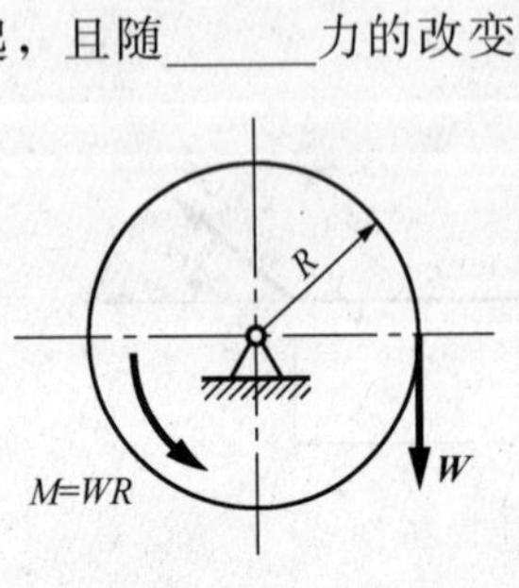

概念题 1.31 图

答 轮心处的支座反力与主动力 $\boldsymbol{W}$ 组成一个力偶，这个力偶与主动力偶 M 平衡。

概念题 1.32 图示各梁的支座反力是否相同？为什么？

答 图（a）与图（b）两种情况中梁的支座反力相同。根据力偶的性质：只要力偶矩保持不变，力偶可在其作用面内任意搬

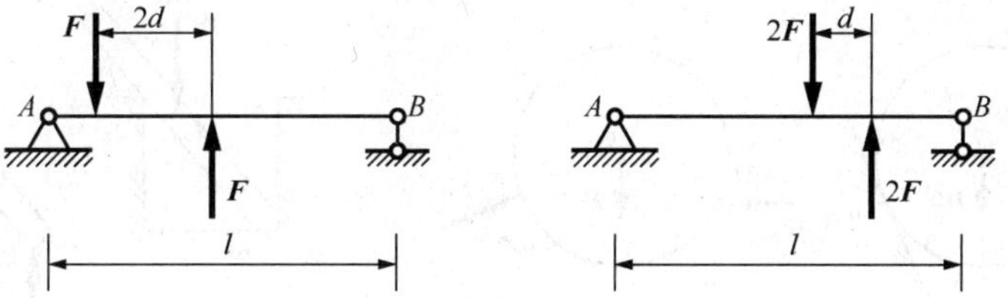

(a)　　(b)

概念题 1.32 图

移，或者可以同时改变力偶中的力的大小和力偶臂的长短，力偶对刚体的效应不变。因而梁的支座反力也不变。

概念题 1.33　图（a）所示结构中力 $\boldsymbol{F}$ 作用于销钉 C 上，试问销钉 C 对杆 AC 的力与销钉 C 对杆 BC 的力是否等值、反向、共线？为什么？

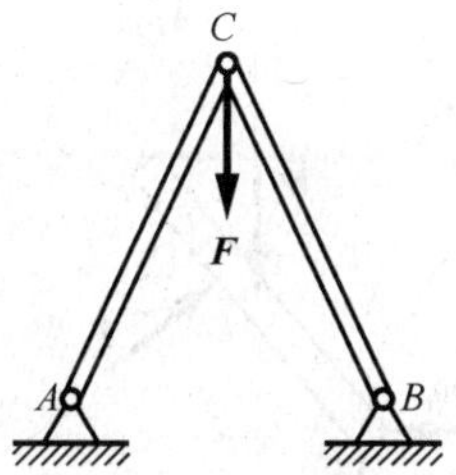

(a)

概念题 1.33 图

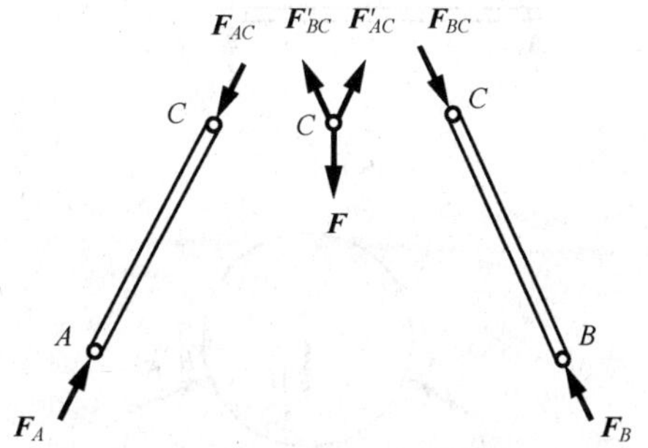

(b)　(c)　(d)

概念题 1.33 题解图

答　销钉 C 对杆 AC 的力与销钉 C 对杆 BC 的力不是等值、反向、共线。由杆 AC、销钉 C、杆 BC 的受力图［图（b～d)］可得上述结论。

概念题 1.34　试判断图（a～d）中所画受力图是否正确？若有错误，请改正。假定所有接触面都是光滑的，图中凡未标出自重的物体，自重不计。

答　图（a）错，改正后的受力图如图（e）所示。图（b）错，改正后的受力图如图（f)所示。图（c）错，改正后的受力图如图（g）所示。图（d）错，改正后的受力图如图（h）所示。

概念题 1.35　图示两个完全相同的结构，仅改变力偶 M 的作用位置，在图（a）和图（b）两种情况下相应两支座的反力相同。（　　）

答　错。

概念题 1.36　图示圆轮受光滑斜面约束。现作用于圆轮平面内的三力 $\boldsymbol{F}$、$\boldsymbol{W}$、$\boldsymbol{F}_{\mathrm{N}}$ 不汇交，其原因为______。

答　圆轮不处于平衡状态。

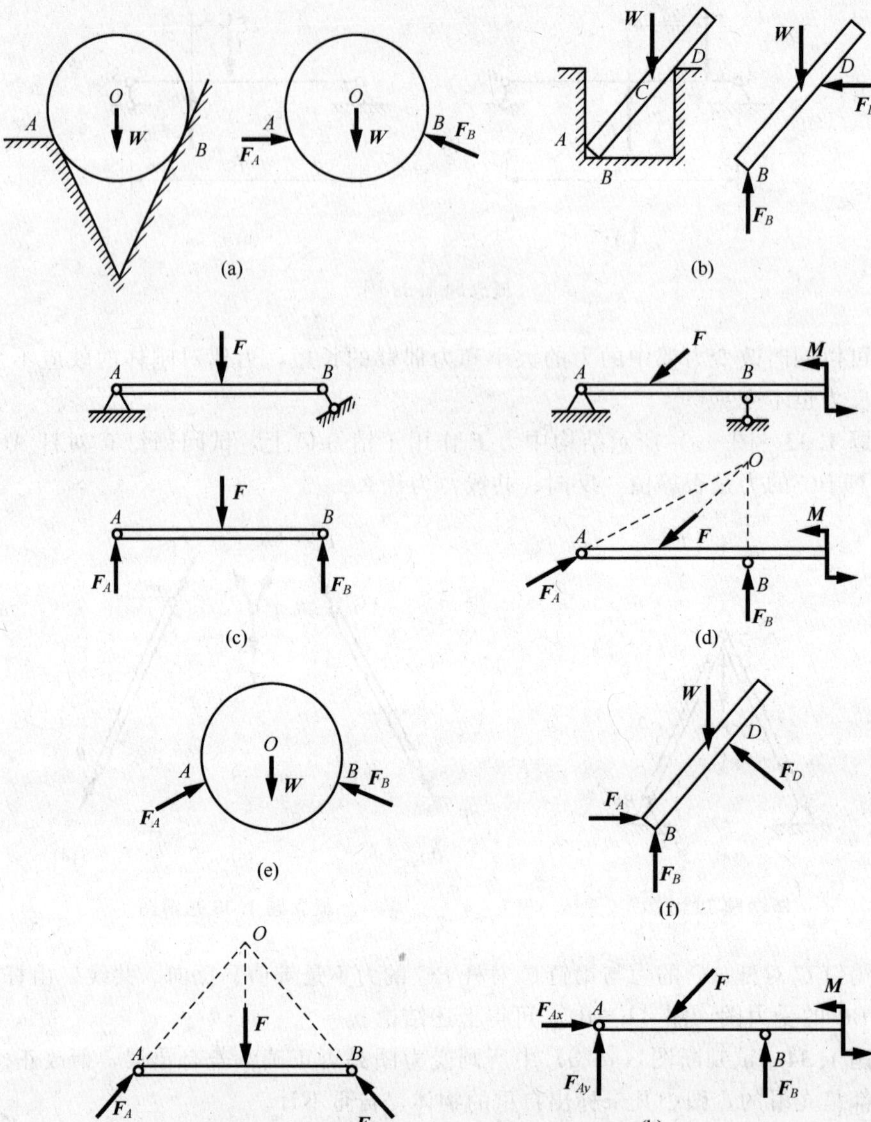

概念题 1.34 图

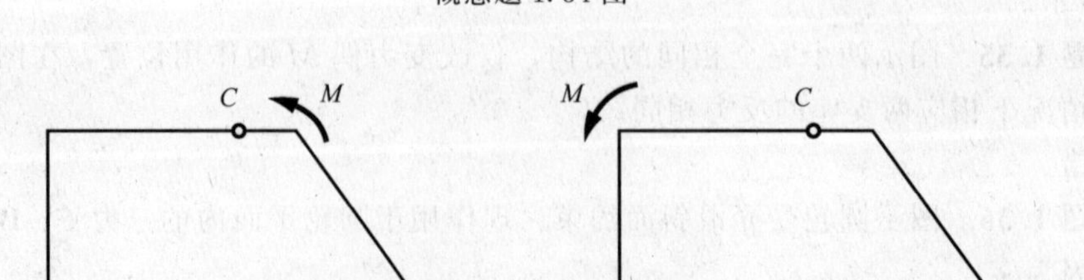

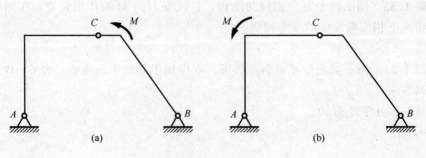

概念题 1.35 图

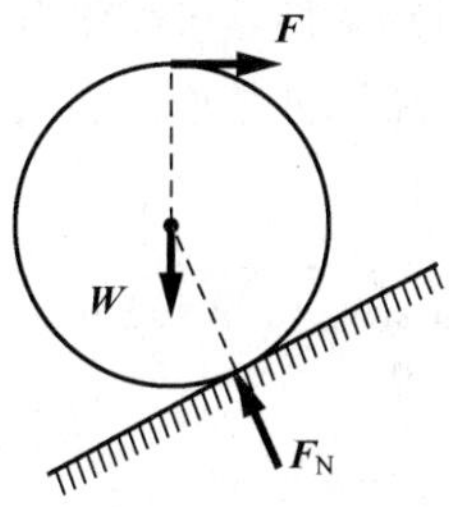

概念题 1.36 图

概念题 1.37～概念题 1.46　结构的计算简图

概念题 1.37　土木工程中的结构是指在建筑物中（　　）。

A. 墙体和梁

B. 承受和传递荷载而起骨架作用的部分或体系

C. 门、窗和屋架

D. 由建筑材料制成的建筑物的整体

答　B。

概念题 1.38　土木工程中的结构按其几何特征可分为______结构、______结构和______结构。

答　杆件；板壳；实体。

概念题 1.39　结构和构件正常工件的条件是应具有足够的______、足够的______和足够的______。

答　强度；刚度；稳定性。

概念题 1.40　强度是指______的能力。

答　结构和构件抵抗破坏。

概念题 1.41　刚度是指______的能力。

答　结构和构件抵抗变形。

概念题 1.42　稳定性是指______的能力。

答　结构和构件保持原有形状平衡状态。

概念题 1.43　主动作用于结构上的外力称为______。荷载按作用时间可分为______和______，荷载按其作用性质可分为______和______。

答　荷载；恒载；活载；静荷载；动荷载。

概念题 1.44　平面杆件结构的简化可以从以下几方面来考虑：______，______，______，______，______。

答　结构体系的简化；杆件的简化；结点的简化；支座的简化；荷载的简化。

概念题 1.45　杆件结构的杆件间相互连接处称为______。实际结构的结点按其约束特征可简化为______、______和______。

答　结点；铰结点；刚结点；组合结点。

概念题 1.46 实际结构的支座按其约束特点可简化为______、______、______和______。

答 活动铰支座；固定铰支座；固定端支座；定向支座。

作图题解

作图题 1.1～作图题 1.12 物体的受力分析与受力图

作图题 1.1 试画出图示（a）所示物体的受力图。**W** 为自重，设接触处为光滑。

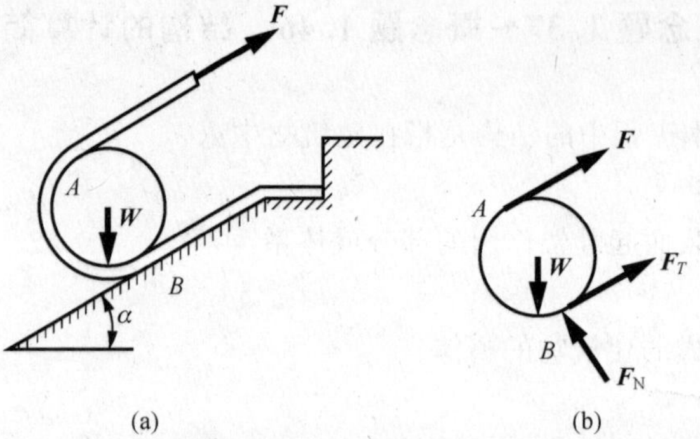

作图题 1.1 图

解 图（a）所示物体的受力图如图（b）所示。

作图题 1.2 试判断图（a）、（b）所示受力图是否正确？若错，画出正确的。**W** 为自重，设接触处均为光滑。

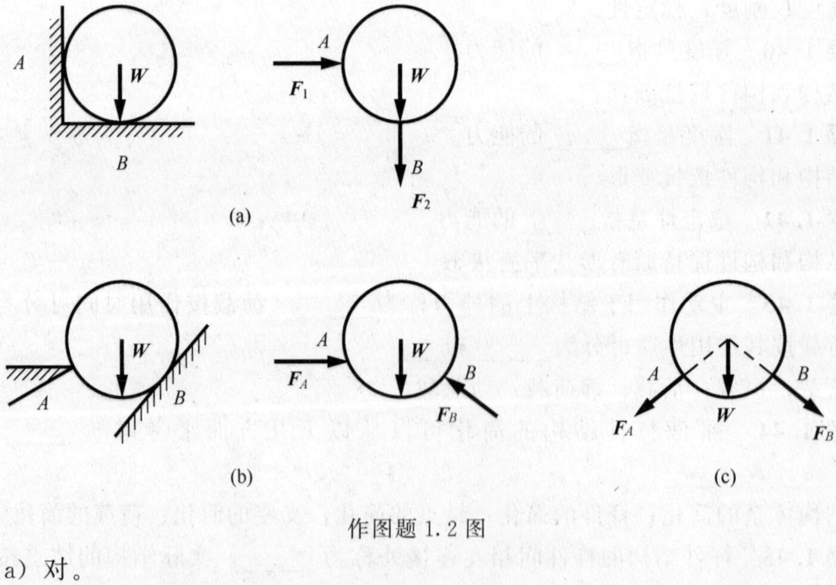

作图题 1.2 图

解 （a）对。

（b）错。改正后的受力图如图（c）所示。

作图题 1.3 试分别画出图（a）所示机构中结点 D、B 的受力图。图中 AB、BC、

BD、DE 均为绳索。

解　结点 D、B 的受力图分别如图（b）、（c）所示。

作图题 1.4　试分别画出图（a）所示结构中构件 AB 和 BC 的受力图。构件自重不计。

解　构件 AB 和 BC 的受力图分别如图（b）、（c）所示。

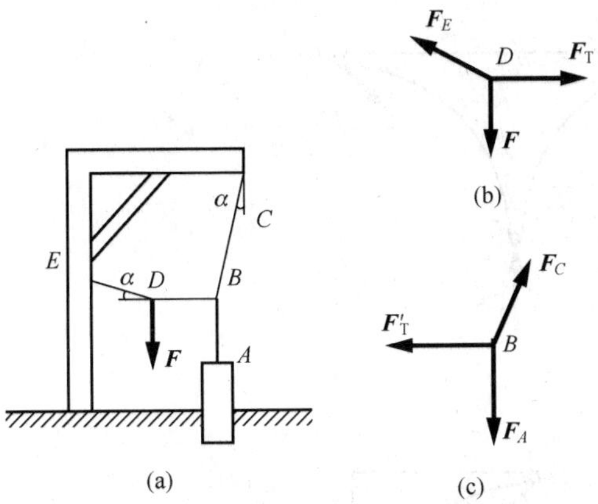

作图题 1.3 图

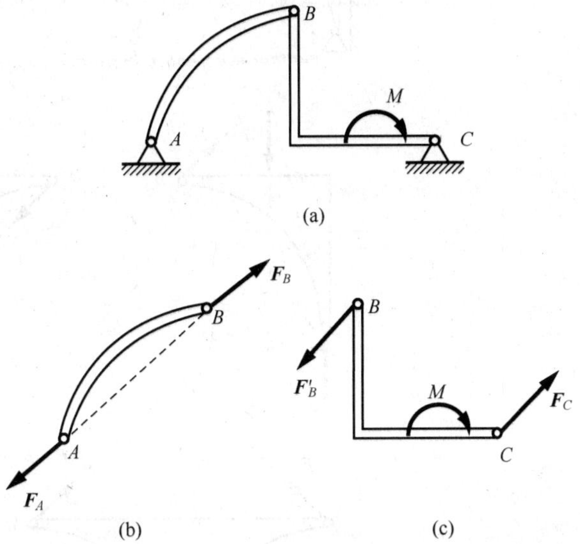

作图题 1.4 图

作图题 1.5　试分别画出图（a）所示三铰刚架各部分的受力图。刚架自重不计。

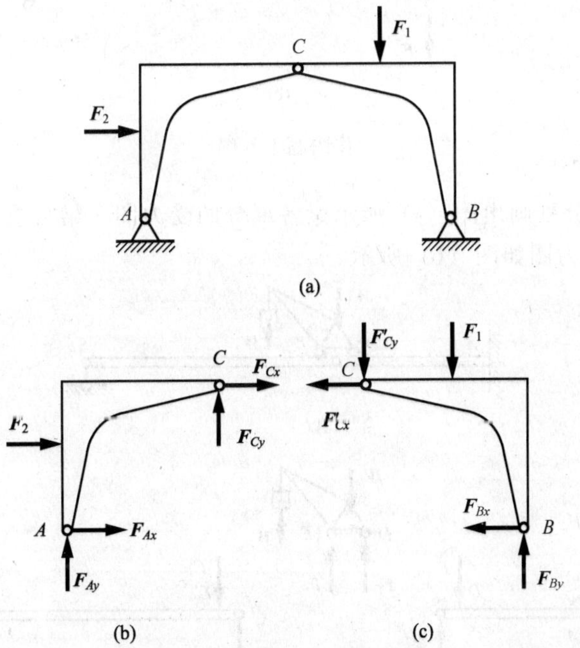

作图题 1.5 图

解　刚架各部分的受力图分别如图（b）、（c）所示。

作图题 1.6 试分别画出图（a）所示多铰拱桥各部分的受力图。各部分自重不计。

解 多铰拱桥各部分的受力图如图（b）所示。

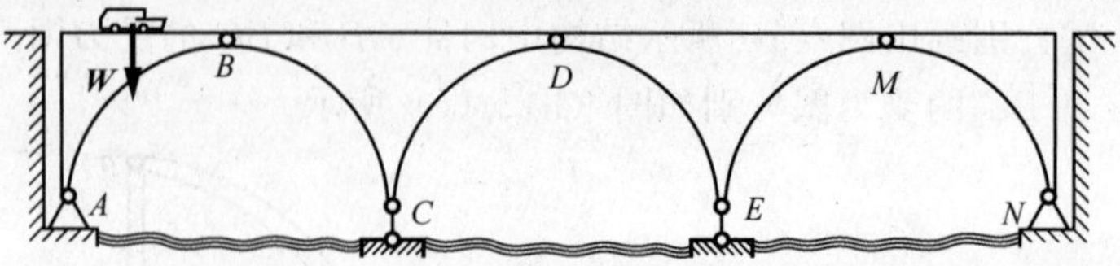

(a)

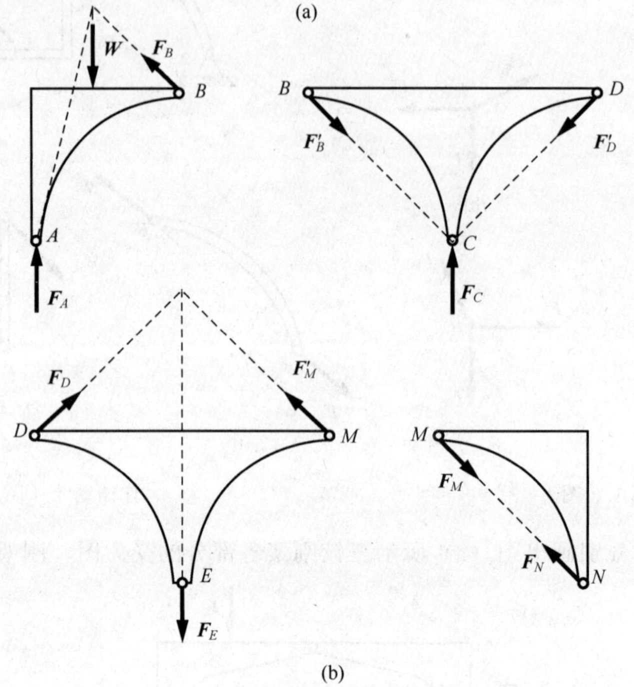

(b)

作图题 1.6 图

作图题 1.7 试分别画出图（a）所示梁各部分的受力图。梁自重不计。

解 梁各部分受力图如图（b）所示。

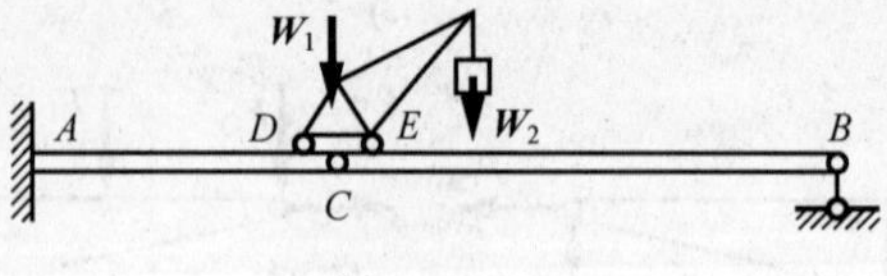

(a)

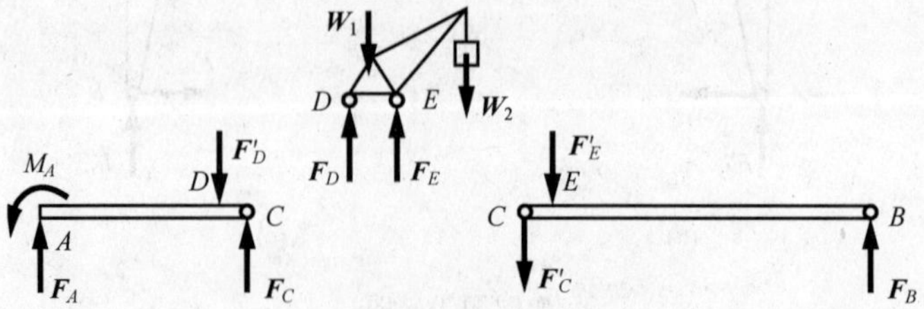

(b)

作图题 1.7 图

作图题 1.8 试分别画出图（a）所示梁各部分的受力图。梁自重不计。

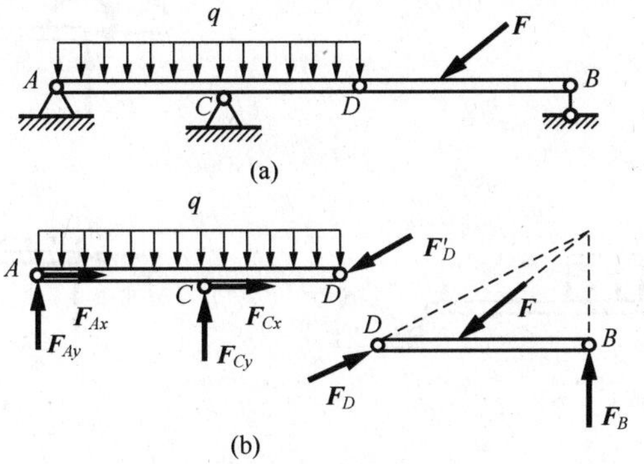

作图题 1.8 图

解 梁各部分受力图如图（b）所示。

作图题 1.9 试分别画出图（a）所示结构中各构件的受力图。构件自重不计，KH 为绳索。

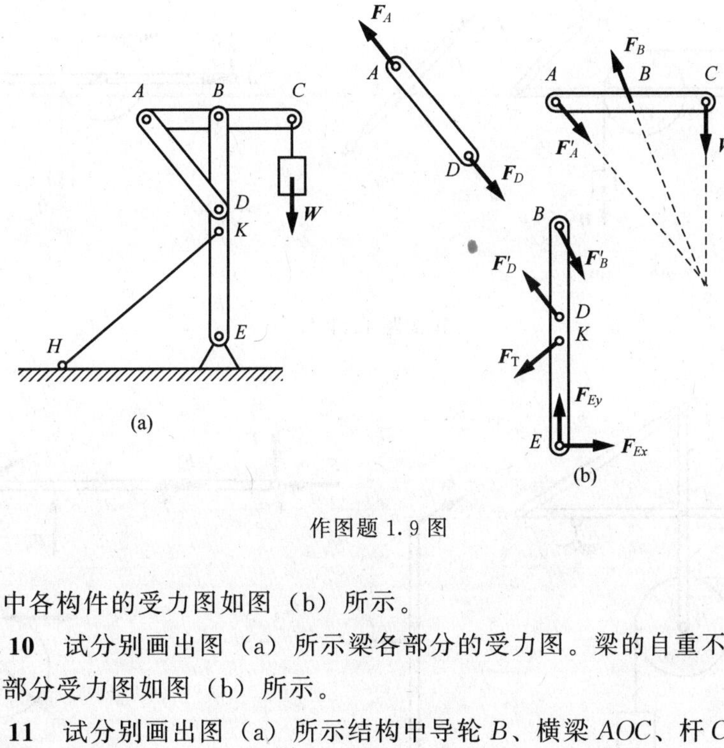

作图题 1.9 图

解 结构中各构件的受力图如图（b）所示。

作图题 1.10 试分别画出图（a）所示梁各部分的受力图。梁的自重不计。

解 梁各部分受力图如图（b）所示。

作图题 1.11 试分别画出图（a）所示结构中导轮 B、横梁 AOC、杆 CD 以及横梁、导轮、重物联合体的受力图。

解 结构中指定部分的受力图如图（b）所示。

作图题 1.12 分别画出图（a）所示结构中杆 AB、CD 和轮 D 的受力图。杆件及轮的自重不计。

解 结构中指定部分的受力图如图（b）所示。

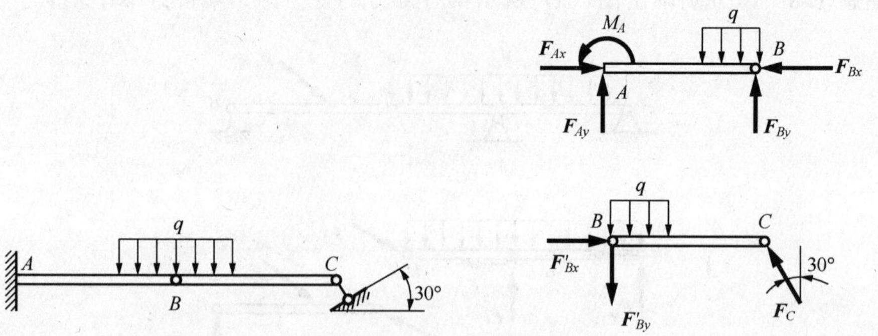

(a) (b)

作图题 1.10 图

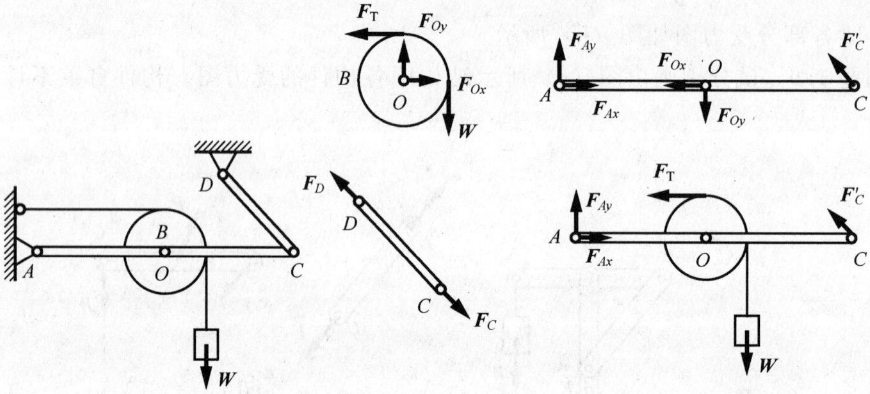

(a) (b)

作图题 1.11 图

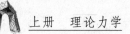

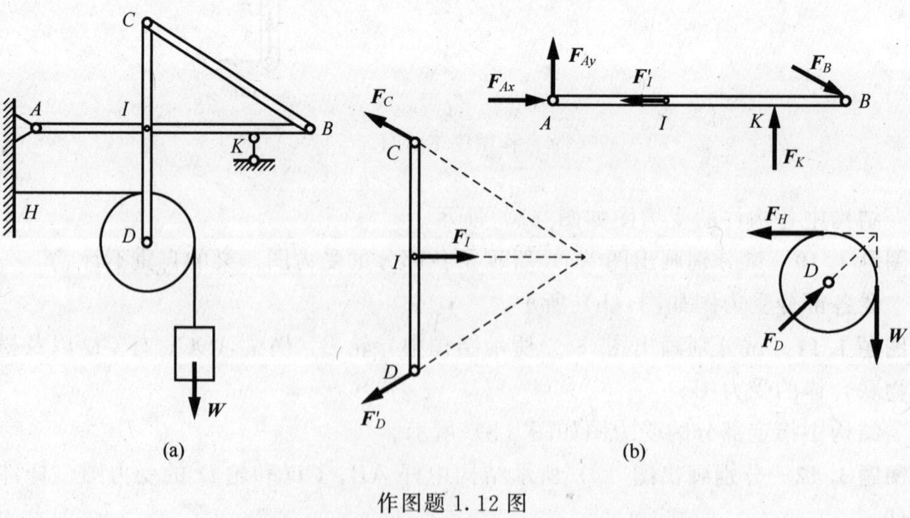

(a) (b)

作图题 1.12 图

第二章 平面力系

内容提要

1. 平面汇交力系、平面力偶系的合成和平衡

（1）平面汇交力系可合成为一个合力，合力等于力系中各力的矢量和，合力的作用线通过力系的汇交点。平面汇交力系的平衡方程为

$$\left.\begin{aligned}\sum X = 0\\ \sum Y = 0\end{aligned}\right\} \tag{2.1}$$

平面汇交力系有二个独立的平衡方程，可以求解二个未知量。

（2）平面力偶系可合成为一个合力偶，合力偶的矩等于力偶系中各力偶矩的代数和。平面力偶系的平衡方程为

$$\sum M = 0 \tag{2.2}$$

平面力偶系有一个独立的平衡方程，可以求解一个未知量。

2. 力的平移定理

作用于刚体上的力，可平行移动到刚体内任一指定点，但必须同时在该力与指定点所决定的平面内附加一力偶，此附加力偶的力偶矩等于原力对指定点之矩。

3. 平面一般力系的简化

（1）平面一般力系的简化步骤。

1）根据力的平移定理，将平面一般力系中各力向一点（该点称为简化中心）平移，得到一个作用于简化中心的平面汇交力系和一个平面力偶系，这两个力系对刚体的作用效应与原平面一般力系等效。这样就把一个复杂的力系分解成了两个简单的力系。

2）分别求平面汇交力系的合力和平面力偶系的合力偶，得到一个作用于简化中心 O 的力 $\boldsymbol{F}'_{\mathrm{R}}$ 和一个力偶矩 M_O。力 $\boldsymbol{F}'_{\mathrm{R}}$ 等于平面一般力系中所有各力的矢量和，称为该力系的主矢；力偶矩 M_O 等于平面一般力系中所有各力对简化中心 O 之矩的代数和，称为该力系对

简化中心 O 的主矩。

（2）简化结果的分析。平面一般力系向平面内一点的简化结果通常有以下四种情况。

1）$\boldsymbol{F}'_{\mathrm{R}}=0$，$M_O\neq0$。力系与一个力偶等效，即力系可简化为一个合力偶。合力偶矩等于主矩。此时简化结果与简化中心无关。

2）$\boldsymbol{F}'_{\mathrm{R}}\neq0$，$M_O=0$。力系与一个力等效，即力系可简化为一个合力。合力等于主矢。合力的作用线通过简化中心。

3）$\boldsymbol{F}'_{\mathrm{R}}\neq0$，$M_O\neq0$。根据力的平移定理逆过程，可将 $\boldsymbol{F}'_{\mathrm{R}}$ 和 M_O 进一步合成为一个合力 $\boldsymbol{F}_{\mathrm{R}}$。合力 $\boldsymbol{F}_{\mathrm{R}}$ 的作用线到简化中心 O 点的距离 $d=\left|\dfrac{M_O}{F'_{\mathrm{R}}}\right|$。

4）$\boldsymbol{F}'_{\mathrm{R}}=0$，$M_O=0$。此时力系处于平衡状态。

4. 力在坐标轴上投影的计算

力在坐标轴上投影的计算也是一个基本运算。

（1）已知力求投影。若已知力 $\boldsymbol{F}$ 的大小及 $\boldsymbol{F}$ 与 x、y 轴正向间的夹角分别为 α、β，则力 $\boldsymbol{F}$ 在 x、y 轴上的投影分别为

$$\left.\begin{aligned}X&=F\cos\alpha\\Y&=F\cos\beta\end{aligned}\right\}\tag{2.3}$$

当 α、β 为钝角时，可先根据力与某轴所夹的锐角来计算力在该轴上投影的绝对值，再由观察来确定投影的正负号。

（2）已知投影求力。若已知投影 X、Y，可求出力 $\boldsymbol{F}$ 的大小及方向，即

$$\left.\begin{aligned}F&=\sqrt{X^2+Y^2}\\\tan\alpha&=\frac{Y}{X}\end{aligned}\right\}\tag{2.4}$$

5. 主矢和主矩的计算

（1）主矢的计算。主矢在某坐标轴上的投影，等于力系中各力在同一轴上投影的代数和。因此主矢的大小和方向为

$$\left.\begin{aligned}F'_{\mathrm{R}}&=\sqrt{X_{\mathrm{R}}^2+Y_{\mathrm{R}}^2}=\sqrt{(\sum X)^2+(\sum Y)^2}\\\tan\alpha&=\frac{\sum Y}{\sum X}\end{aligned}\right\}\tag{2.5}$$

式中：α——$\boldsymbol{F}'_{\mathrm{R}}$ 与 x 轴正向的夹角。

（2）主矩的计算。主矩 M_O 等于力系中所有各力对于简化中心 O 之矩的代数和。即

$$M_O=M_{O1}+M_{O2}+\cdots+M_{On}=\sum M_O(\boldsymbol{F})\tag{2.6}$$

6. 平面一般力系的平衡方程

（1）基本形式。

$$\left.\begin{aligned}\sum X&=0\\\sum Y&=0\\\sum M_O&=0\end{aligned}\right\}\tag{2.7}$$

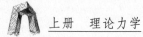

其中前两式称为投影方程，它表示力系中所有各力在两个坐标轴上投影的代数和分别等于零；后一式称为力矩方程，它表示力系中所有各力对任一点之矩的代数和等于零。

（2）二力矩式。

$$\left.\begin{aligned}&\sum X = 0(\text{或}\sum Y = 0)\\&\sum M_A = 0\\&\sum M_B = 0\end{aligned}\right\}\tag{2.8}$$

式中，A、B 两点的连线不能与 x 轴（或 y 轴）垂直。

（3）三力矩式。

$$\left.\begin{aligned}&\sum M_A = 0\\&\sum M_B = 0\\&\sum M_C = 0\end{aligned}\right\}\tag{2.9}$$

式中，A、B、C 三点不能共线。

平面一般力系有三种不同形式的平衡方程，在解题时可以根据具体情况选取某一种形式。受平面一般力系作用而平衡的刚体，只能列出三个独立的平衡方程，求解三个未知量。任何第四个方程都不会是独立的，但可以利用这个方程来校核计算的结果。

7. 应用平面一般力系的平衡方程求解平衡问题的步骤和技巧

（1）步骤。

1）取研究对象。根据问题的已知条件和待求量，选取合适的研究对象。

2）画受力图。画出所有作用于研究对象上的外力。

3）列平衡方程。适当选取投影轴和矩心，列出平衡方程。

4）解方程。

（2）技巧。

1）尽可能选取与力系中多数未知力的作用线平行或垂直的投影轴。

2）矩心选在两个未知力的交点上。

3）尽可能多的用力矩方程，并使一个方程只含一个未知数。

8. 物体系统平衡问题的解法

求解物体系统的平衡问题，通常有以下两种方法。

1）先取整个物体系统为研究对象，列出平衡方程，解得部分未知量，然后再取系统中某个部分（可以由一个或几个物体组成）为研究对象，列出平衡方程，直至解出所有未知量为止。有时也可先取某个部分为研究对象，解得部分未知量，然后再取整体为研究对象，解出所有未知量。

2）逐个取物体系统中每个物体为研究对象，列出平衡方程，解出全部未知量。

9. 考虑摩擦时平衡问题的解法

在求解有摩擦的平衡问题时，约束力中含有静摩擦力，在加上静摩擦力之后，就和求解没有摩擦的平衡问题一样。不过应注意，静摩擦力的方向总是与相对滑动趋势的方向相反，不能假定。另外，静摩擦力的大小有个变化范围，相应地平衡问题的解答也具有一个变化范围。通常都是对物体将动未动的临界状态进行分析，列出 $F_{\mathrm{fmax}}=f_s F_{\mathrm{N}}$ 作为补充方程。

概念题解

概念题 2.1～概念题 2.6 平面汇交力系、平面力偶系的合成和平衡

概念题 2.1 平面汇交力系合成的结果是______，平面汇交力系平衡的必要与充分条件是______。

答 一个合力；合力等于零。

概念题 2.2 平面汇交力系的合力的作用线通过______，其大小和方向可用______的封闭边表示。

答 汇交点；力多边形。

概念题 2.3 图示各力多边形中合力正确的是（ ）。

A.（a）$\boldsymbol{F}_1$，（b）$\boldsymbol{F}_2$，（c）$\boldsymbol{F}_1$　　B.（a）$\boldsymbol{F}_2$，（b）$\boldsymbol{F}_3$，（c）$\boldsymbol{F}_1$

C.（a）$\boldsymbol{F}_1$，（b）$\boldsymbol{F}_3$，（c）$\boldsymbol{F}_1$　　D.（a）$\boldsymbol{F}_1$，（b）$\boldsymbol{F}_4$，（c）$\boldsymbol{F}_3$

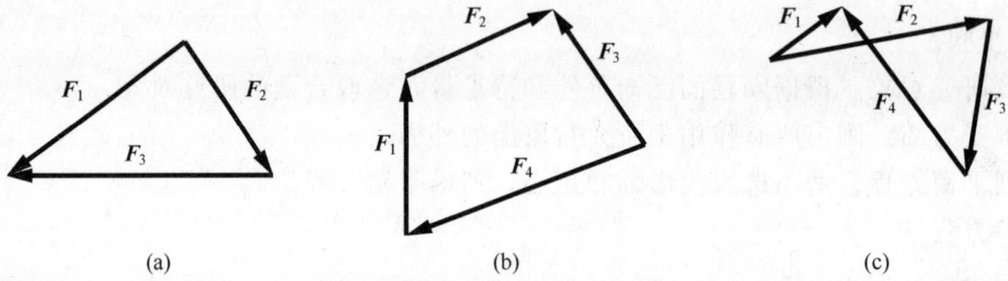

概念题 2.3 图

答 C。

概念题 2.4 图中所示的力多边形中自行封闭的是（ ）。

A.（a），（c）　　B.（b），（d）

C.（a），（d）　　D.（b），（c）

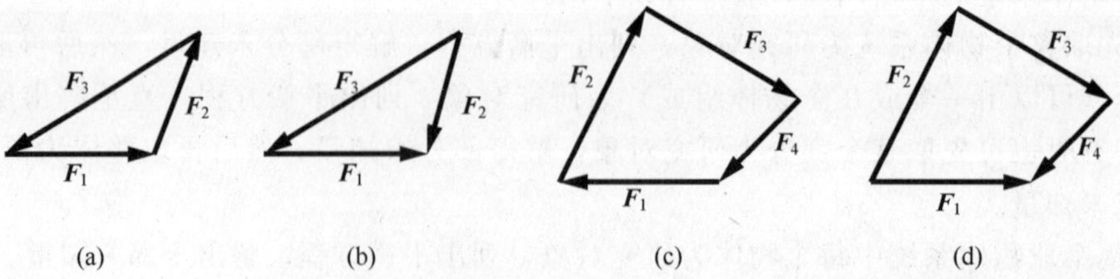

概念题 2.4 图

答 A。

概念题 2.5　平面力偶系合成的结果是______，平面力偶系平衡的必要条件和充分条件______。

答　一个合力偶；合力偶等于零。

概念题 2.6　平面汇交力系有______个独立平衡方程；平面力偶系有______个独立的平衡方程。

答　2；1。

概念题 2.7～概念题 2.33　平面一般力系的简化和平衡

概念题 2.7　作用于刚体上的力可以平行移动到刚体内任一指定点，但必须同时附加一个力偶，此附加力偶的矩等于______。

答　原力对指定点之矩。

概念题 2.8　图（a）所示三铰拱，在构件 AC 上作用一力 $\boldsymbol{F}$，当求 A、B、C 处的约束力时，能否按力的平移定理将它移到构件 BC 上［图（b）］？（　　）

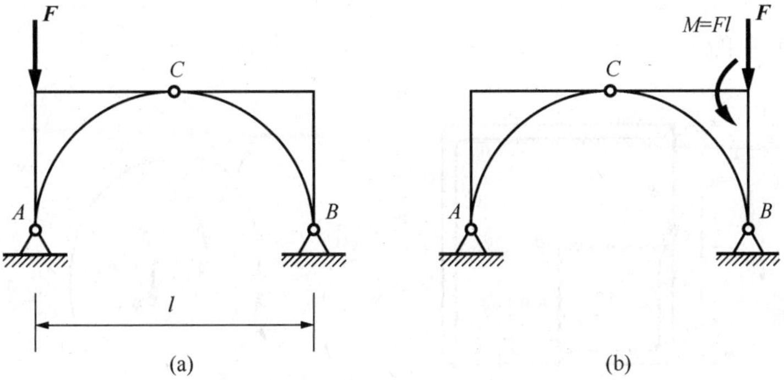

概念题 2.8 图

答　否。

概念题 2.9　如果两个力在同一轴上的投影相等，那么这两个力（　　）。

A. 一定相等　　　　B. 一定不相等

C. 不一定相等　　　D. 都与投影轴平行

答　C。

概念题 2.10　若力在某轴上的投影为零，则该力（　　）。

A. 一定为零　　　　B. 一定与该轴垂直

C. 一定与该轴平行　D. 一定与该轴垂直或为零

答　D。

概念题 2.11　一力在该力所在平面内某两轴上的投影的绝对值，一定等于沿该两轴分解的分力的大小。（　　）

A. 对　　　　　　　B. 不对

C. 只在直角坐标系中，对　D. 只在直角坐标系中，不对

答 C。

概念题 2.12　在力与投影轴共面的条件下，一力在任意两相交轴中的每一轴上的投影，就是此力沿这两轴方向分解的分力。（　　）

答　错。

概念题 2.13　将平面一般力系向简化中心简化，得一力和一力偶，这个力等于原力系中各力的______，称为原力系的______，这个力偶的力偶矩等于原力系中各力对______，称为原力系对中心的______。

答　矢量和；主矢；简化中心之矩的代数和；主矩。

概念题 2.14　平面力系如图所示，且 $\boldsymbol{F}_1=\boldsymbol{F}_2=\boldsymbol{F}_3=\boldsymbol{F}_4$。试问该力系向 A 点的简化结果是（　　），向 B 点的简化结果是（　　）。

A. 一个力　　B. 一个力偶

C. 一个力和一个力偶　　D. 平衡

答　A；A。

概念题 2.15　平面一般力系向点 A 简化后的结果如图所示，则该力系的最后合成结果应是（　　）。

A. 作用于点 A 左边的一个合力　　B. 作用于点 A 右边的一个合力

C. 作用于点 A 的一个合力　　D. 一个合力偶

答　A。

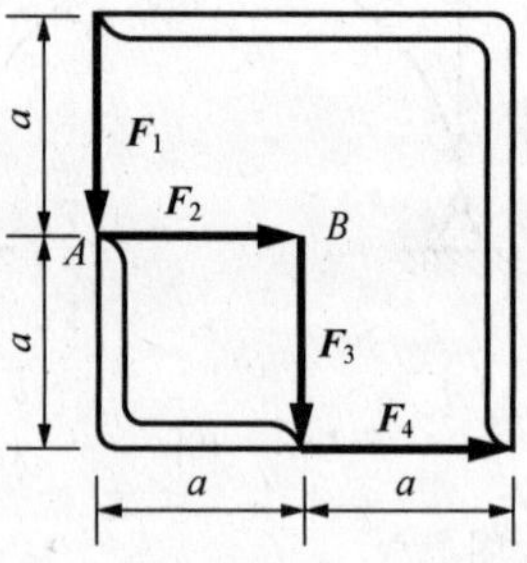

概念题 2.14 图

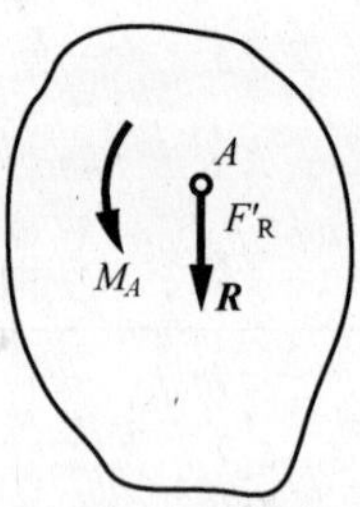

概念题 2.15 图

概念题 2.16　某平面力系向 A、B 两点简化的主矩皆为零，此力系简化的最终结果可能是（　　）。

A. 一个力　　B. 一个力偶

C. 一个力和一个力偶　　D. 平衡

答　A、D。

概念题 2.17　力系无论向哪一点简化，其最终简化结果都是相同的。（　　）

答　对。

概念题 2.18　若平面力系满足 $\sum X=0$ 和 $\sum Y=0$，但不满足 $\sum M_O=0$，则该力系的简化结果是______。

答　一个力偶。

概念题 2.19　有两个平面力系，分别作用于两个正多边形刚体上。各力大小均为 100N，方向分别如图（a）、（b）所示，各正多边形边长均为 200mm。则二个力系合成的结果分别为（　　）。

A. 合力，合力偶　　　　　　　　B. 平衡，合力偶

C. 合力偶，合力　　　　　　　　D. 合力偶，平衡

答　C。

概念题 2.20　一物体受四个力作用，若力的多边形闭合，则该物体（　　）。

A. 平衡　　　　　　　　　　　　B. 不平衡

C. 当四个力作用于一点时平衡　　D. 当四个力不作用于一点时不平衡

答　C。

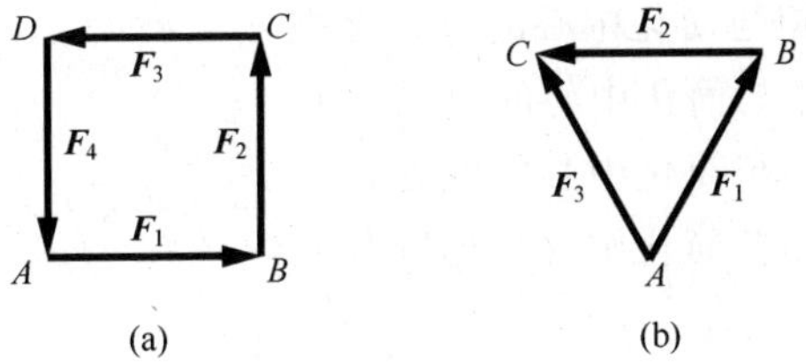

概念题 2.19 图

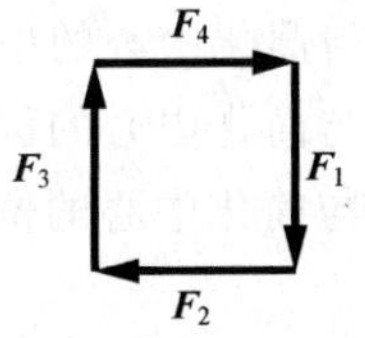

概念题 2.20 图

概念题 2.21　图示平面一般力系 $\boldsymbol{F}_1$、$\boldsymbol{F}_2$、…、$\boldsymbol{F}_n$ 分别向其作用面内的 A、B 两点简化，分别得力 $\boldsymbol{F}_A$、力偶 M_A 和力 $\boldsymbol{F}_B$、力偶 M_B。则 $\boldsymbol{F}_A$、$\boldsymbol{F}_B$、M_A、M_B 之间的关系是（　　）。

A. $M_B = M_A + M_B(\boldsymbol{F}_A)$　　　　B. $M_A = M_B + M_B(\boldsymbol{F}_A)$

C. $M_A + M_B = M_A(\boldsymbol{F}_B)$　　　　D. $M_A + M_B = M_B(\boldsymbol{F}_A)$

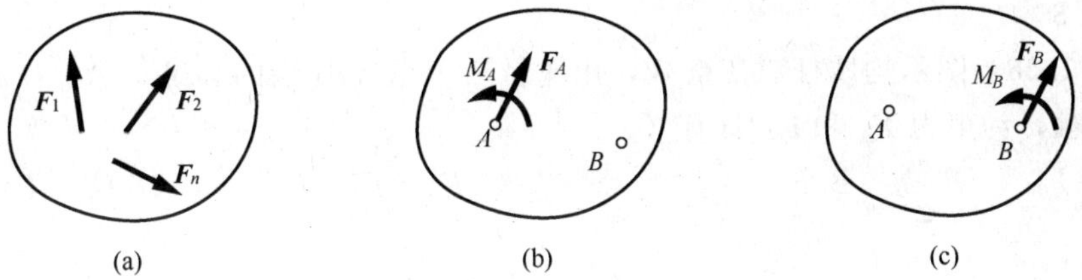

概念题 2.21 图

答　B。

概念题 2.22　下列说法正确的是（　　）。

A. 当主矢 $\boldsymbol{F}'_R \neq 0$，主矩 $M_O \neq 0$ 时力系的简化结果为一合力偶

B. 当主矢 $\boldsymbol{F}'_R \neq 0$，主矩 $M_O \neq 0$ 时力系进一步的简化结果为一个合力，合力的大小及方向与主矢量完全相等，且过简化中心

C. 当主矢 $\boldsymbol{F}'_R \neq 0$，主矩 $M_O \neq 0$ 时力系进一步的简化结果为一个合力，合力的大小及方向与主矢量完全相等，不过简化中心

D. 当主矢 $\boldsymbol{F}'_R \neq 0$，主矩 $M_O \neq 0$ 时力系的简化结果为一合力，合力的大小及方向与主矢量不相等，也不过简化中心

答　C。

概念题 2.23　下列关于主矢与合力的说法中错误的是（　　）。

A. 主矢与合力都是一个力　　　　B. 主矢等于力系中各力的矢量和

C. 主矢就是力系的合力　　　　　D. 合力与力系等效

答　C。

概念题 2.24 下列关于主矩与合力偶矩的说法中错误的是（ ）。

A. 主矩是平面力系向一点简化所得平面力偶系的合力偶矩

B. 主矩与平面力系等效

C. 主矩一般与平面力系不等效

D. 主矩与平面力系向一点简化所得平面力偶系等效

答 B。

概念题 2.25 下列关于主矢和主矩的说法中正确的是（ ）。

A. 主矢与简化中心的位置有关，主矩与简化中心的位置无关

B. 主矢与简化中心的位置无关，主矩与简化中心的位置有关

C. 主矢与简化中心的位置无关，主矩与简化中心的位置无关

D. 主矢与简化中心的位置有关，主矩与简化中心的位置有关

答 B。

概念题 2.26 图示平面连杆机构中 AB、CD 杆上作用有等值反向力偶 M_1、M_2。若不计杆的自重，则该机构处于（ ）。

A. 不平衡 B. 平衡 C. 可能平衡 D. 不能确定

答 A。

概念题 2.27 平面平行力系有______个独立平衡方程。平面一般力系有______个独立的平衡方程。

答 2；3。

概念题 2.28 图示均质杆 AB 重 $\boldsymbol{W}$，用绳悬吊于靠近 B 端的 D 点，A、B 两端则与光滑铅垂面接触，约束力 $\boldsymbol{F}_A$ 和 $\boldsymbol{F}_B$ 具有（ ）。

A. $F_A > F_B$ B. $F_A < F_B$ C. $F_A = F_B \neq 0$ D. $F_A = F_B = 0$

答 C。

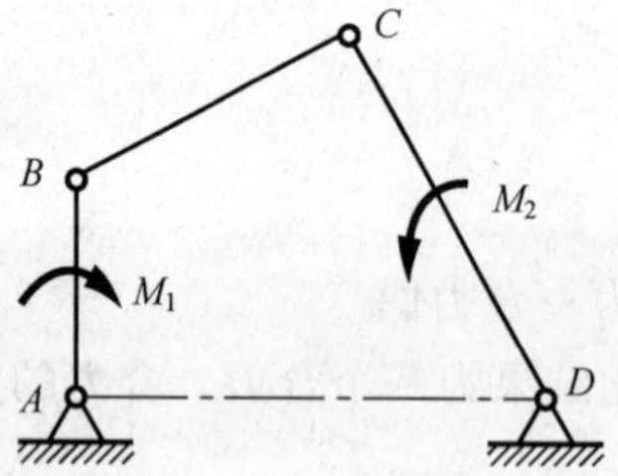

概念题 2.26 图

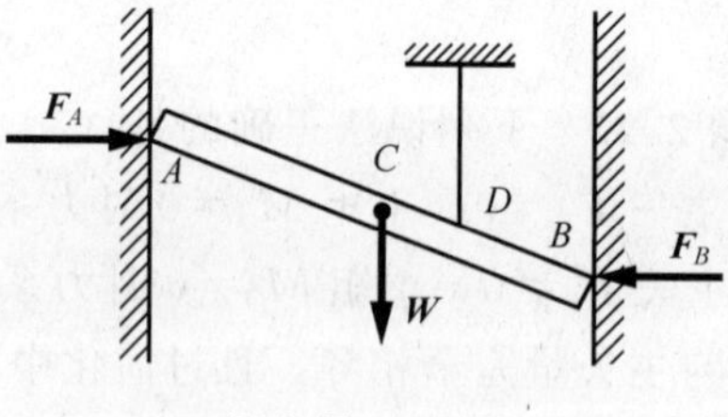

概念题 2.28 图

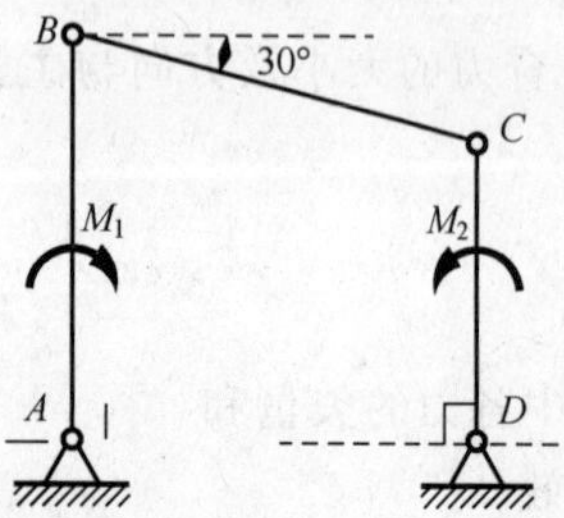

概念题 2.29 图

概念题 2.29 四连杆机构在图示位置平衡。机构中 $AB \neq CD$，则 M_1 及 M_2 的关系为______。

答 $\dfrac{M_1}{M_2} = \dfrac{AB}{CD}$

概念题 2.30 求解力系平衡问题的步骤有：________，______，______，______。

答 取研究对象；画受力图；列平衡方程；解方程。

概念题 2.31 求解力系平衡问题时为什么要尽可能选取

与力系中多数未知力的作用线平行或垂直的投影轴？

答　投影容易计算。

概念题 2.32　求解力系平衡问题时为什么要将矩心选在两个未知力的交点上？

答　减少力矩方程中未知力个数。

概念题 2.33　图示各结构中，静定的是______，超静定的是______。

答　(a)、(e)、(f)、(h)；(b)、(c)、(d)、(g)、(i)。

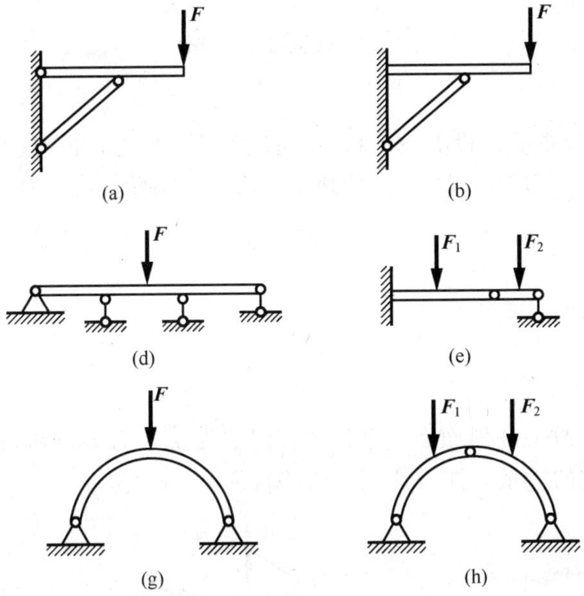

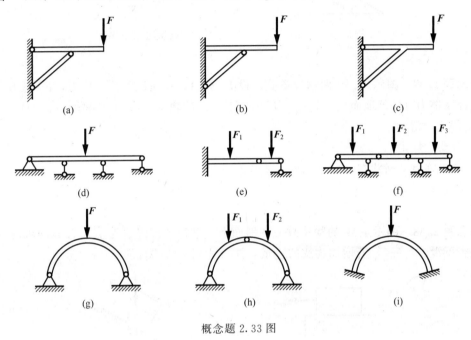

概念题 2.33 图

概念题 2.34～概念题 2.39　考虑摩擦时的平衡问题

概念题 2.34　物块重 $W=100\text{kN}$，沿斜面作用力 $F=80\text{kN}$，静摩擦系数 $f_S=0.2$。则物块将（　　）。

A. 向上运动　　　　B. 向下运动

C. 静止不动　　　　D. 以上各种状态都有可能

答　C。

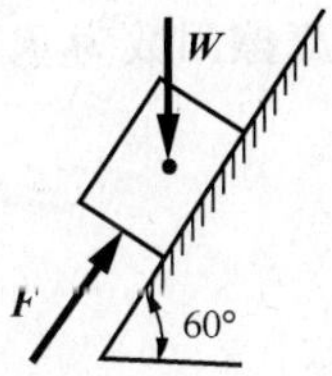

概念题 2.35 图

概念题 2.35　图示滑块重 $\boldsymbol{W}$，在倾角 $\alpha=30°$ 的斜面上静止。滑块与斜面间的静摩擦因数为 f_S，只要滑块处于静止状态，则斜面作用于滑块的静摩擦力等于（　　）。

A. $f_S W\cos30°$　　B. 0　　C. $f_S W$　　D. $W\sin30°$

答　D。

概念题 2.36　重物重 $\boldsymbol{W}$，放在粗糙水平面上，接触面间的摩擦角 $\varphi_f=20°$，斜推力 $F=W$，$\alpha=30°$，如图所示。则物块（　　）。

A. 静止　　　　B. 滑动

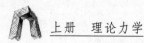

C. 处于临界平衡状态　　　　　　　　D. 运动状态无法判断

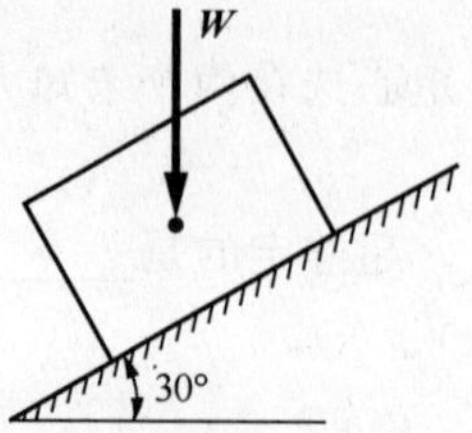

概念题 2.35 图

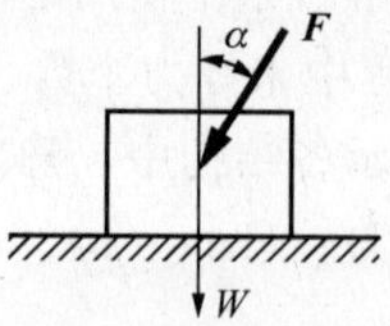

概念题 2.36 图

答　A。

概念题 2.37　图示 A、B 两物块重叠。设 F_{f1} 是 A、B 间最大静摩擦力，F_{f2} 是 B、C 间的最大静摩擦力（C 是地面）。当 $F_{f2}>F>F_{f1}$ 时，A 物块（　　）；B 物块（　　）。

A. 静止，滑动

B. 滑动，静止

C. 处于临界平衡状态，处于临界平衡状态

D. 滑动，滑动

答　B。

概念题 2.38　图示重 $\boldsymbol{W}$ 的物块放置在斜面上，已知摩擦因数为 f_s，且 $\tan\theta<f_s$，试问物块是否下滑？（　　）若增加物块的重量，能否达到下滑的目的？（　　）

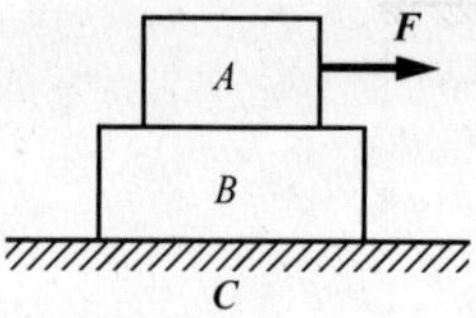

概念题 2.37 图

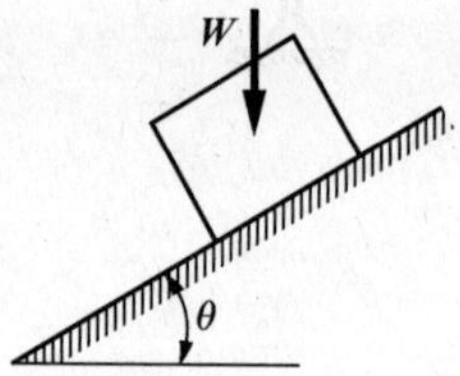

概念题 2.38 图

答　否；不能。

概念题 2.39　用图示两种施力方式使置于水平面上重 $\boldsymbol{W}$ 的物块向右滑动，设接触处的静摩擦因数为 f_s，试问哪种方式省力？（　　）

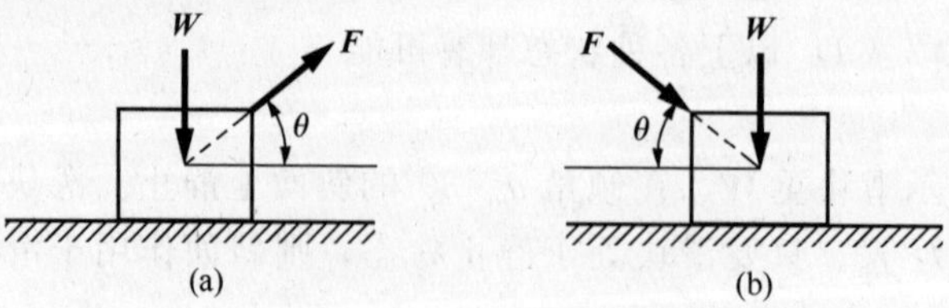

概念题 2.39 图

答　图（a）。

计算题解

计算题 2.1～计算题 2.5 平面一般力系的简化

计算题 2.1 试将图示平面力系向 O 点简化，试求：(1) 主矢和主矩的大小；(2) 力系合力的大小及其与原点 O 的距离 d。其中各力的大小为 $F_1=150\text{N}$，$F_2=200\text{N}$，$F_3=300\text{N}$，力偶（$\boldsymbol{F}$，$\boldsymbol{F}'$）的力 $F=F'=200\text{N}$，力偶臂为 80mm。

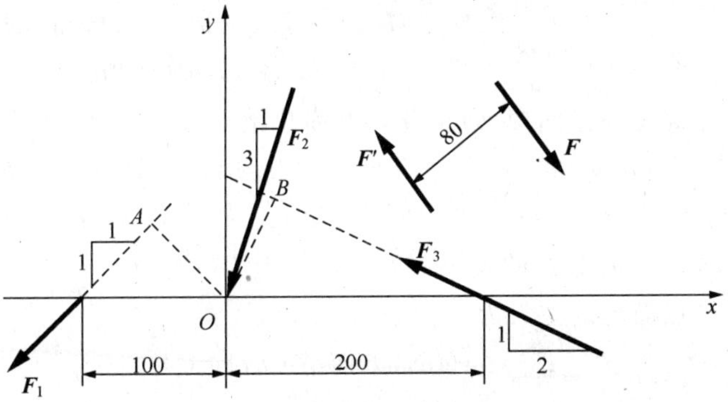

计算题 2.1 图

解 (1) 求主矢和主矩。主矢在 x、y 轴上的投影分别为

$$X_R=\sum X=-F_1\cos45°-F_2\frac{1}{\sqrt{10}}-F_3\frac{2}{\sqrt{5}}=-437.7\text{N}$$

$$Y_R=\sum Y=-F_1\sin45°-F_2\frac{3}{\sqrt{10}}+F_3\frac{1}{\sqrt{5}}=-161.7\text{N}$$

主矢的大小为

$$F_R'=\sqrt{X_R^2+Y_R^2}=467\text{N}$$

力系对 O 点的主矩为

$$M_O=-200\text{N}\times0.08\text{m}+F_1\cos45°\times0.1\text{m}+F_3\times\frac{1}{\sqrt{5}}\times0.2\text{m}=21.43\text{N}\cdot\text{m}$$

(2) 求力系的合力。力系合力的大小等于主矢的大小，即

$$F_R=F_R'=467\text{N}$$

力系的合力与原点 O 的距离为

$$d=\left|\frac{M_O}{F_R}\right|=45.9\text{mm}$$

计算题 2.2 在图示平板的 A、B、C 三点上分别作用有三个力 $F_1=84.85\text{N}$，$F_2=60\text{N}$，$F_3=60\text{N}$。试分别向图中 O 点和 O_1 点简化，求其主矢与主矩。

解 (1) 力系向 O 点简化。主矢在 x、y 轴上的投影分别为

$$X_R=\sum X=F_1\cos45°-F_2=0$$

$$Y_R = \sum Y = F_1 \sin 45° - F_3 = 0$$

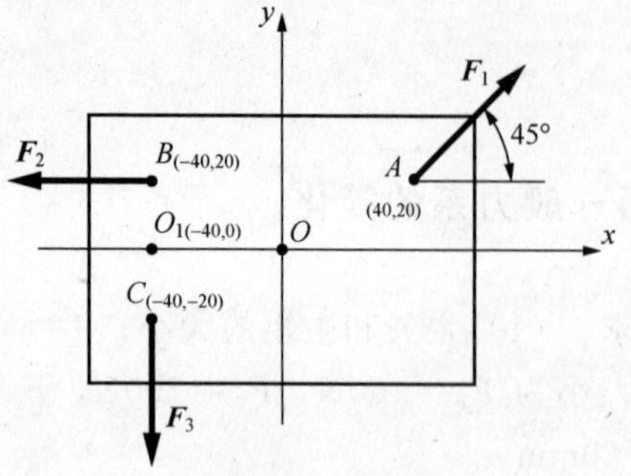

计算题 2.2 图

主矢为

$$F'_R = 0$$

主矩为

$$M_O = -F_1 \cos 45° \times 0.02\text{m} + F_1 \sin 45° \times 0.04\text{m} + F_2 \times 0.02\text{m} + F_3 \times 0.04\text{m} = 4.8\text{N} \cdot \text{m}$$

（2）力系向 O_1 点简化。主矢为

$$F'_R = 0$$

主矩为

$$M_{O1} = -F_1 \cos 45° \times 0.02\text{m} + F_1 \sin 45° \times 0.08\text{m} + F_2 \times 0.02\text{m} = 4.8\text{N} \cdot \text{m}$$

力系无论向 O 点简化还是向 O_1 点简化，其简化结果均为一合力偶。

计算题 2.3 在一边长 a=0.1m 的正方形板的 B、A、D 处有 $\boldsymbol{F}_1$、$\boldsymbol{F}_2$、$\boldsymbol{F}_3$ 三个力作用，方向如图所示，大小为 $F_1=F_2=F_3=160\text{N}$，板面上还有一力偶 $M=32\text{N} \cdot \text{m}$ 作用。若在板上加一力 $\boldsymbol{F}$ 使板平衡，试求力 $\boldsymbol{F}$ 的大小、方向及作用线位置。

解 将力系向 C 点简化。主矢为

$$F'_R = 160\text{N}（方向沿 CD 向上）$$

主矩为

$$M = 16\text{N} \cdot \text{m}（顺时针转向）$$

所以力 $\boldsymbol{F}$ 作用线沿 AB，方向向下，大小为 160N。

计算题 2.4 图示绞车的三臂互成 120°且长度均为 a，作用于绞车上的三个力 $\boldsymbol{F}$、$\boldsymbol{F}'$、$\boldsymbol{F}''$大小相等，方向与臂垂直，试求此三力向绞盘中心 O 点简化的结果。

解 主矢为

$$\boldsymbol{F}'_R = \sum \boldsymbol{F} = 0$$

主矩为

$$M_O = \sum M_O(\boldsymbol{F}) = 3Fa$$

简化结果为一合力偶，其矩为 $M=M_O=3Fa$。

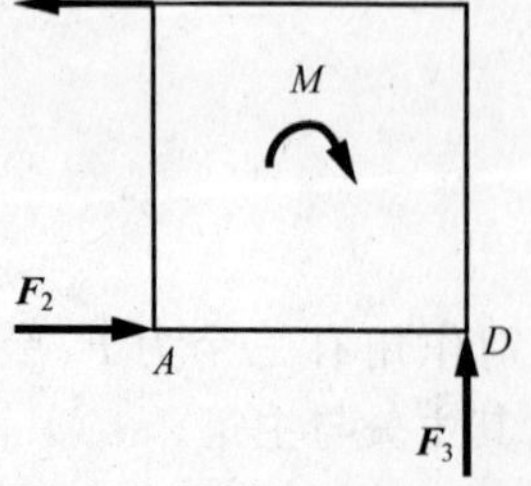

计算题 2.3 图

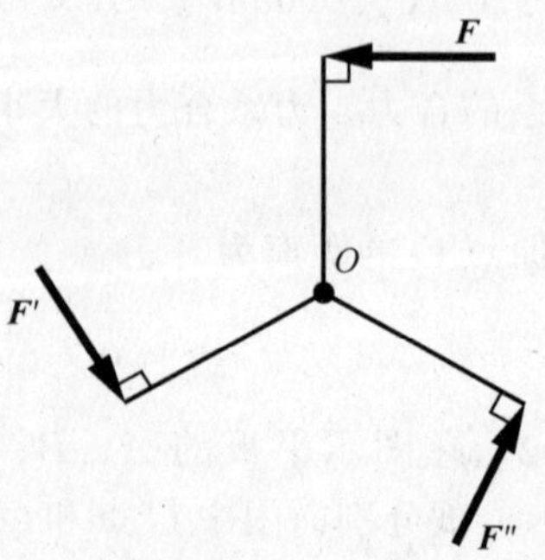

计算题 2.4 图

计算题 2.5　图示厂房立柱上作用有两个力，其中 $F_1=50\text{kN}$，$F_2=4\text{kN}$，$\boldsymbol{F}_1$ 作用线距柱轴线的距离 $a=0.2\text{m}$，柱高 $h=5\text{m}$，$\boldsymbol{F}_2$ 作用线与柱轴线间夹角 $\alpha=30°$。试求 $\boldsymbol{F}_1$、$\boldsymbol{F}_2$ 对固定柱基 A 的作用，即将 $\boldsymbol{F}_1$、$\boldsymbol{F}_2$ 向 A 点简化后，讨论其作用效应。

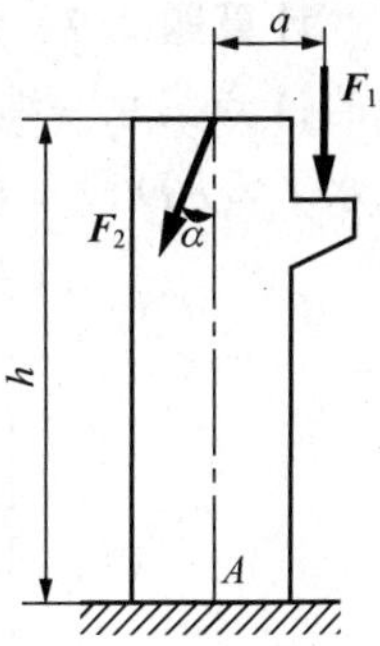

计算题 2.5 图

解　主矩的计算如下：

$$M_A(\boldsymbol{F}_1)=-F_1a=-10\text{kN}\cdot\text{m}$$

$$M_A(\boldsymbol{F}_2)=F_2\sin\alpha\cdot h=10\text{kN}\cdot\text{m}$$

$$M_A=M_A(\boldsymbol{F}_1)+M_A(\boldsymbol{F}_2)=0$$

合力的计算如下：

$$X_R=-2\text{kN}$$

$$Y_R=-53.5\text{kN}$$

$$F_R=53.5\text{kN}$$

$$\tan\beta=\left|\frac{X_R}{Y_R}\right|,\quad \beta=2.14°$$

因此，二力对柱基只有移动效应。

计算题 2.6～计算题 2.32　平面一般力系的平衡问题

计算题 2.6　图 (a) 所示堤坝高 h，宽 b，堤前的水深为 h，水和堤的单位体积重量分别为 γ 和 q，堤身绕 A 点翻倒的安全因数为 2（即稳定力矩是倾复力矩的 2 倍），试求比值$\dfrac{b}{h}$。

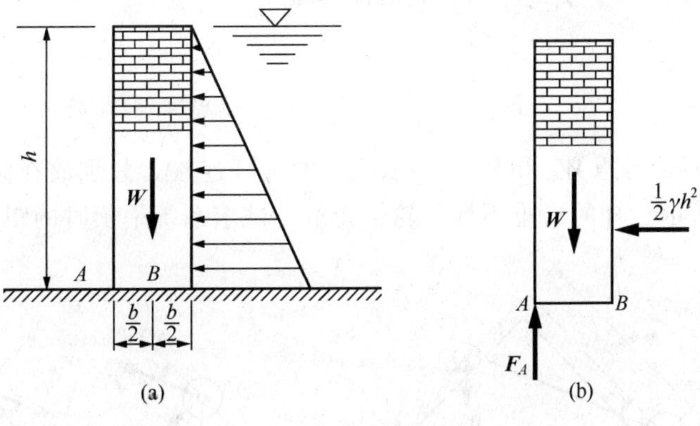

计算题 2.6 图

解　取堤坝为研究对象，在即将倾复的临界状态地基对其的反力为 $\boldsymbol{F}_A$，受力如图 (b) 所示。列平衡方程

$$\sum M_A=0,\quad \frac{1}{2}\gamma h^2\times\frac{1}{3}h\times2-\boldsymbol{W}\times\frac{b}{2}=0$$

将 $W=qhb$ 代入上式，得

$$\frac{b}{h}=\sqrt{\frac{2\gamma}{3q}}$$

计算题 2.7　图（a）所示为拔桩装置，在木桩 D 点系一绳，绳另一端固定于 C 点，又在绳的 A 点另系一绳，该绳另一端固定于 E 点，在此绳 B 点施加一个 $F=300\text{N}$ 的力，此时 BA 段水平，AD 段垂直。已知 $\alpha=0.1$ 弧度（当 α 很小时 $\tan\alpha\approx\alpha$），试求木桩上受到的力。

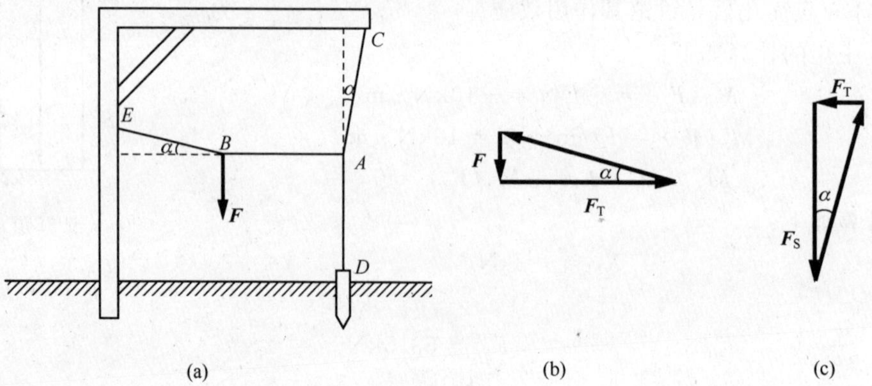

计算题 2.7 图

解　取结点 B 为研究对象，画 B 点的力三角形如图（b）所示。由几何关系，得

$$F_{\mathrm{T}}\tan\alpha = F$$

故

$$F_{\mathrm{T}} = \frac{F}{\tan\alpha} \approx \frac{F}{\alpha} = 3000\text{N}$$

再取结点 A 为研究对象，画 A 点力三角形如图（c）所示。由几何关系，得

$$F_{\mathrm{S}}\tan\alpha = F_{\mathrm{T}}$$

故

$$F_{\mathrm{S}} = \frac{F_{\mathrm{T}}}{\tan\alpha} \approx \frac{F_{\mathrm{T}}}{\alpha} = 30000\text{N}$$

计算题 2.8　两轮各重 $\boldsymbol{W}_1$ 和 $\boldsymbol{W}_2$，用长为 l 的细杆连接，分别放在倾角为 45°的光滑斜面上，如图（a）所示。杆的自重不计，轮轴光滑，试求系统平衡时的距离 a。

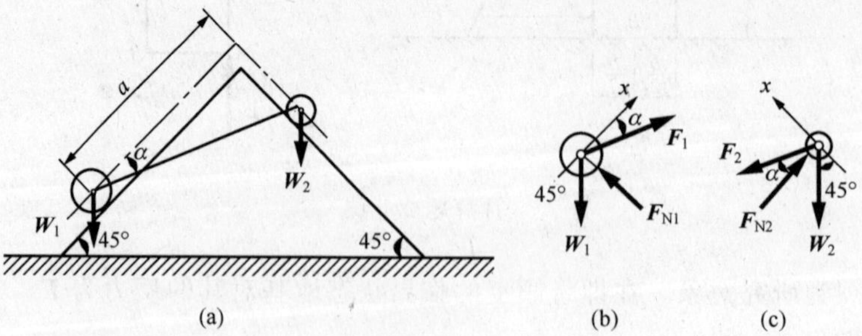

计算题 2.8 图

解　取轮 1 为研究对象，受力如图（b）所示。列平衡方程

$$\sum X = 0,\quad F_1\cos\alpha - W_1\cos45^\circ = 0 \tag{a}$$

取轮 2 为研究对象，受力如图（c）所示。列平衡方程

$$\sum X = 0, \quad F_2 \sin\alpha - W_2 \cos 45^\circ = 0 \tag{b}$$

联立求解式（a）、（b），并考虑到 $F_1 = F_2$，得

$$\tan\alpha = \frac{W_2}{W_1} = \frac{\sqrt{l^2 - a^2}}{a}$$

故

$$a = \frac{lW_1}{\sqrt{W_1^2 + W_2^2}}$$

计算题 2.9　图（a）所示四连杆机构中，$OA = 400\text{mm}$，$O_1B = 600\text{mm}$，力偶矩 $M_1 = 1\text{kN}\cdot\text{m}$。试求图示位置平衡时，杆 AB 的内力 $\boldsymbol{F}_{AB}$ 及力偶矩 M_2。

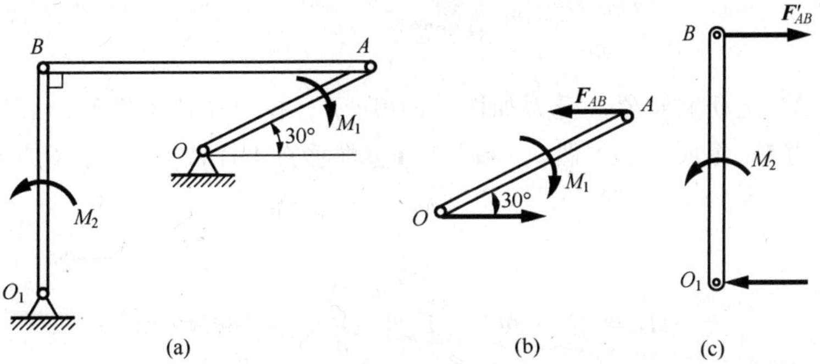

计算题 2.9 图

解　（1）取杆 OA 为研究对象，受力如图（b）所示。列平衡方程

$$\sum M = 0, \quad F_{AB} \times 0.4\text{m} \times \sin 30^\circ - M_1 = 0$$

得

$$F_{AB} = \frac{M_1}{0.4\text{m} \times \sin 30^\circ} = 5\text{kN}$$

（2）取杆 O_1B 为研究对象，受力如图（c）所示，其中 $F'_{AB} = F_{AB}$。列平衡方程

$$\sum M = 0, \quad M_2 - F'_{AB} \times 0.6\text{m} = 0$$

得

$$M_2 = F'_{AB} \times 0.6\text{m} = 3\text{kN}\cdot\text{m}$$

计算题 2.10　在图（a）所示的机构中，杆 AB 上有光滑导槽套在圆盘的销钉 C 上，杆 AB 和圆盘上各作用一力偶。已知 $M_1 = 15\text{N}\cdot\text{m}$，$\alpha = 30^\circ$，$R = 0.1\text{m}$，机构自重不计。试求机构在图示位置平衡时支座 O、A 处的反力和力偶矩 M_2 的大小。

解　（1）取圆盘为研究对象，受力如图（b）所示。因为导槽与销钉是光滑接触，故约束力 $\boldsymbol{F}_C$ 与杆 AB 垂直。圆盘处于平衡，支座 O 处的反力 $\boldsymbol{F}_O$ 必与 $\boldsymbol{F}_C$ 组成一个力偶，$\boldsymbol{F}_O = \boldsymbol{F}_C$，$\boldsymbol{F}_O$ 与 $\boldsymbol{F}_C$ 平行。列平衡方程

$$\sum M = 0, \quad F_O R \sin\alpha - M_1 = 0$$

得

$$F_O = \frac{M_1}{R\sin\alpha} = \frac{15\text{N}\cdot\text{m}}{0.1\text{m} \times \sin 30^\circ} = 300\text{N}$$

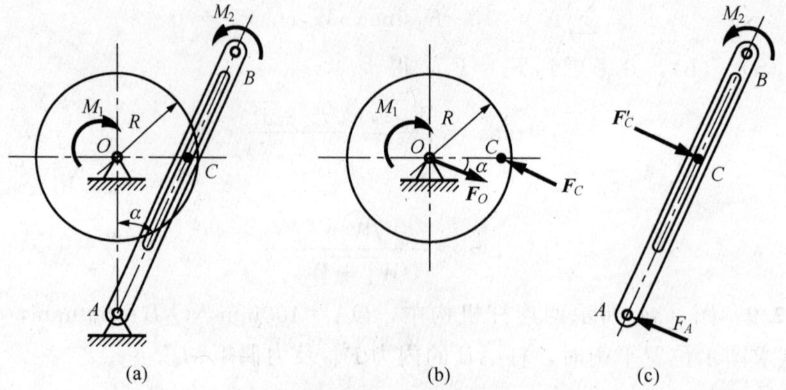

计算题 2.10 图

(2) 取杆 AB 为研究对象，受力如图（c）所示。杆 AB 处于平衡，故约束力 $\boldsymbol{F}'_C$ 必与支座 A 处的反力 $\boldsymbol{F}_A$ 组成一个力偶，力 $\boldsymbol{F}'_C$ 与 $\boldsymbol{F}_A$ 都垂直于杆 AB。列平衡方程

$$\sum M = 0,\quad M_2 - F'_C \cdot AC = 0$$

得

$$M_2 = F'_C \cdot AC = F_C \times \frac{R}{\sin 30^\circ} = 60\text{N} \cdot \text{m}$$

故

$$F_A = F'_C = F_C = \frac{M_2 \sin 30^\circ}{R} = 300\text{N}$$

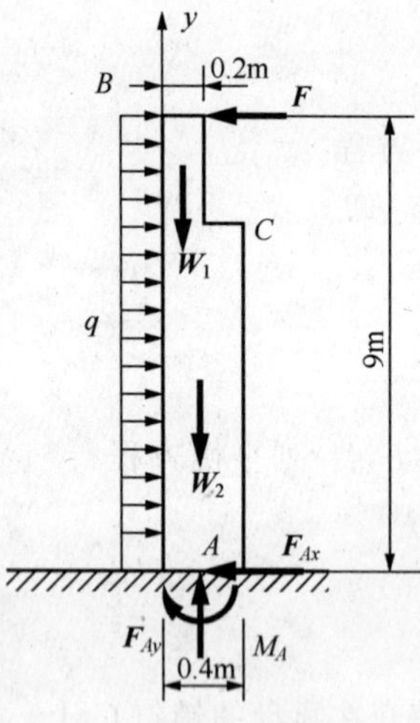

计算题 2.11 图

计算题 2.11　某厂房立柱如图所示，上段 BC 重 $W_1 = 8\text{kN}$，下段 CA 重 $W_2 = 37\text{kN}$，风力 $q = 2\text{kN/m}$，柱顶水平力 $F = 6\text{kN}$。试求固定端 A 处的反力。

解　取立柱为研究对象，受力如图所示。列平衡方程

$$\sum X = 0,\quad q \times 9\text{m} - F - F_{Ax} = 0$$

得

$$F_{Ax} = 12\text{kN}$$

$$\sum Y = 0,\quad F_{Ay} - W_1 - W_2 = 0$$

得

$$F_{Ay} = 45\text{kN}$$

$$\sum M_A = 0,\quad -q \times 9\text{m} \times 4.5\text{m} + F \times 9\text{m} + W_1 \times 0.1\text{m} - M_A = 0$$

得

$$M_A = -26.2\text{kN} \cdot \text{m}$$

计算题 2.12　试求图（a）所示静定梁支座 A、C 处的反力。

解　(1) 取 BC 为研究对象，受力如图（b）所示。列平衡方程

$$\sum M_B = 0,\quad F_C a - q \times \frac{a^2}{2} = 0$$

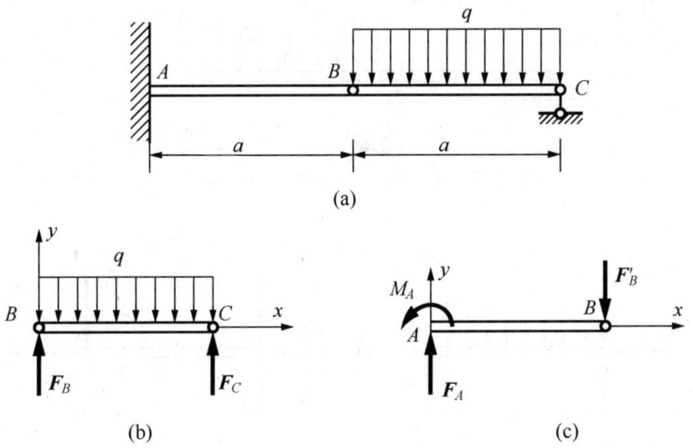

计算题 2.12 图

得

$$F_C = \frac{qa}{2}$$

$$\sum Y = 0, \quad F_C + F_B - qa = 0$$

得

$$F_B = \frac{qa}{2}$$

(2) 取 AB 为研究对象，受力如图 (c) 所示。列平衡方程

$$\sum Y = 0, \quad F_A - F'_B = 0$$

因

$$F'_B = F_B = \frac{qa}{2}$$

故

$$F_A = \frac{qa}{2}$$

$$\sum M_A = 0, \quad M_A - F'_B a = 0$$

得

$$M_A = \frac{qa^2}{2}$$

计算题 2.13 试求图 (a) 所示静定梁支座 A 处的反力和杆 DE、BH 的受力。

解 (1) 取 CD 为研究对象，受力如图 (b) 所示。列平衡方程

$$\sum M_C = 0, \quad F_D \times 4a - 4qa \times 2a = 0$$

得

$$F_D = 2qa$$

$$\sum X = 0, \quad F_{Cx} = 0$$

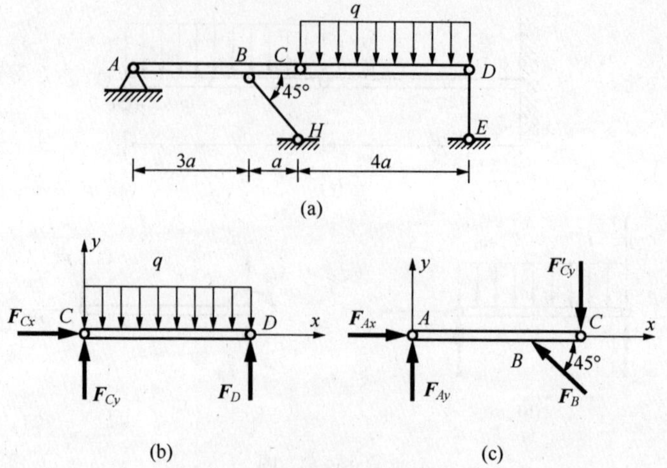

计算题 2.13 图

$$\sum Y = 0,\quad F_D + F_{Cy} - 4qa = 0$$

得

$$F_{Cy} = 2qa$$

(2) 取 AC 为研究对象，受力如图（c）所示。列平衡方程

$$\sum M_A = 0,\quad (F_B \sin 45^\circ) \times 3a - F'_{Cy} \times 4a = 0$$

得

$$F_B = \frac{8\sqrt{2}}{3} qa$$

$$\sum Y = 0,\quad F_{Ay} - F'_{Cy} + F_B \sin 45^\circ = 0$$

得

$$F_{Ay} = -\frac{2}{3} qa$$

$$\sum X = 0,\quad F_{Ax} - F_B \cos 45^\circ = 0$$

得

$$F_{Ax} = \frac{8}{3} qa$$

计算题 2.14 试求图（a）所示静定梁支座 A、C、E、K 处的反力。

解 (1) 取 AB 为研究对象，受力如图（b）所示。列平衡方程

$$\sum M_B = 0,\quad F_A = 0$$

$$\sum Y = 0,\quad F_B = 0$$

(2) 取 BD 为研究对象，受力如图（c）所示。列平衡方程

$$\sum M_D = 0,\quad F_C \times 2a + F'_B \times 3a - Fa = 0$$

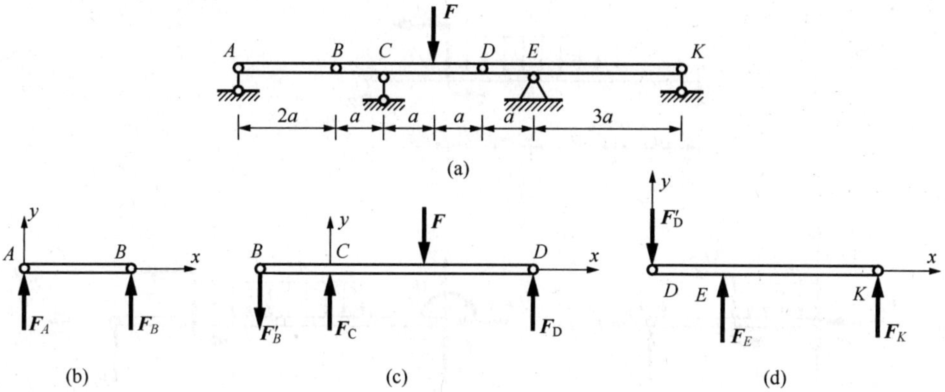

计算题 2.14 图

得

$$F_C = \frac{F}{2}$$

$$\sum Y = 0,\quad F_C + F_D - F = 0$$

得

$$F_D = \frac{F}{2}$$

（3）取 DK 为研究对象，受力如图（d）所示。列平衡方程

$$\sum M_E = 0,\quad F'_D a + F_K \times 3a = 0$$

得

$$F_K = -\frac{F'_D}{3} = -\frac{F_D}{3} = -\frac{F}{6}$$

$$\sum Y = 0,\quad F_K + F_E - F'_D = 0$$

得

$$F_y = F'_D - F_E = \frac{F}{2} + \frac{F}{6} = \frac{2F}{3}$$

计算题 2.15　试求图（a）所示静定梁支座 A、C 处的反力。

解　（1）取 BC 为研究对象，受力如图（b）所示。列平衡方程

$$\sum M_B = 0,\quad F_C \times 2a - M - qa \times \frac{a}{2} = 0$$

得

$$F_C = \frac{1}{4}qa + \frac{M}{2a}$$

（2）取整体为研究对象，受力如图（c）所示。列平衡方程

$$\sum X = 0,\quad F_{Ax} = 0$$

$$\sum Y = 0,\quad F_{Ay} + F_C - q \times 2a = 0$$

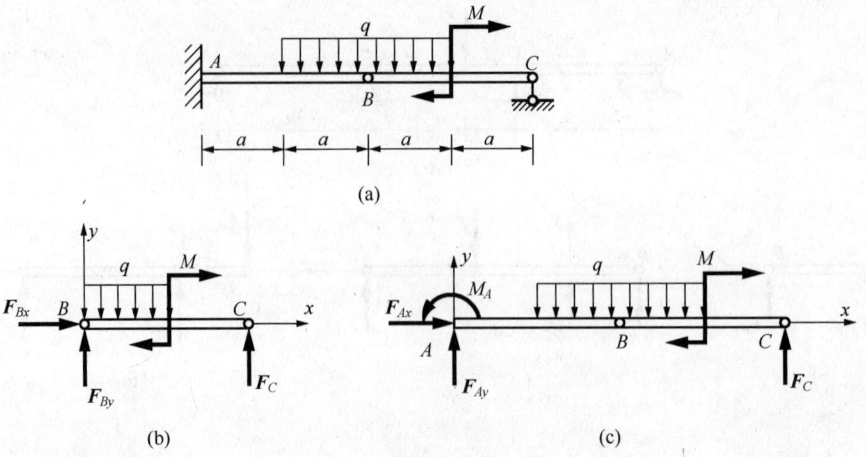

计算题 2.15 图

得

$$F_{Ay} = \frac{7}{4}qa - \frac{M}{2a}$$

$$\sum M_D = 0, \quad F_C \times 4a - M - q \times 2a \times 2a + M_A = 0$$

得

$$M_A = 3qa^2 - M$$

计算题 2.16　图（a）所示静定梁中，已知 $F_1 = 10\text{kN}$，$F_2 = 20\text{kN}$，$q_1 = 6\text{kN/m}$，$q_2 = 5\text{kN/m}$。试求支座 A、B 处的反力。

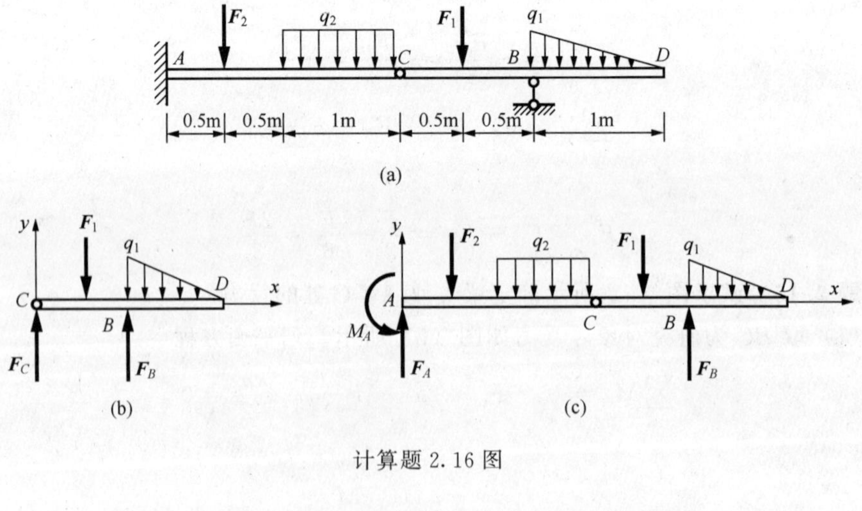

计算题 2.16 图

解　(1) 取 CD 为研究对象，受力如图（b）所示。列平衡方程

$$\sum M_C = 0, \quad F_B \times 1\text{m} - \frac{1}{2} \times q_1 \times 1\text{m} \times \left(1 + \frac{1}{3}\right)\text{m} - F_1 \times 0.5\text{m} = 0$$

得

$$F_B = 9\text{kN}$$

(2) 取整体为研究对象，受力如图 (c) 所示。列平衡方程

$$\sum M_A = 0,\quad M_A + F_B \times 3\text{m} - F_2 \times 0.5\text{m} - F_1 \times 2.5\text{m}$$
$$- q_2 \times 1\text{m} \times 1.5\text{m} - \frac{1}{2} \times q_1 \times 1\text{m} \times \left(3 + \frac{1}{3}\right)\text{m} = 0$$

得

$$M_A = 25.5\text{kN} \cdot \text{m}$$

$$\sum Y = 0,\quad F_A + F_B - F_1 - F_2 - q_2 \times 1\text{m} - \frac{1}{2} \times q_1 \times 1\text{m} = 0$$

得

$$F_A = 29\text{kN}$$

计算题 2.17 图 (a) 所示静定梁上作用有 $q=10\text{kN/m}$ 的均布荷载，$F=60\text{kN}$ 的集中力和力偶矩 $M=40\text{kN} \cdot \text{m}$ 的力偶。试求支座 A、B、D 处的反力。

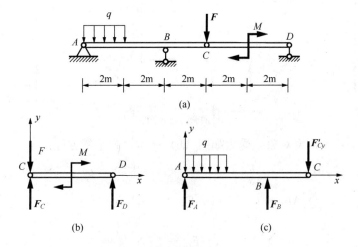

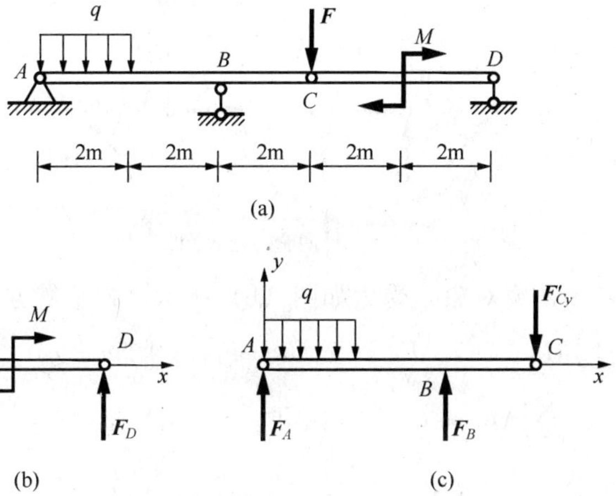

计算题 2.17 图

解 (1) 取 CD 为研究对象，受力如图 (b) 所示。列平衡方程

$$\sum M_C = 0,\quad F_D \times 4\text{m} - M = 0$$

得

$$F_D = 10\text{kN}$$

$$\sum Y = 0,\quad F_C + F_D - F = 0$$

得

$$F_C = 50\text{kN}$$

(2) 取 AC 为研究对象，受力如图 (c) 所示。列平衡方程

$$\sum M_A = 0,\quad -F'_C \times 6\text{m} - q \times 2\text{m} \times 1\text{m} + F_B \times 4\text{m} = 0$$

得

$$F_B = 80\text{kN}$$

$$\sum Y = 0,\quad F_A + F_B - F'_C - q \times 2\text{m} = 0$$

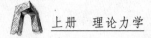

得

$$F_A = -10\text{kN}$$

计算题 2.18 试求图（a）所示结构中 A、B、C 处的约束力以及 DF 杆对 AC 杆，EF 杆对 BC 杆的反力。

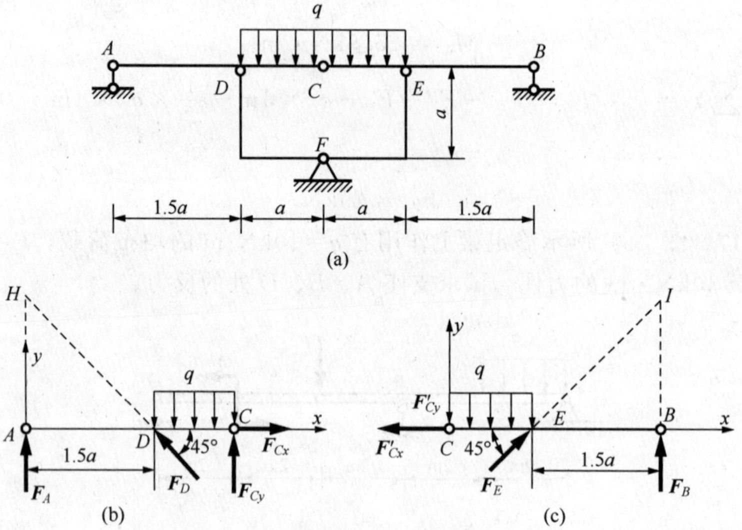

计算题 2.18 图

解 （1）取 AC 为研究对象，受力如图（b）所示。列平衡方程

$$\sum M_H = 0,\quad F_{Cy} \times 2.5a + F_{Cx} \times 1.5a - qa \times 2a = 0 \tag{a}$$

$$\sum M_D = 0,\quad F_{Cx} - F_A \times 1.5a - qa \times \frac{a}{2} = 0 \tag{b}$$

$$\sum X = 0,\quad F_{Cx} - F_D \times \frac{\sqrt{2}}{2} = 0 \tag{c}$$

（2）取 CB 为研究对象，受力如图（c）所示。列平衡方程

$$\sum M_I = 0,\quad F'_{Cy} \times 2.5a - F'_{Cx} \times 1.5a + qa \times 2a = 0 \tag{d}$$

$$\sum M_E = 0,\quad F'_{Cy} \times 1.5a + F_B \times 1.5a + qa \times \frac{a}{2} = 0 \tag{e}$$

$$\sum X = 0,\quad F_E \times \frac{\sqrt{2}}{2} - F'_{Cx} = 0 \tag{f}$$

联立解得

$$F_{Cy} = 0,\quad F_{Cx} = \frac{4}{3}qa$$

$$F_D = \frac{2}{3}\sqrt{2}qa,\quad F_E = \frac{2}{3}\sqrt{2}qa$$

$$F_A = -\frac{qa}{3},\quad F_B = -\frac{qa}{3}$$

计算题 2.19 图（a）所示构架中，已知 $q=0.5\text{kN/m}$，$M=5\text{kN}\cdot\text{m}$，$F=3\text{kN}$。试求铰 B 处的约束力及支座 A、C 处的反力。

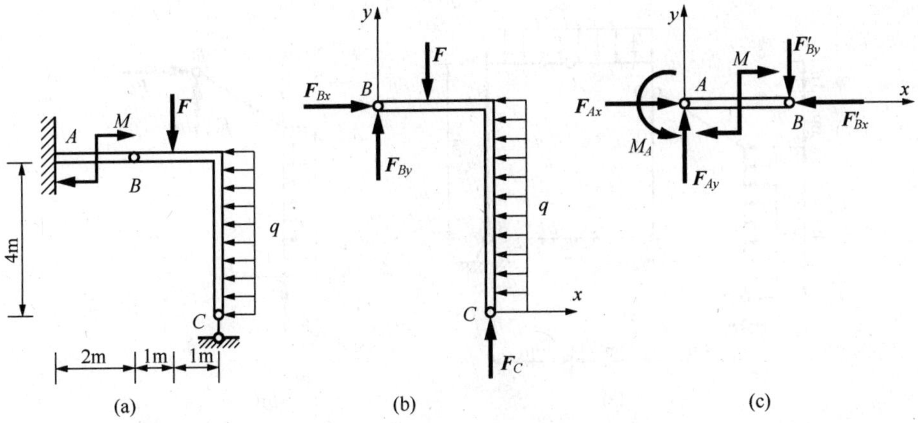

计算题 2.19 图

解　(1) 取 BC 为研究对象，受力如图 (b) 所示。列平衡方程

$$\sum M_B = 0,\quad F_C \times 2\text{m} - F \times 1\text{m} - q \times 4\text{m} \times 2\text{m} = 0$$

得

$$F_C = 3.5\text{kN}$$

$$\sum X = 0,\quad F_{Bx} - q \times 4\text{m} = 0$$

得

$$F_{Bx} = 2\text{kN}$$

$$\sum Y = 0,\quad F_{By} + F_C - F = 0$$

得

$$F_{By} = -0.5\text{kN}$$

(2) 取 AB 为研究对象，受力如图 (c) 所示。列平衡方程

$$\sum Y = 0,\quad F_{Ay} - F'_{By} = 0$$

得

$$F_{Ay} = F'_{By} = F_{By} = -0.5\text{kN}$$

$$\sum X = 0,\quad F_{Ax} - F'_{Bx} = 0$$

得

$$F_{Ax} = F_{Bx} = F'_{Bx} = 2\text{kN}$$

$$\sum M_A = 0,\quad M_A - M - F'_{By} \times 2\text{m} = 0$$

得

$$M_A = 4\text{kN} \cdot \text{m}$$

计算题 2.20　图 (a) 所示刚架中，荷载 $q_1 = 4\text{kN/m}$，$q_2 = 1\text{kN/m}$。试求支座 A、B、E 处的反力。

解　(1) 取 DE 为研究对象，受力如图 (b) 所示。列平衡方程

$$\sum M_D = 0,\quad -F_E \times 4\text{m} + q_2 \times 4\text{m} \times 5\text{m} = 0$$

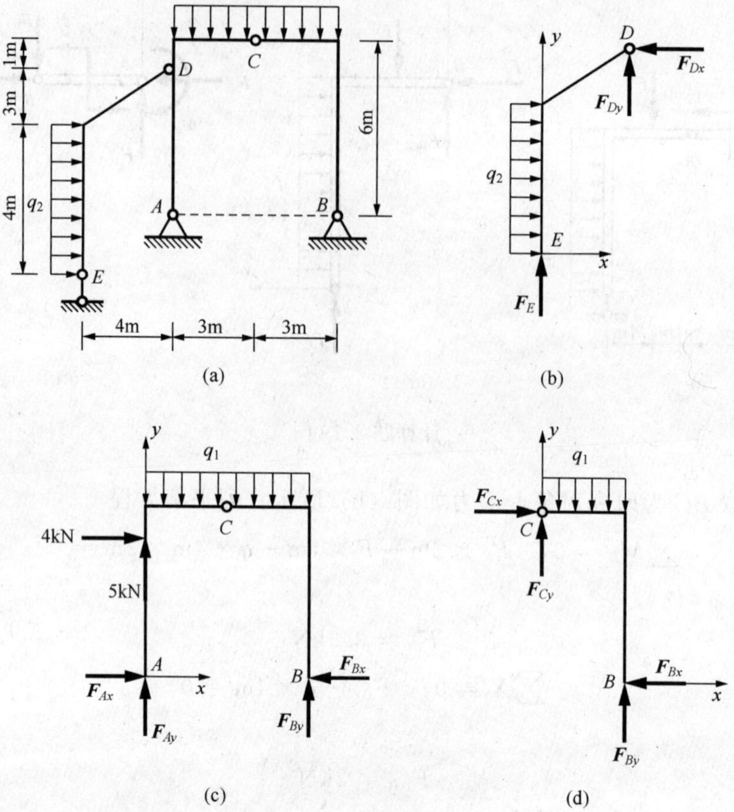

计算题 2.20 图

得

$$F_E = 5\text{kN}$$

$$\sum X = 0, \quad -F_{Dx} + q_2 \times 4\text{m} = 0$$

得

$$F_{Dx} = 4\text{kN}$$

$$\sum Y = 0, \quad F_E + F_{Dy} = 0$$

得

$$F_D = -5\text{kN}$$

（2）取 AB 为研究对象，受力如图（c）所示。列平衡方程

$$\sum M_A = 0, \quad F_{By} \times 6\text{m} - q_1 \times 6\text{m} \times 3\text{m} - 4\text{kN} \times 5\text{m} = 0$$

得

$$F_{By} = \frac{46}{3}\text{kN}$$

$$\sum X = 0, \quad F_{Ax} - F_{Bx} + 5\text{kN} = 0 \tag{a}$$

$$\sum Y = 0, \quad F_{Ay} + F_{By} + 5\text{kN} - q_1 \times 6\text{m} = 0$$

得

$$F_{Ay} = \frac{11}{3}\text{kN}$$

(3) 取 CB 为研究对象，受力如图 (d) 所示。列平衡方程

$$\sum M_C = 0,\quad F_{By} \times 3\text{m} - F_{Bx} \times 6\text{m} - q_1 \times 3\text{m} \times 1.5\text{m} = 0$$

得

$$F_{Bx} = \frac{14}{3}\text{kN}$$

代入式 (a) 得

$$F_{Ax} = \frac{2}{3}\text{kN}$$

计算题 2.21　试求图 (a) 所示三铰拱的支座反力。(提示：可将梯形分布荷载分解为均布荷载和三角形分布荷载。)

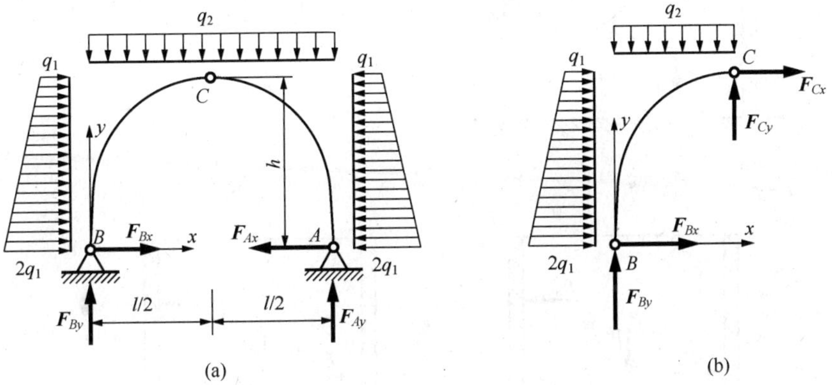

计算题 2.21 图

解　(1) 取整体为研究对象，受力如图 (a) 所示。列平衡方程

$$\sum M_A = 0,\quad -F_{By} l + q_2 l \times \frac{l}{2} = 0$$

得

$$F_{By} = \frac{q_2 l}{2}$$

$$\sum Y = 0,\quad F_{Ay} + F_{By} - q_2 l = 0$$

得

$$F_{Ay} = \frac{q_2 l}{2}$$

$$\sum X = 0,\quad F_{Ax} = F_{Bx} \tag{a}$$

(2) 取 BC 为研究对象，受力如图 (b) 所示。列平衡方程

$$\sum M_C = 0,\quad F_{By} \times \frac{l}{2} - F_{Bx} h - \frac{5}{6} q_1 h^2 - \frac{q_2 l^2}{8} = 0$$

得

$$F_{Bx}=\frac{q_2 l^2}{8h}-\frac{5}{6}q_1 h$$

代入式（a）得

$$F_{Ax}=\frac{q_2 l^2}{8h}-\frac{5}{6}q_1 h$$

计算题 2.22 两个相同的均质球，各重 $\boldsymbol{W}$，半径均为 r，放在半径为 $R(r<R<2r)$ 的中空而两端开口的直筒内。试求圆筒不致因球的作用而翻倒所必须具有的最小重量 W。又若圆筒有底，那么不论圆筒有无重量都不会翻倒，为什么？

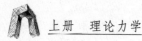

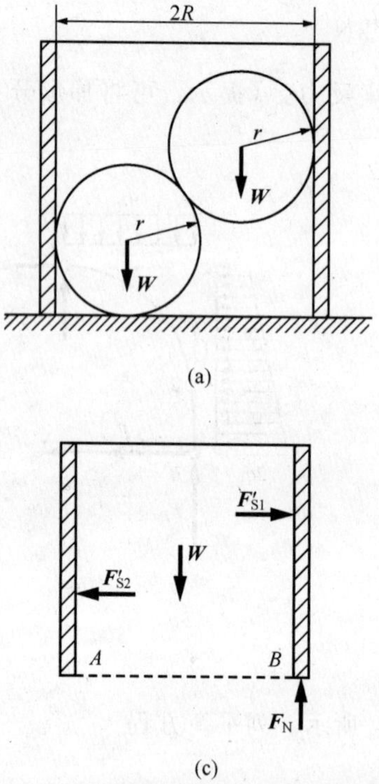

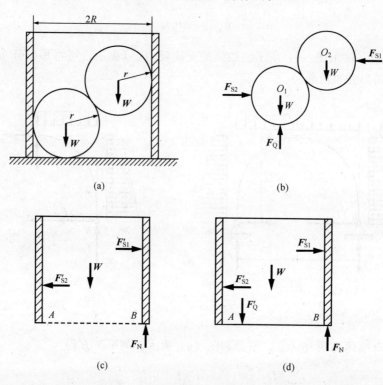

计算题 2.22 图

解 （1）当筒无底时，求不致使筒翻倒的最小重量 $W_{\min}$。取两球为研究对象，受力如图（b）所示。列平衡方程

$$\sum X=0,\quad F_{S2}-F_{S1}=0$$

得

$$F_{S2}=F_{S1}$$

$$\sum M_O=0,\quad F_{S1}\times 2\sqrt{2Rr-R^2}-2W(R-r)=0$$

得

$$F_{S1}=\frac{W(R-r)}{\sqrt{2Rr-R^2}}$$

再取筒体为研究对象，受力如图（c）所示。当筒即将翻倒时，必绕 B 点转动。列平衡

方程

$$\sum M_B = 0, \quad -F_{S1} \times 2\sqrt{2Rr - R^2} + W_{min}R = 0$$

得

$$W_{min} = 2W\left(1 - \frac{r}{R}\right)$$

（2）当筒有底时，取筒为研究对象，受力如图（d）所示。筒体底部还受到 $F'_Q = 2W$ 的力，如仍以绕 B 点倾倒为例，倾覆力矩为 $\boldsymbol{F}_{S1}$ 与 $\boldsymbol{F}_{S2}$ 组成的力偶，其矩为 $2W(R-r)$。而稳定力矩为 $F'_Q(2R-r) + W_{min}R$，即 $2W(2R-r) + W_{min}R$，显然大于倾覆力矩，故不会翻倒。

计算题 2.23　平面结构的尺寸及荷载情况如图（a）所示，滑轮轴 O 在杆 BC 中点。试求 A、C 处的约束力。

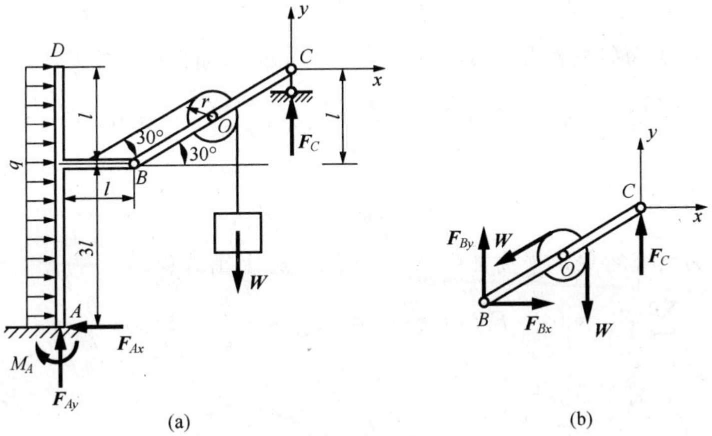

计算题 2.23 图

解　（1）取 BC 为研究对象，受力如图（b）所示。列平衡方程

$$\sum M_B = 0, \quad F_C \times 2l\cos 30^\circ - Wl\cos 30^\circ = 0$$

得

$$F_C = \frac{W}{2}$$

（2）取整体为研究对象，受力如图（a）所示。列平衡方程

$$\sum M_A = 0, \quad -W[l + (l\cos 30^\circ + r)] + F_C(l + 2l\cos 30^\circ) + M_A - 8ql^2 = 0$$

得

$$M_A = \frac{W}{2}(l + 2r) + 8ql^2$$

$$\sum X = 0, \quad F_{Ax} = 4ql$$

$$\sum Y = 0, \quad F_{Ay} = F_C = \frac{W}{2}$$

计算题 2.24　图（a）所示系统中，均质杆 AB 和 BC 的长均为 l，重均为 $W = 300\text{N}$，不计滚轮 C 的自重及其与水平面间的摩擦，当滚轮 C 上作用一水平力 $F = 60\text{N}$ 时，系统恰

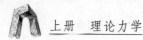

好平衡。试求平衡时 θ 角为多少？

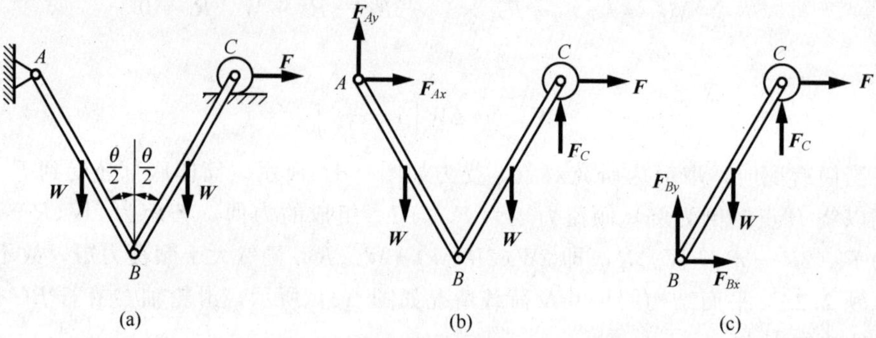

计算题 2.24 图

解 (1) 取整体为研究对象，受力如图 (b) 所示。列平衡方程

$$\sum M_A = 0, \quad F_C \times 2l\sin\frac{\theta}{2} - Wl \times \left(\frac{1}{2}+\frac{3}{2}\right)\sin\frac{\theta}{2} = 0$$

得

$$F_C = W = 300\text{N}$$

(2) 取 BC 为研究对象，受力如图 (c) 所示。列平衡方程

$$\sum M_B = 0, \quad F_C l\sin\frac{\theta}{2} - W \times \frac{l}{2}\sin\frac{\theta}{2} - Fl\cos\frac{\theta}{2} = 0$$

得

$$\tan\frac{\theta}{2} = 0.4$$

故

$$\theta = 43.6°$$

计算题 2.25 图 (a) 所示机构由 AD、BC、CH、DH 四杆组成，自重不计，C、D、E、H 均为铰链，滑块 A、B 可在水平光滑槽内滑动。设 $AE=ED=BE=EC=CH=DH=a$，机构受力 $\boldsymbol{F}_1$、$\boldsymbol{F}_2$ 的作用。试求机构平衡时，F_1/F_2 与 α 角的关系。

解 (1) 取整体为研究对象，受力如图 (a) 所示。列平衡方程

$$\sum Y = 0, \quad F_A = F_B = \frac{1}{2}F_2 \tag{a}$$

(2) 取 H 点为研究对象，受力如图 (b) 所示。列平衡方程

$$\sum X = 0, \quad -F_{CH}\cos\alpha + F_{DH}\cos\alpha = 0$$

得

$$F_{CH} = F_{DH}$$

$$\sum Y = 0, \quad 2F_{CH}\sin\alpha - F_2 = 0$$

得

$$F_{CH} = \frac{F_2}{2\sin\alpha} \tag{b}$$

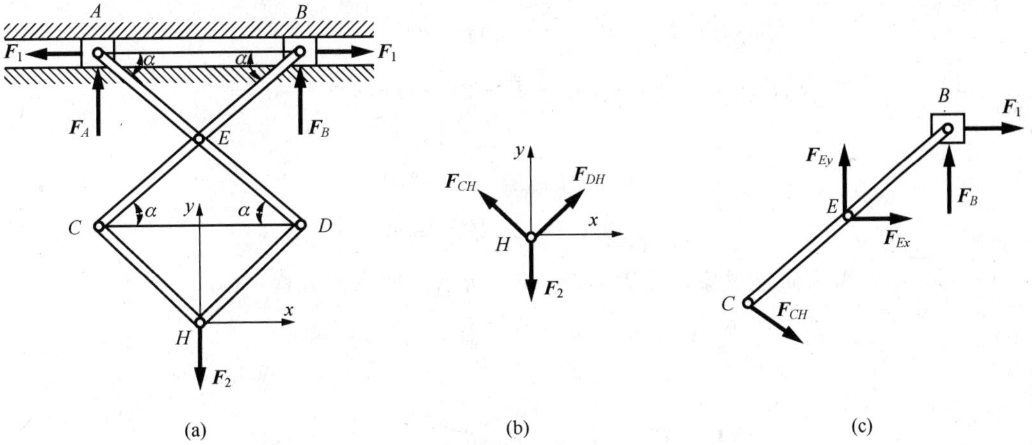

计算题 2.25 图

（3）取 CB 为研究对象，受力如图（c）所示。列平衡方程

$$\sum M_E = 0,\quad F_B a\cos\alpha + F'_{CH}\cos\alpha \cdot a\sin\alpha + F'_{CH}\sin\alpha \cdot a\cos\alpha - F_1 a\sin\alpha = 0$$

将式（a）、（b）代入上式，得

$$\frac{F_1}{F_2} = \frac{3}{2}\cot\alpha$$

计算题 2.26　试求图（a）所示桁架中各杆的受力。

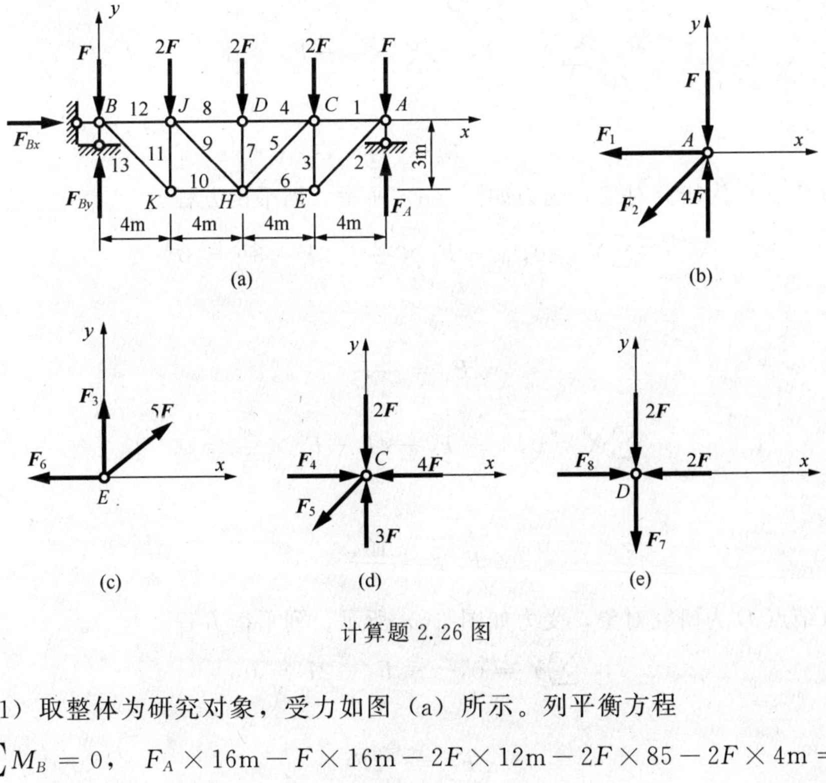

计算题 2.26 图

解　（1）取整体为研究对象，受力如图（a）所示。列平衡方程

$$\sum M_B = 0,\quad F_A \times 16\text{m} - F \times 16\text{m} - 2F \times 12\text{m} - 2F \times 85 - 2F \times 4\text{m} = 0$$

得

$$F_A = 4F$$

$$\sum Y = 0, \quad F_A + F_{By} - F - 2F - 2F - 2F - F = 0$$

得

$$F_{By} = 4F$$

$$\sum X = 0, \quad F_{Bx} = 0$$

（2）取结点 A 为研究对象，受力如图（b）所示。列平衡方程

$$\sum Y = 0, \quad -F_2 \times \frac{3}{5} + 4F - F = 0$$

得

$$F_2 = 5F$$

$$\sum X = 0, \quad -F_2 \times \frac{4}{5} - F_1 = 0$$

得

$$F_1 = -4F$$

（3）取结点 E 为研究对象，受力如图（c）所示。列平衡方程

$$\sum Y = 0, \quad 5F \times \frac{3}{5} + F_3 = 0$$

得

$$F_3 = -3F$$

$$\sum X = 0, \quad 5F \times \frac{4}{5} - F_6 = 0$$

得

$$F_6 = 4F$$

（4）取结点 C 为研究对象，受力如图（d）所示。列平衡方程

$$\sum Y = 0, \quad -F_5 \times \frac{3}{5} - 2F + 3F = 0$$

得

$$F_5 = \frac{5}{3}F$$

$$\sum X = 0, \quad -F_4 - 4F - F_5 \times \frac{4}{5} = 0$$

得

$$F_4 = -\frac{16}{3}F$$

（5）取结点 D 为研究对象，受力如图（e）所示。列平衡方程

$$\sum Y = 0, \quad -F_7 - 2F = 0$$

得

$$F_7 = -2F$$

(6) 由结构的对称性知

$$F_{12} = F_1,\quad F_{13} = F_2,\quad F_8 = F_4$$

$$F_{11} = F_3,\quad F_{10} = F_6,\quad F_9 = F_5$$

计算题 2.27　试求图 (a) 所示桁架中杆 1～杆 6 的受力。

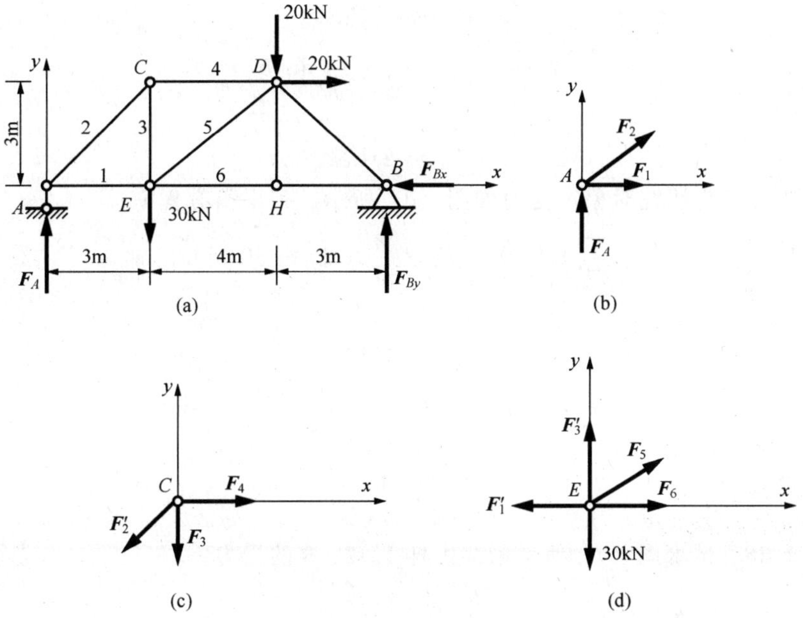

计算题 2.27 图

解　(1) 取整体为研究对象，受力如图 (a) 所示。列平衡方程

$$\sum X = 0,\quad F_{Bx} - 20\text{kN} = 0$$

得

$$F_{Bx} = 20\text{kN}$$

$$\sum M_A = 0,\quad F_{By} \times 10\text{m} - 20\text{kN} \times 3\text{m} - 20\text{kN} \times 7\text{m} - 30\text{kN} \times 3\text{m} = 0$$

得

$$F_{By} = 29\text{kN}$$

$$\sum Y = 0,\quad F_A + F_{By} - 20\text{kN} - 30\text{kN} = 0$$

得

$$F_A = 21\text{kN}$$

(2) 取结点 A 为研究对象，受力如图 (b) 所示。列平衡方程

$$\sum Y = 0,\quad F_2 \sin 45^\circ + F_A = 0$$

得

$$F_2 = -29.7\text{kN}$$

$$\sum X = 0,\quad F_1 + F_2 \cos 45^\circ = 0$$

得

$$F_1 = 21\text{kN}$$

（3）取结点 C 为研究对象，受力如图（c）所示。列平衡方程

$$\sum X = 0,\quad F_4 - F_2'\cos 45^\circ = 0$$

得

$$F_4 = -21\text{kN}$$

$$\sum Y = 0,\quad -F_3 - F_2'\sin 45^\circ = 0$$

得

$$F_3 = 21\text{kN}$$

（4）取结点 E 为研究对象，受力如图（d）所示。列平衡方程

$$\sum Y = 0,\quad F_5 \times \frac{3}{5} + F_3' - 30 = 0$$

得

$$F_5 = 15\text{kN}$$

$$\sum X = 0,\quad F_6 + F_5 \times \frac{4}{5} - F_1' = 0$$

得

$$F_6 = 9\text{kN}$$

计算题 2.28　试求图（a）所示桁架中杆 1、2、3 的受力。

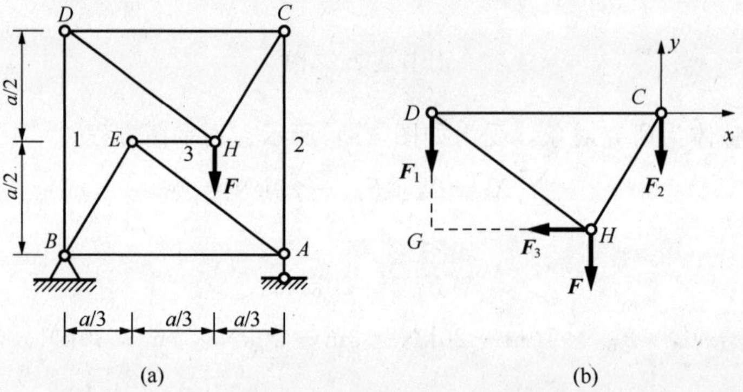

计算题 2.28 图

解　用截面截取 CDH 部分为研究对象，受力如图（b）所示。列平衡方程

$$\sum X = 0,\quad F_3 = 0$$

$$\sum M_G = 0,\quad F_2 a + F \times \frac{2a}{3} = 0$$

得

$$F_2 = -\frac{2}{3}F$$

$$\sum Y = 0,\quad F_1 + F_2 + F = 0$$

得

$$F_1 = -\frac{F}{3}$$

计算题 2.29　试求图（a）所示桁架中杆 1、2、3 的受力。

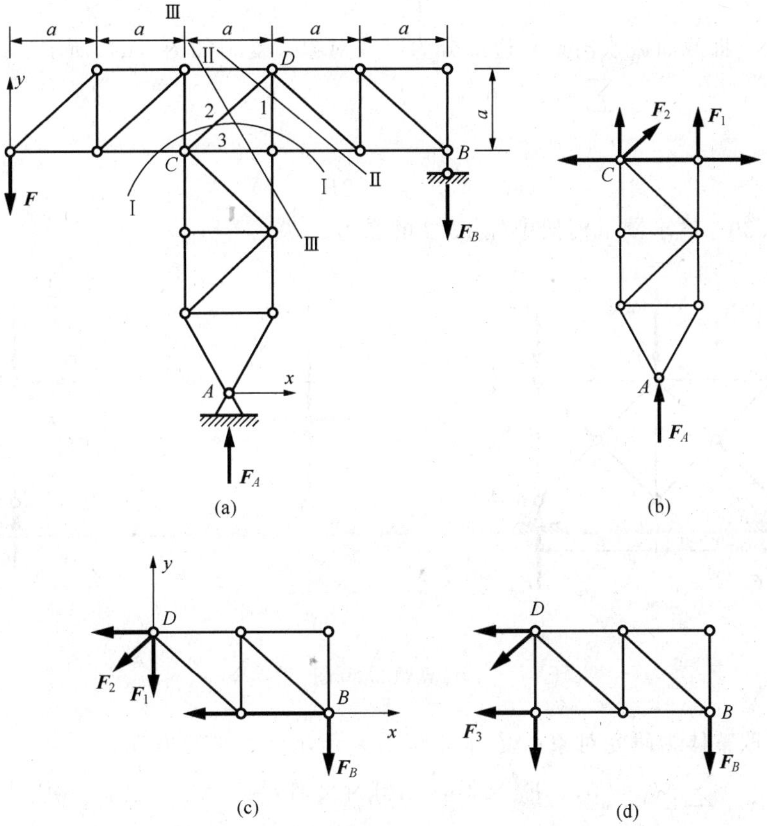

计算题 2.29 图

解　(1) 取整体为研究对象，受力如图（a）所示。列平衡方程

$$\sum M_A = 0,\quad F_B \times 2.5a - F \times 2.5a = 0$$

得

$$F_B = F$$

$$\sum Y = 0,\quad F_A - F_B - F = 0$$

得

$$F_A = 2F$$

(2) 用Ⅰ—Ⅰ截面截取桁架下面部分为研究对象，受力如图（b）所示。列平衡方程

$$\sum M_C = 0,\quad F_1 a + F_A \times 0.5a = 0$$

得

$$F_1 = -F$$

(3) 用Ⅱ—Ⅱ截面截取桁架右边部分为研究对象，受力如图（c）所示。列平衡方程

$$\sum Y = 0, \quad -F_2 \times \frac{\sqrt{2}}{2} - F_1 - F_B = 0$$

得

$$F_2 = 0$$

(4) 用Ⅲ—Ⅲ截面截取桁架右边部分为研究对象，受力如图 (d) 所示。列平衡方程

$$\sum M_D = 0, \quad -F_B \times 2a - F_3 \times a = 0$$

得

$$F_3 = -2F$$

计算题 2.30 试求图示桁架中杆 1、2 的受力。

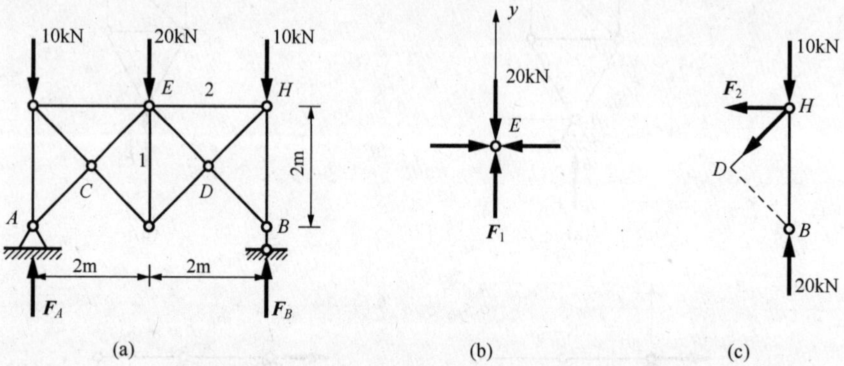

计算题 2.30 图

解 (1) 取整体为研究对象，受力如图 (a) 所示。列平衡方程

$$\sum M_A = 0, \quad F_B \times 4\text{m} - 10\text{kN} \times 4\text{m} - 20\text{kN} \times 2\text{m} = 0$$

得

$$F_B = 20\text{kN}$$

$$\sum M_B = 0, \quad F_A \times 4\text{m} - 10\text{kN} \times 4\text{m} - 20\text{kN} \times 2\text{m} = 0$$

得

$$F_A = 20\text{kN}$$

分别取结点 B、D、C、A 分析，得

$$F_{BD} = F_{DE} = F_{CE} = F_{AC} = 0$$

(2) 取结点 E 为研究对象，受力如图 (b) 所示。列平衡方程

$$\sum Y = 0, \quad -F_1 - 20\text{kN} = 0$$

得

$$F_1 = -20\text{kN}$$

(3) 取 BH 部分为研究对象，受力如图 (c) 所示。列平衡方程

$$\sum M_D = 0, \quad F_2 \times 1\text{m} + 20\text{kN} \times 1\text{m} - 10\text{kN} \times 1\text{m} = 0$$

得

$$F_2 = -10\text{kN}$$

计算题 2.31　试求图（a）所示桁架中杆 1、2、3、4 的受力。

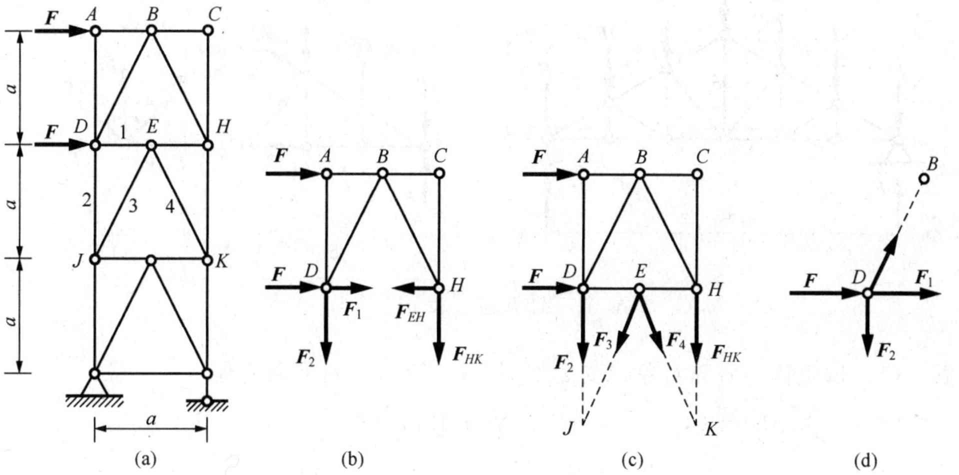

计算题 2.31 图

解　（1）用截面截取图示部分为研究对象，受力如图（b）所示。列平衡方程

$$\sum M_D = 0,\quad Fa - F_{HK}a = 0$$

得

$$F_{HK} = -F$$

$$\sum M_H = 0,\quad Fa + F_2 a = 0$$

得

$$F_2 = F$$

（2）用截面截取图示部分为研究对象，受力如图（c）所示。列平衡方程

$$\sum M_K = 0,\quad -Fa - Fa + F_2 a + F_3 \times \frac{2}{\sqrt{5}}a = 0$$

得

$$F_3 = \sqrt{5}F$$

$$\sum M_J = 0,\quad -Fa - F\times 2a - F_{HK}a - F_4 \times \frac{2}{\sqrt{5}}a = 0$$

得

$$F_4 = -\sqrt{5}F$$

取结点 A 为研究对象，分析得出杆 AD 为零杆。

（3）取结点 D 为研究对象，受力如图（d）所示。列平衡方程

$$\sum M_B = 0,\quad F_1 a + Fa + F_2 \times \frac{a}{2} = 0$$

得

$$F_1 = -1.5F$$

计算题 2.32　试求图（a）所示桁架中杆 1、2、3、4 的受力。

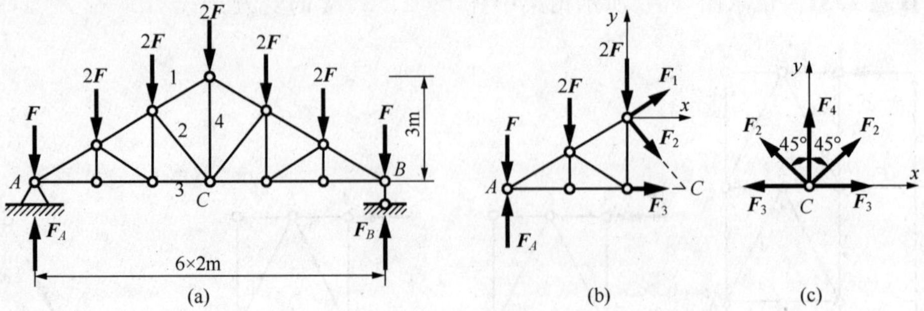

计算题 2.32 图

解 (1) 取整体为研究对象，受力如图（a）所示。列平衡方程

$$\sum M_B = 0,\quad F_A \times 12\text{m} - F \times 12\text{m} - 2F \times 10\text{m} - 2F \times 8\text{m}$$
$$- 2F \times 6\text{m} - 2F \times 4\text{m} - 2F \times 2\text{m} = 0$$

得

$$F_A = 6F$$

由结构的对称性可知

$$F_A = F_B = 6F$$

(2) 用截面截取图示部分为研究对象，受力如图（b）所示。列平衡方程

$$\sum M_C = 0,\quad F \times 6\text{m} + 2F \times 4\text{m} + 2F \times 2\text{m} - F_A \times 6\text{m} - F_1 \times \frac{2}{\sqrt{5}} \times 3\text{m} = 0$$

得

$$F_1 = -6.71F$$

$$\sum M_A = 0,\quad -2F \times 2\text{m} - 2F \times 4\text{m} - F_2 \times \frac{\sqrt{2}}{2} \times 6\text{m} = 0$$

得

$$F_2 = -2.83F$$

$$\sum X = 0,\quad F_1 \times \frac{2}{\sqrt{5}} + F_2 \times \frac{\sqrt{2}}{2} + F_3 = 0$$

得

$$F_3 = 8F$$

(3) 取结点 C 为研究对象，受力如图（c）所示。列平衡方程

$$\sum Y = 0,\quad 2F_2 \times \frac{2}{\sqrt{2}} + F_4 = 0$$

得

$$F_4 = 4F$$

计算题 2.33～计算题 2.43 考虑摩擦时的平衡问题

计算题 2.33 图（a）所示物块重 $W=1960\text{N}$，在力 $\boldsymbol{F}$ 作用下，紧靠在墙上，力 $\boldsymbol{F}$ 作

用于物块侧面的中点，物块与墙间的静摩擦因数 $f_s=0.25$。试求保持物块平衡时，力 $\boldsymbol{F}$ 的范围。

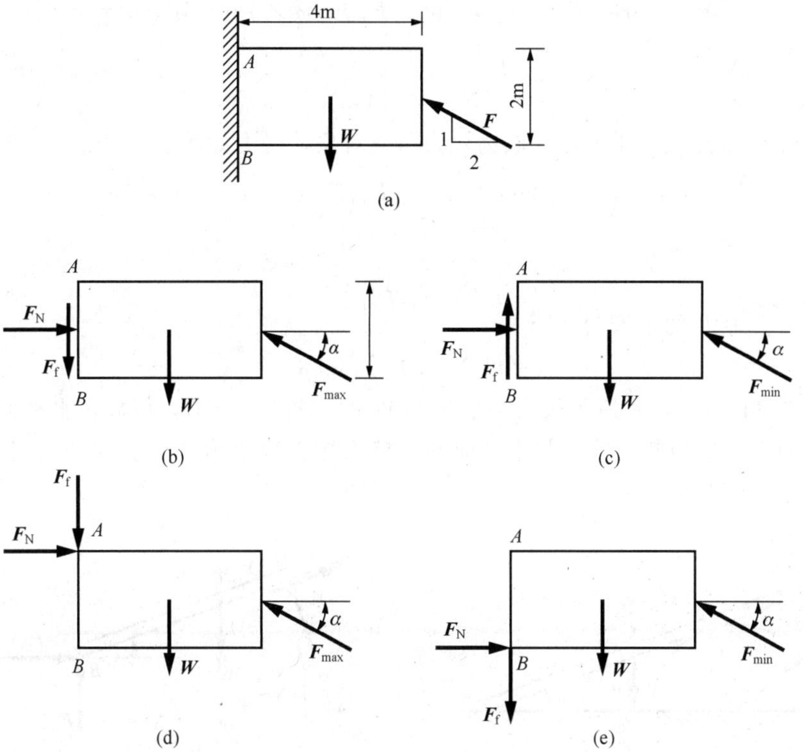

计算题 2.33 图

解　(1) 考虑上滑情况。取物块为研究对象，受力如图 (b) 所示。列平衡方程

$$\sum X=0,\quad F_N-F_{max}\cos\alpha=0$$

得

$$F_N=F_{max}\cos\alpha \tag{a}$$

$$\sum Y=0,\quad F_{max}\sin\alpha-W-F_f=0 \tag{b}$$

以及

$$F_f=f_sF_N \tag{c}$$

联立求解式 (a)、(b)、(c)，得

$$F_{max}=8765\text{N}$$

(2) 考虑下滑情况。取物块为研究对象，受力如图 (c) 所示。列平衡方程

$$\sum X=0,\quad F_N-F_{min}\cos\alpha=0 \tag{d}$$

$$\sum Y=0,\quad F_{min}\sin\alpha-W-F_f=0 \tag{e}$$

以及

$$F_f=f_sF_N \tag{f}$$

联立求解式 (d)、(e)、(f)，得

$$F_{\min} = 2922\text{N}$$

(3) 考虑绕 A 点翻倒求 $F_{\max}$。取物块为研究对象，受力如图（d）所示。列平衡方程

$$\sum M_A = 0, \quad F_{\max}\sin\alpha \times 4\text{m} - F_{\max}\cos\alpha \times 1\text{m} - W \times 2\text{m} = 0$$

得

$$F_{\max} = 4383\text{N}$$

(4) 考虑绕 B 点翻倒求 $F_{\min}$。取物块为研究对象，受力如图（e）所示。列平衡方程

$$\sum M_B = 0, \quad F_{\min}\sin\alpha \times 4\text{m} + F_{\min}\cos\alpha \times 1\text{m} - W \times 2\text{m} = 0$$

得

$$F_{\min} = 1461\text{N}$$

综合以上，力 F 的范围为

$$2922\text{N} \leqslant F \leqslant 4383\text{N}$$

计算题 2.34　图（a）所示长为 $2l$、重为 W 的均质直杆 AB，倚放在水平面及半径为 r 的固定圆柱面上，杆与圆柱面及与水平面间的静摩擦因数均为 f_s。试求直杆处于平衡状态时，α 角的最大值是多少？

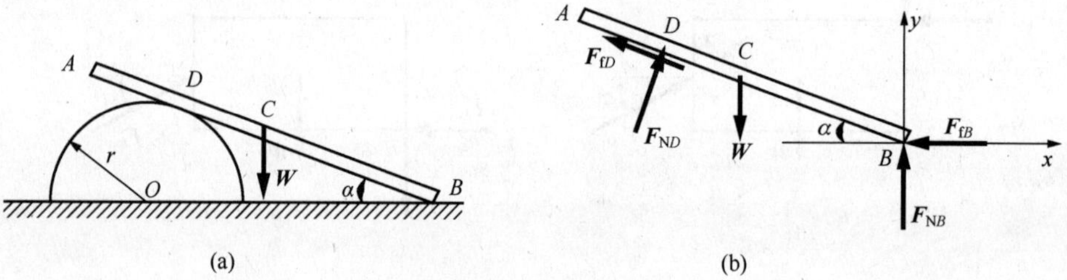

计算题 2.34 图

解　取杆 AB 为研究对象，令其处于临界平衡状态，受力如图（b）所示。列平衡方程

$$\sum X = 0, \quad F_{ND}\sin\alpha - F_{fD}\cos\alpha - F_{fB} = 0$$

$$\sum Y = 0, \quad F_{ND}\cos\alpha + F_{fD}\sin\alpha + F_{NB} - W = 0$$

以及

$$F_{fB} = f_s F_{NB}$$

$$F_{fD} = f_s F_{ND}$$

联立求解以上四式，得

$$F_{ND} = \frac{W f_s}{(f_s^2 + 1)\sin\alpha} \tag{a}$$

再列平衡方程

$$\sum M_B = 0, \quad F_{ND}\, r \cdot \cot\alpha - Wl\cos\alpha = 0$$

将式（a）代入上式，得

$$\sin\alpha = \sqrt{\frac{f_s r}{(f_s^2 + 1)l}}$$

所以 α 的最大值为 $\arcsin\left[\sqrt{\frac{f_s r}{(f_s^2+1)l}}\right]$。

计算题 2.35　一长方形物块置于 $\alpha=15°$的斜面上，尺寸如图（a）所示。物块重 $W=180N$，物块与斜面间的静摩擦因数 $f_s=0.25$。试问力 $\boldsymbol{F}$ 逐渐增大时，物块将先滑动还是先翻倒？

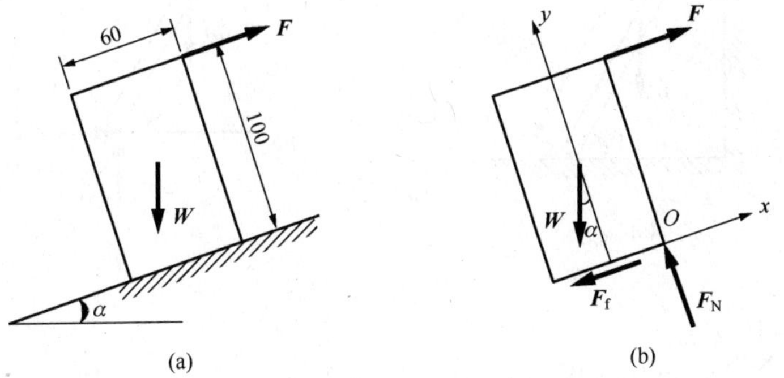

计算题 2.35 图

解　取物块为研究对象，受力如图（b）所示。列平衡方程

$$\sum Y=0,\quad F_N-W\cos\alpha=0$$

得

$$F_N=173.86N$$

则

$$F_f=f_s F_N=43.46N$$

由滑动条件：$\sum X>0$，即

$$F-W\sin\alpha-F_f>0$$

得

$$F>90N$$

由翻倒条件：$\sum M_O>0$，即

$$F\times 100mm-W\sin\alpha\times 50mm-W\cos\alpha\times 30mm>0$$

得

$$F>75.44N$$

比较以上可见：物块将先翻倒。

计算题 2.36　梯子重为 W_1，重心在中点，靠墙放置如图（a）所示。已知墙面光滑，梯子与地面间的静摩擦因数为 f_s，人重为 W_2，试问要保证人能安全爬到梯顶，α 应为何值？

解　求平衡时最小角度 α。取梯子为研究对象，受力如图（b）所示。列平衡方程

$$\sum Y=0,\quad F_{NB}-W_1-W_2=0$$

得

$$F_{NB}=W_1+W_2 \tag{a}$$

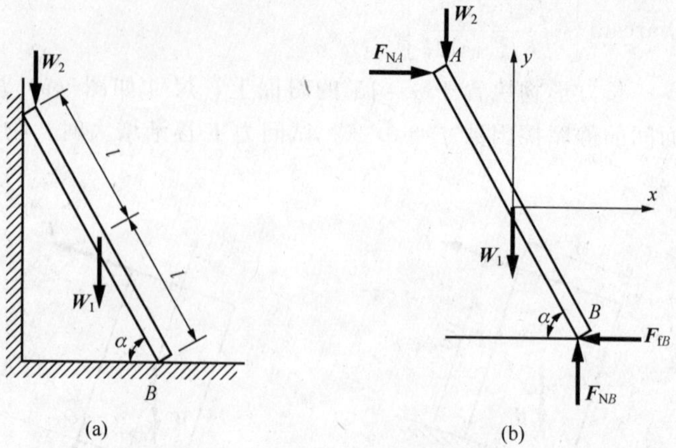

计算题 2.36 图

$$\sum M_A = 0, \quad W_1 \cdot l\cos\alpha + F_{fB} \cdot 2l\sin\alpha - F_{NB} \cdot 2l\cos\alpha = 0 \tag{b}$$

以及

$$F_f = f_s F_{NB} \tag{c}$$

联立求解式（a）、（b）、（c），得

$$\tan\alpha = \frac{W_2 + \frac{W_1}{2}}{f_s(W_1 + W_2)}$$

故

$$\alpha = \arctan\left[\frac{W_2 + \frac{W_1}{2}}{f_s(W_1 + W_2)}\right]$$

计算题 2.37　如图（a）所示物块重 $W=1\text{kN}$，置于水平面上，物块与水平面间的静摩擦因数 $f_s=0.5$，物块受沿 y 轴方向的水平拉力 $F_1=300\text{N}$ 和沿 x 轴方向的水平拉力 $\boldsymbol{F}_2$ 的作用。试求物块恰能移动时，$\boldsymbol{F}_2$ 的大小及物块运动方向与 x 轴夹角 θ。

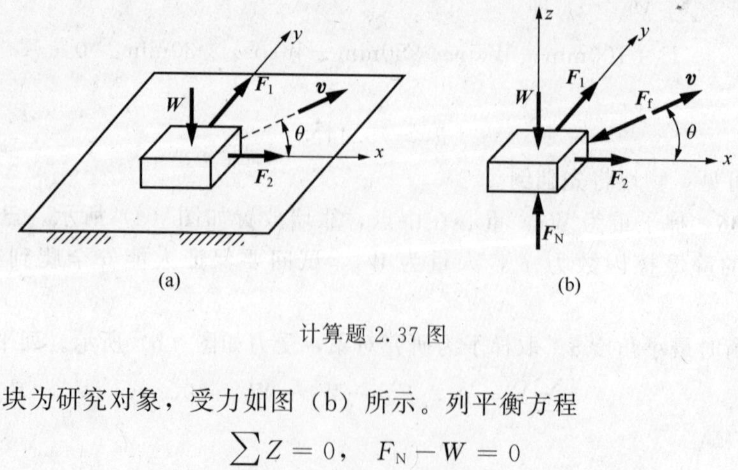

计算题 2.37 图

解　取物块为研究对象，受力如图（b）所示。列平衡方程

$$\sum Z = 0, \quad F_N - W = 0$$

得

$$F_N = W \tag{a}$$

$$\sum Y = 0, \quad F_1 - F_f \sin\theta = 0 \tag{b}$$

以及

$$F_f = f_s F_N \tag{c}$$

将式（a）、（c）代入式（b），得

$$\sin\theta = 0.6$$

故

$$\theta = 36.87^\circ$$

再列平衡方程

$$\sum X = 0, \quad F_2 - F_f \cos\theta = 0$$

得

$$F_2 = 400\text{N}$$

计算题 2.38 图（a）所示滑块 C 重 $W=1\text{kN}$，它与墙面间的静摩擦因数 $f_s=0.577$，杆重不计。试求平衡时作用于铰链 B 上的水平力 $\boldsymbol{F}$ 的大小。

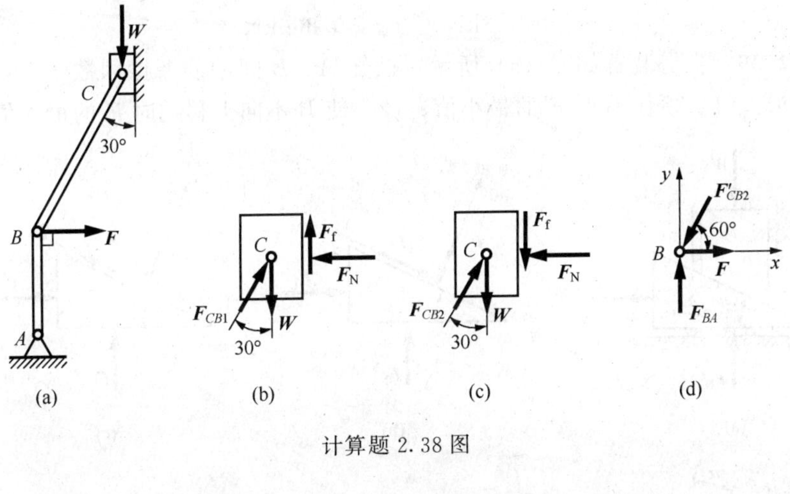

计算题 2.38 图

解 （1）取滑块 C 为研究对象，设其有向下滑动趋势，受力如图（b）所示。列平衡方程

$$\sum X = 0, \quad F_{CB1}\sin 30^\circ - F_N = 0$$

$$\sum Y = 0, \quad F_{CB1}\cos 30^\circ + F_f - W = 0$$

以及

$$F_f = f_s F_N$$

联立解得

$$F_{CB1} = 0.866\text{kN}$$

（2）取滑块 C 为研究对象，设其有向上滑动趋势，受力如图（c）所示。列平衡方程

$$\sum X = 0, \quad F_{CB2}\sin 30^\circ - F_N = 0$$

$$\sum Y = 0, \quad F_{CB2}\cos 30° - F_{\mathrm{f}} - W = 0$$

以及

$$F_{\mathrm{f}} = f_{\mathrm{s}} F_{\mathrm{N}}$$

联立解得

$$F_{CB2} = 1.732\mathrm{kN}$$

（3）当滑块 C 有向上滑动趋势时，取铰链 B 为研究对象，受力如图（d）所示。列平衡方程

$$\sum X = 0, \quad F - F'_{CB2}\cos 60° = 0$$

得

$$F = \frac{1}{2} F'_{CB2}$$

当滑块 C 有向下滑动趋势时，再取铰链 B 为研究对象，通过类似的分析可知平衡时作用于铰链 B 上的水平力 $\boldsymbol{F}$ 的大小为

$$\frac{F_{CB1}}{2} \leqslant F \leqslant \frac{F_{CB2}}{2}$$

即

$$0.433\mathrm{kN} \leqslant F \leqslant 0.866\mathrm{kN}$$

计算题 2.39 尖劈装置如图（a）所示，已知 A、B 间的静摩擦因数 $f_{\mathrm{s}} = \tan\varphi_{\mathrm{m}}$，铅垂力为 W。试求：（1）顶住 B 时 F 的最小值；（2）使 B 不向上移动时 F 的最大值。

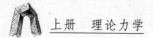

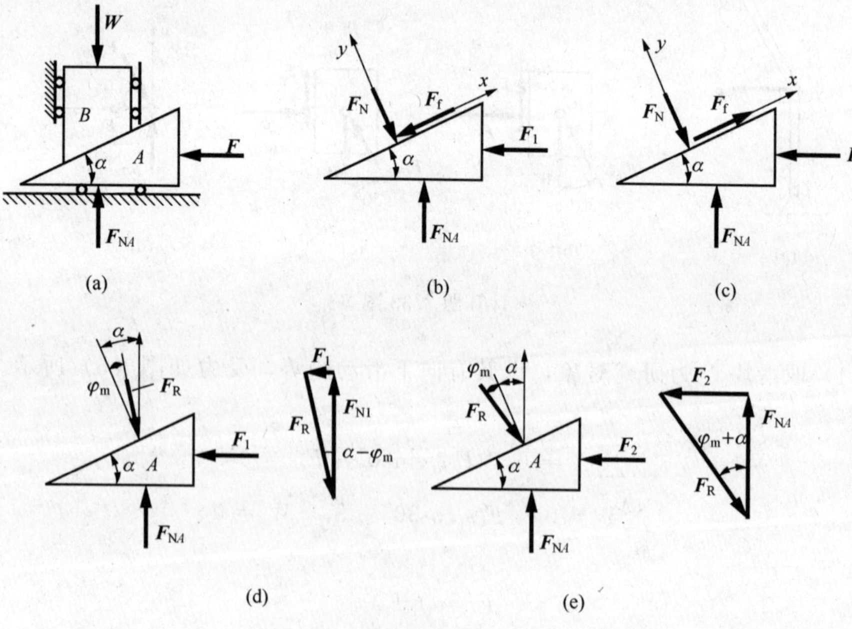

计算题 2.39 图

解 解法一：解析法。

取整体为研究对象，由平衡条件 $\sum Y=0$ 可得

$$F_{NA} = W \tag{a}$$

求顶住重物所需的 F_1。取物体 A 为研究对象，受力如图（b）所示。列平衡方程

$$\sum Y = 0, \quad F_{NA}\cos\alpha + F_1\sin\alpha - F_N = 0$$

将式（a）代入上式，得

$$F_N = W\cos\alpha + F_1\sin\alpha \tag{b}$$

$$\sum X = 0, \quad F_{NA}\sin\alpha - F_1\cos\alpha - F_f = 0 \tag{c}$$

以及

$$F_f = f_s F_N \tag{d}$$

将式（b）、（d）代入式（c），得

$$F_1 = \frac{W(\sin\alpha - f_s\cos\alpha)}{\cos\alpha + f_s\sin\alpha}$$

将 $f_s = \tan\varphi_m$ 代入上式，得

$$F_1 = W\tan(\alpha - \varphi_m)$$

即 $F \geqslant W\tan(\alpha - \varphi_m)$ 时可顶住重物。

再求重物不上移的 F_2。取物体 A 为研究对象，受力如图（c）所示。列平衡方程

$$\sum Y = 0, \quad F_{NA}\cos\alpha + F_2\sin\alpha - F_N = 0 \tag{e}$$

$$\sum X = 0, \quad F_{NA}\sin\alpha - F_2\cos\alpha + F_f = 0 \tag{f}$$

以及

$$F_f = f_s F_N \tag{g}$$

由式（e）、（f）、（g）及 $f_s = \tan\varphi_m$ 解得

$$F_2 = W\tan(\alpha + \varphi_m)$$

即 $F \leqslant W\tan(\alpha + \varphi_m)$ 时重物不上移。

解法二：几何法。

取整体为研究对象，由平衡条件可得

$$F_{NA} = W$$

求顶住重物所需的 F_1。取物体 A 为研究对象，受力如图（d）所示。画出力三角形，得

$$F_1 = F_{NA}\tan(\alpha - \varphi_m) = W\tan(\alpha - \varphi_m)$$

再求重物不上移的 F_2。取物体 A 为研究对象，受力如图（e）所示。画出力三角形，得

$$F_2 = F_{NA}\tan(\alpha + \varphi_m) = W\tan(\alpha + \varphi_m)$$

计算题 2.40　图（a）所示斜楔机构中，$\alpha = 15°$，铅垂力 $F_1 = 3\text{kN}$，各接触面间的摩擦角 $\varphi_m = 15°$。试求举起物体 A 所需水平力 F_2 的最小值。

解　解法一：几何法。

分别取 A、B 为研究对象，受力分别如图（b）、（c）所示。其力三角形画于图（d）中。由图（d）得

$$\frac{F_{R2}}{\sin(90° + \varphi_m)} = \frac{F_1}{\sin(90° - \alpha - 2\varphi_m)}$$

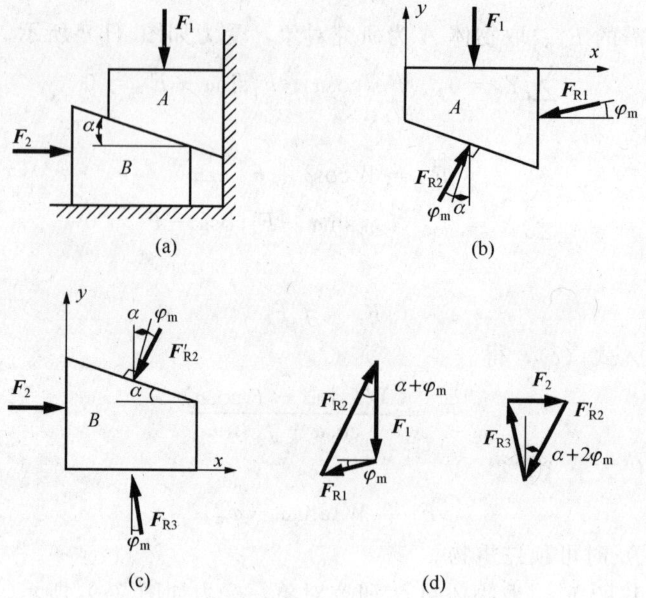

计算题 2.40 图

$$\frac{F_2}{\sin(\alpha+2\varphi_m)}=\frac{F_{R2}}{\sin(90^\circ-\varphi_m)}$$

联立解得

$$F_2=3\text{kN}$$

解法二：解析法。

取物体 A 为研究对象，受力如图（b）所示。列平衡方程

$$\sum Y=0,\quad F_1+F_{R1}\sin\varphi_m-F_{R2}\cos(\alpha+\varphi_m)=0$$

$$\sum X=0,\quad F_{R2}\sin(\alpha+\varphi_m)-F_{R1}\cos\varphi_m=0$$

由以上两式解得

$$F_{R2}=\frac{F_1\cos\varphi_m}{\cos(\alpha+2\varphi_m)} \tag{a}$$

再取物体 B 为研究对象，受力如图（c）所示。列平衡方程

$$\sum X=0,\quad F_2-F_{R3}\sin\varphi_m-F'_{R2}\sin(\alpha+\varphi_m)=0 \tag{b}$$

$$\sum Y=0,\quad F_{R3}\cos\varphi_m-F'_{R2}\cos(\alpha+\varphi_m)=0 \tag{c}$$

联立求解式（a）、（b）、（c），得

$$F_2=F_1\tan(\alpha+2\varphi_m)=3\text{kN}$$

计算题 2.41 轮轴在水平面上放置如图（a）所示，已知轮轴重为 W_1，重物重为 W_2，轮轴的半径为 R 和 r。试求静止时，作用于 C 处的滚动摩擦力偶矩 M_f、滑动摩擦力和法向反力。

解 取轮轴为研究对象，受力如图（b）所示，$F_T=W_2$。列平衡方程

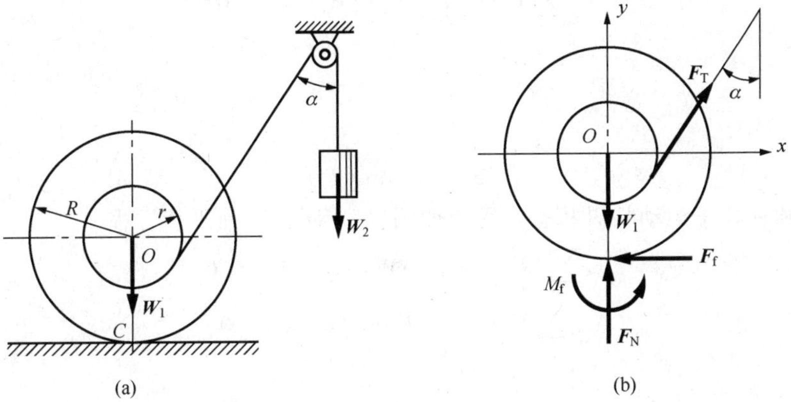

计算题 2.41 图

$$\sum M_O = 0, \quad F_T r + M_f - F_f R = 0 \tag{a}$$

$$\sum X = 0, \quad -F_f + F_T \sin\alpha = 0$$

得

$$F_f = W_2 \sin\alpha \tag{b}$$

$$\sum Y = 0, \quad F_N - W_1 + F_T \cos\alpha = 0$$

得

$$F_N = W_1 - W_2 \cos\alpha$$

将式（b）代入式（a），得

$$M_f = W_2(R\sin\alpha - r)$$

计算题 2.42　图（a）所示圆柱重为 W，与斜面间的静摩擦因数为 f_s，滚动摩擦系数为 δ。试求圆柱平衡时，斜面倾角 α 变化范围？

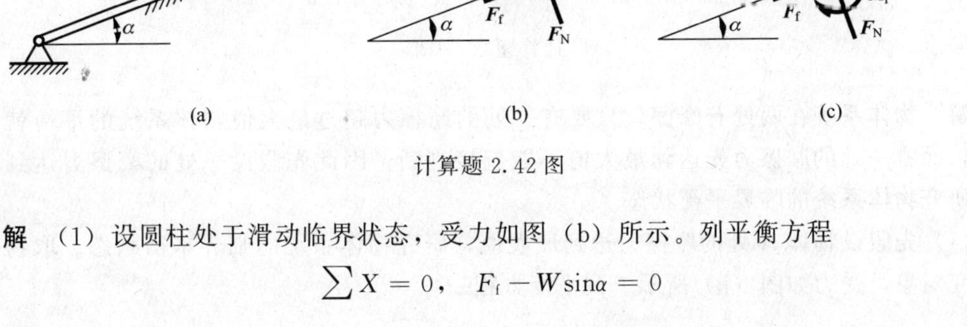

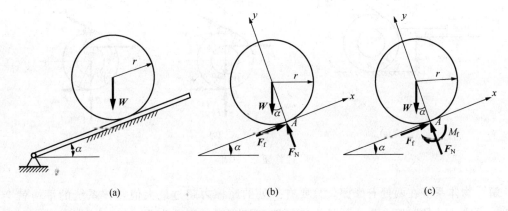

计算题 2.42 图

解　(1) 设圆柱处于滑动临界状态，受力如图（b）所示。列平衡方程

$$\sum X = 0, \quad F_f - W\sin\alpha = 0$$

$$\sum Y = 0, \quad F_{\mathrm{N}} - W\cos\alpha = 0$$

以及

$$F_{\mathrm{f}} = F_{\mathrm{N}} f_{\mathrm{s}}$$

联立解得

$$\alpha = \arctan(f_{\mathrm{s}})$$

(2) 设圆柱处于滚动临界状态，受力如图 (c) 所示。列平衡方程

$$\sum M_A = 0, \quad rW\sin\alpha - M_{\mathrm{f}} = 0$$

$$\sum Y = 0, \quad F_{\mathrm{N}} - W\cos\alpha = 0$$

以及

$$M_{\mathrm{f}} = F_{\mathrm{N}}\delta$$

联立解得

$$\alpha = \arctan\left(\frac{\delta}{r}\right)$$

由上可见，圆柱平衡时，α 应小于等于 $\arctan(f_{\mathrm{s}})$ 和 $\arctan\left(\frac{\delta}{r}\right)$中的较小者。

计算题 2.43 如图 (a) 所示，物体 A 重 $W_A=100\mathrm{kN}$，轮轴 B 重 $W_B=100\mathrm{kN}$，轮半径 $R=0.1\mathrm{m}$，轴的半径 $r=0.05\mathrm{m}$，A 与 B 以水平绳相连。在轮轴 B 上绕以细绳，此绳跨过一光滑的滑轮 D，在其端点上系一重 W 的物体 C。物体 A 与水平面间的摩擦系数为 0.5，轮轴 B 与水平面间的摩擦系数为 0.2。试求使物体系统保持平衡时 W 的最大值。

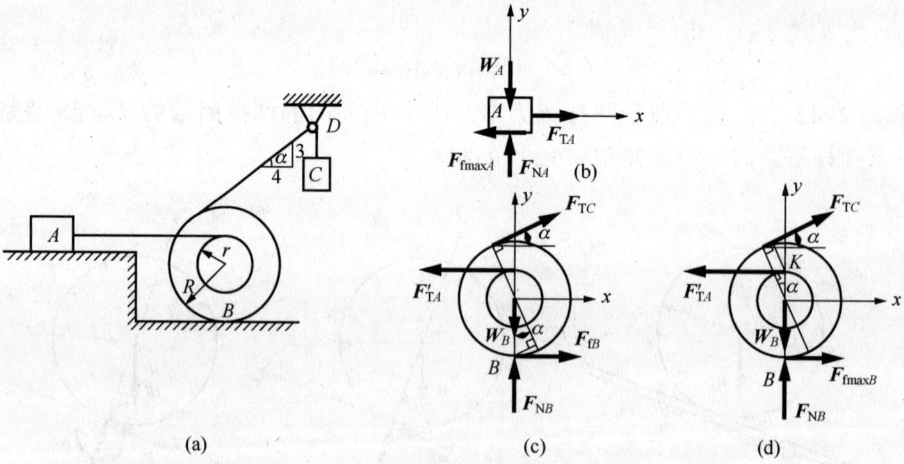

计算题 2.43 图

解 物体系统在两处有摩擦，只要有一处的摩擦力超过最大值物体系统的平衡就会被破坏，而哪一处的摩擦力先达到最大值不能直接判断，因此先假设一处的摩擦力达到最大值，研究物体系统的临界平衡状态。

(1) 先假设物体 A 处的摩擦力达到最大值，研究物体系统的临界平衡状态。取物体 A 为研究对象，受力如图 (b) 所示。列平衡方程

$$\sum X = 0, \quad F_{TA} - F_{fmaxA} = 0$$

$$\sum Y = 0, \quad F_{NA} - W_A = 0$$

由静滑动摩擦定律得

$$F_{fmaxA} = f_{sA} F_{NA}$$

联立求解以上三式，得

$$F_{TA} = f_{sA} F_{NA} = 0.5 \times 100\text{kN} = 50\text{kN}$$

再取轮轴 B 为研究对象，受力如图（c）所示。列平衡方程

$$\sum M_B = 0, \quad F'_{TA}(R + r) - F_{TC}\left(R + R \times \frac{4}{5}\right) = 0$$

得

$$F_{TC} = 41.67\text{kN}$$

因 D 为定滑轮，故 $F_{TC} = W_{max} = 41.67\text{kN}$。

(2) 假设轮轴 B 处的摩擦力先达到最大值，研究物体系统的临界平衡状态。取轮轴 B 为研究对象，受力如图（d）所示。列平衡方程

$$\sum X = 0, \quad F_{TC} \times \frac{4}{5} + F_{fmaxB} - F'_{TA} = 0$$

$$\sum Y = 0, \quad F_{TC} \times \frac{3}{5} + F_{NB} - W_B = 0$$

$$\sum M_K = 0, \quad F'_{fmaxB}(R + r) - F_{TC}\left(R - r \times \frac{4}{5}\right) = 0$$

由静滑动摩擦定律得

$$F_{fmaxB} = f_{sB} F_{NB}$$

联立求解以上四式，得

$$F_{TC} = 38.46\text{kN}$$

因 D 为定滑轮，故 $F_{TC} = W_{max} = 38.46\text{kN}$。

由以上分析可知，要保持物体系统的平衡，物体 C 重量的最大值 $W_{max} = 38.46\text{kN}$。

第三章 空间力系

内容提要

1. 力在空间直角坐标轴上的投影

力 $\boldsymbol{F}$ 在空间直角坐标上投影的计算方法，有一次投影法和二次投影法两种。

(1) 一次投影法。力 $\boldsymbol{F}$ 在空间直角坐标轴 x、y、z 上的投影为

$$\left.\begin{aligned} X &= F\cos\alpha \\ Y &= F\cos\beta \\ Z &= F\cos\gamma \end{aligned}\right\} \tag{3.1}$$

式中：α、β、γ——力 $\boldsymbol{F}$ 与 x 轴、y 轴、z 轴正向间的夹角，称为方向角。

(2) 二次投影法。力 $\boldsymbol{F}$ 在空间直角坐标轴 x、y、z 上的投影为

$$\left.\begin{aligned} X &= F\cos\varphi\cos\theta \\ Y &= F\cos\varphi\sin\theta \\ Z &= F\sin\varphi \end{aligned}\right\} \tag{3.2}$$

式中：φ——力 $\boldsymbol{F}$ 与 Oxy 坐标平面间的夹角；

θ——力 $\boldsymbol{F}$ 在 oxy 坐标平面上的投影 $\boldsymbol{F}_{xy}$ 与 x 轴正向间的夹角。

2. 力对轴之矩

力对轴之矩等于此力在垂直于该轴的平面上的分力对此平面与该轴的交点之矩。即(以力对 z 轴之矩为例)

$$M_z = \pm F_{xy}d \tag{3.3}$$

式中：d——分力 $\boldsymbol{F}_{xy}$ 所在的平面与 z 轴的交点 O 到力 $\boldsymbol{F}_{xy}$ 作用线的垂直距离。力对轴之矩的正负按右手螺旋法则确定，即将右手四指的弯曲方向表示力 $\boldsymbol{F}$ 使物体绕 z 轴转动的方向，大拇指的指向如与 z 轴的正向相同时为正，反之为负。

3. 空间约束与约束力

常见的空间约束与约束力见下表。

约束类型	简化表示	约束力
球铰		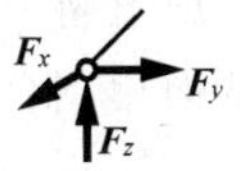
径向轴承		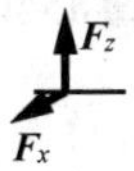
止推轴承		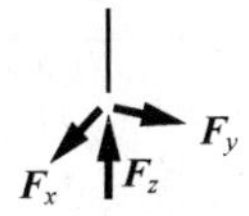
固定端		

4. 空间力系的平衡方程

（1）空间汇交力系的平衡方程为

$$\left.\begin{aligned}\sum X = 0\\ \sum Y = 0\\ \sum Z = 0\end{aligned}\right\}\tag{3.4}$$

空间汇交力系有三个独立的平衡方程，可以求解三个未知量。

（2）空间平行力系的平衡方程为

$$\left.\begin{aligned}\sum Z = 0\\ \sum M_x = 0\\ \sum M_y = 0\end{aligned}\right\}\tag{3.5}$$

空间平行力系有三个独立的平衡方程，可以求解三个未知量。

（3）空间一般力系的平衡方程为

$$\left.\begin{aligned}\sum X = 0, \sum Y = 0, \sum Z = 0\\ \sum M_x = 0, \sum M_y = 0, \sum M_z = 0\end{aligned}\right\}\tag{3.6}$$

空间一般力系有六个独立的平衡方程，可以求解六个未知量。

5. 空间力系平衡问题解题技巧

（1）在选择三个投影轴或矩轴时，三轴可不相交也可不互相垂直，但三轴不能共面，任意两轴也不能平行。

（2）投影轴应尽可能与多数未知力垂直或平行；矩轴应尽可能的与多数未知力平行或相交，这样可使方程中包含未知力的数目较少，便于方程的求解。

（3）计算力对轴之矩时，可以先将力投影到垂直于轴的平面上，然后按平面内力对点之矩计算；或者将力沿直角坐标轴分解，然后根据合力矩定理计算各分力对同一轴之矩的代数和，从而得到合力对轴之矩。

6. 均质物体重心和形心的计算

（1）重心计算公式。

$$x_C = \frac{\int_W x\,\mathrm{d}W}{\int_W \mathrm{d}W},\quad y_C = \frac{\int_W y\,\mathrm{d}W}{\int_W \mathrm{d}W},\quad z_C = \frac{\int_W z\,\mathrm{d}W}{\int_W \mathrm{d}W} \tag{3.7}$$

（2）形心计算公式。

1）均质几何体。

$$x_C = \frac{\int_V x\,\mathrm{d}V}{V},\quad y_C = \frac{\int_V y\,\mathrm{d}V}{V},\quad z_C = \frac{\int_V z\,\mathrm{d}V}{V} \tag{3.8}$$

2）均质曲面。

$$x_C = \frac{\int_A x\,\mathrm{d}A}{A},\quad y_C = \frac{\int_A y\,\mathrm{d}A}{A},\quad z_C = \frac{\int_A z\,\mathrm{d}A}{A} \tag{3.9}$$

3）均质等截面细杆或曲线。

$$x_C = \frac{\int_l x\,\mathrm{d}l}{l},\quad y_C = \frac{\int_l y\,\mathrm{d}l}{l},\quad z_C = \frac{\int_l z\,\mathrm{d}l}{l} \tag{3.10}$$

概念题解

概念题 3.1～概念题 3.12　空间力系的平衡问题

概念题 3.1　计算力在空间直角坐标轴上的投影有______和______两种方法。

答　一次投影法；二次投影法。

概念题 3.2　若已知力与空间直角坐标轴的夹角，则用______方法计算力在坐标轴上的投影较为简便。

答　一次投影法。

概念题 3.3　力在平面上的投影是标量还是矢量？为什么？

答　力在平面上的投影是矢量。这是因为力在平面上的投影有方向问题，故须用矢量来表示。

概念题 3.4　空间中力对点之矩是标量还是矢量？力对轴之矩是标量还是矢量？

答　空间中力对点之矩是矢量。力对轴之矩是标量。

概念题 3.5　力对轴之矩的正负号是如何确定的？

答　力对轴之矩的正负号表示力使物体绕轴转动的方向，按右手螺旋法则确定，即将右手四指的弯曲方向表示力使物体绕轴转动的方向，大拇指的指向如与轴的正向相同时取正，反之取负。

概念题 3.6　力对轴之矩等于此力在垂直于该轴的平面上的______对此平面与该轴的交点之______。

答　分力（或投影）；矩。

概念题 3.7　计算力对空间直角坐标轴之矩有______和______两种方法。

答　利用定义；合力矩定理。

概念题 3.8　在正方体的顶点处作用一力 $\boldsymbol{F}$，此力在 x 轴上的投影为______，在 y 轴上的投影为______，在 z 轴上的投影为______。此力对 x 轴之矩为______，对 y 轴之矩为______，对 z 轴之矩为______。

答　$\frac{\sqrt{2}}{2}F$；0；$\frac{\sqrt{2}}{2}F$。$\frac{\sqrt{2}}{2}Fa$；0；$-\frac{\sqrt{2}}{2}Fa$。

概念题 3.9　在正方体的顶点处作用一力 $\boldsymbol{F}$，此力在 x 轴上的投影为______，在 y 轴上的投影为______，在 z 轴上的投影为______。此力对 x 轴之矩为______，对 y 轴之矩为______，对 z 轴之矩为______。

答　$-\frac{\sqrt{3}}{3}F$；$-\frac{\sqrt{3}}{3}F$；$\frac{\sqrt{3}}{3}F$。$\frac{\sqrt{3}}{3}Fa$；$-\frac{\sqrt{3}}{3}Fa$；0。

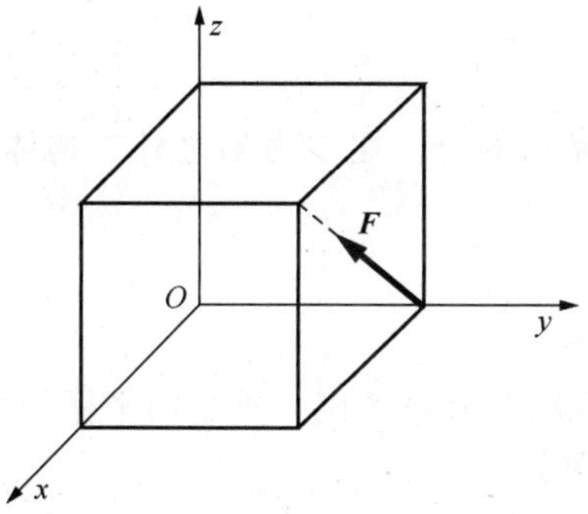

概念题 3.8 图

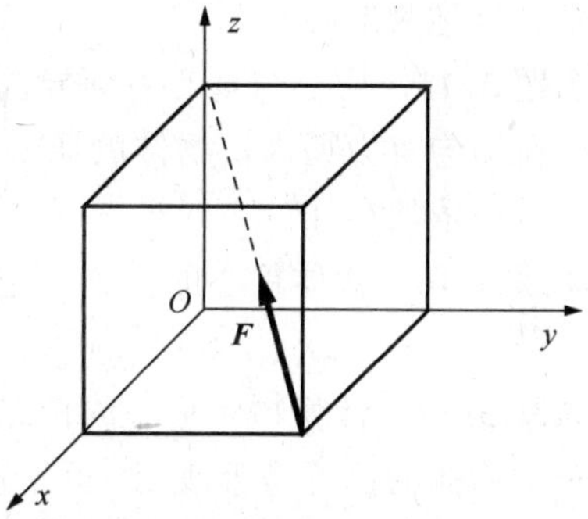

概念题 3.9 图

概念题 3.10　在长方体的顶点处作用有三个力 $\boldsymbol{F}_1$、$\boldsymbol{F}_2$、$\boldsymbol{F}_3$，此三个力在 x 轴上投影的代数和为______，在 y 轴上投影的代数和为______，在 z 轴上投影的代数和为______。此三个力对 x 轴之矩的代数和为______，对 y 轴之矩的代数和为______，对 z 轴之矩的代数和为______。

答　-6N；6N；0；0；-24N·m；36N·m。

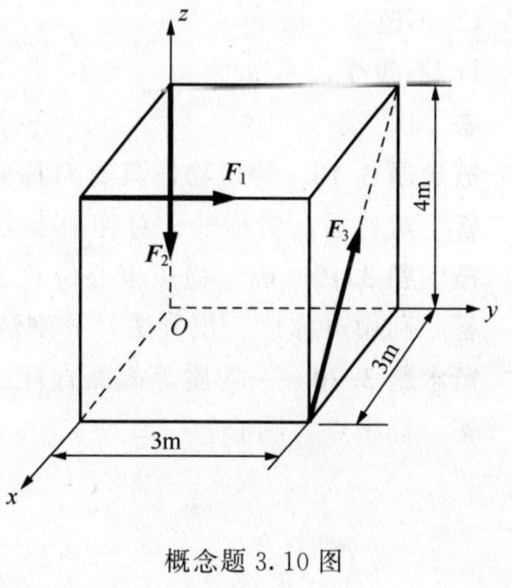

概念题 3.10 图

概念题 3.11　设有一力 $\boldsymbol{F}$，试问在什么情况下有：(1) $X=0$，$M_x(\boldsymbol{F})=0$；(2) $X=0$，$M_x(\boldsymbol{F})\neq0$；(3) $X\neq0$，$M_x(\boldsymbol{F})\neq0$。

答　(1) 力的作用线与 x 轴垂直并相交；

(2) 力的作用线与 x 轴垂直但不相交；(3) 力的作用线既不与 x 轴垂直也不相交。

概念题 3.12　空间汇交力系有______个独立的平衡方程。空间力偶系有______个独立的平衡方程。空间平行力系有______个独立的平衡方程。空间一般力系有______个独立的平衡方程。

答　3；3；3；6。

概念题 3.13～概念题 3.20　物体的重心和形心

概念题 3.13　什么是物体的重心？什么是物体的形心？什么是物体的质心？

答　物体各部分的重力组成一个空间平行力系，此平行力系的合力的作用点称为物体的重心。均质物体的重心也称为形心。将重力写成质量与重力加速度的乘积，代入物体重心的计算公式，可得

$$x_C = \frac{\sum m_i x_i}{m}, \quad y_C = \frac{\sum m_i y_i}{m}, \quad z_C = \frac{\sum m_i z_i}{m}$$

由上式确定的 C 点称为物体的质心。

概念题 3.14　均质物体的重心和形心有什么关系？

答　均质物体的重心位置完全取决于物体的几何形状而与物体的重量无关，因此均质物体的重心也称为形心。

概念题 3.15　质心与重心有何异同？

答　在均匀重力场内，物体的质心与重心的位置相重合。在重力场之外，物体的重心消失，而质心依然存在。

概念题 3.16　物体重心的位置一定在物体上。(　　)

答　错。

概念题 3.17　计算物体重心的位置时，如果选取的坐标系不同，重心的坐标是否改变？重心相对于物体的位置是否改变？(　　)

A. 改变，改变

B. 改变，不改变

C. 不改变，改变

D. 不改变，不改变

答　B。

概念题 3.18　均质物体具有对称面、对称轴、对称中心时，其重心必在______。

答　对称面、对称轴、对称中心上。

概念题 3.19　确定物体重心位置主要有哪些方法？

答　利用对称性，积分法，分割法，实验法。

概念题 3.20　一均质等截面直杆的重心在哪里？若把它弯成圆形，重心的位置在哪里？

答　杆中点。圆心。

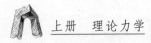

计算题解

计算题3.1～计算题3.14 空间力系的平衡问题

计算题3.1 箱盖$ABCD$重$W=100\text{N}$，宽0.6m，长0.8m，由杆DE支撑如图所示。设H、I两铰链距离A、B各0.2m，不计杆DE的自重。试求杆DE的受力和H、I两铰链处的约束力。

解 取箱盖为研究对象，受力如图所示。列平衡方程

$$\sum M_y = 0,\quad F_{Iz}\times 0.4\text{m} - W\times 0.2\text{m} + F_{DE}\sin 60°\times 0.2\text{m} = 0$$

$$\sum M_x = 0,\quad -F_{DE}\times \sin 60°\times 0.6\text{m} - W\times 0.3\text{m}\times \cos 60° = 0$$

$$\sum M_z = 0,\quad -F_{Iy}\times 0.4\text{m} + F_{DE}\sin 60°\times 0.2\text{m} = 0$$

$$\sum Y = 0,\quad F_{Iy} + F_{Hy} + F_{DE}\cos 60° = 0$$

$$\sum Z = 0,\quad F_{Iz} + F_{Hz} - W - F_{DE}\sin 60° = 0$$

解以上方程组得

$$F_{DE} = -28.87\text{N}$$
$$F_{Iy} = -7.22\text{N}$$
$$F_{Iz} = 62.5\text{N}$$
$$F_{Hy} = 21.66\text{N}$$
$$F_{Hz} = 12.5\text{N}$$

计算题3.2 如图所示曲杆$ABCD$具有两个直角，且平面ABC和平面BCD垂直，D处为球铰，三个力偶$\boldsymbol{M}_1$、$\boldsymbol{M}_2$和$\boldsymbol{M}_3$的作用面均与杆轴线垂直。若已知M_2和M_3，试求平衡时的M_1和支座A、D处的反力。

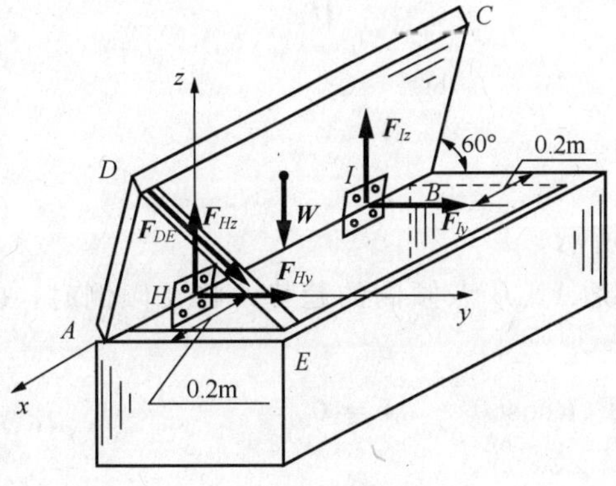

计算题3.1图

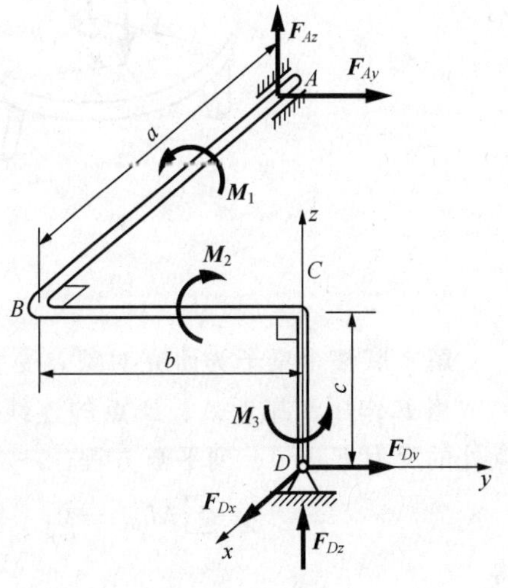

计算题3.2图

解 取整体为研究对象，受力如图所示。列平衡方程

$$\sum X = 0,\quad F_{Dx} = 0$$

$$\sum Y = 0,\quad F_{Ay} + F_{Dy} = 0$$

$$\sum Z = 0,\quad F_{Az} + F_{Dz} = 0$$

$$\sum M_x = 0,\quad M_1 - F_{Az}b - F_{Ay}c = 0$$

$$\sum M_y = 0,\quad -M_2 + F_{Az}a = 0$$

$$\sum M_z = 0,\quad M_3 - F_{Ay}a = 0$$

解以上方程组得

$$M_1 = \frac{(M_2 b + M_3 c)}{a}$$

$$F_{Ay} = \frac{M_3}{a}$$

$$F_{Az} = \frac{M_2}{a}$$

$$F_{Dx} = 0$$

$$F_{Dy} = -\frac{M_3}{a}$$

$$F_{Dz} = -\frac{M_2}{a}$$

计算题 3.3 图（a）所示圆桌重 W=130N，半径 R=0.6m，三脚 A、B、C 等分圆周。铅垂力 F=330N，作用于 D 点。试求桌子不被翻倒的最大 a 值。

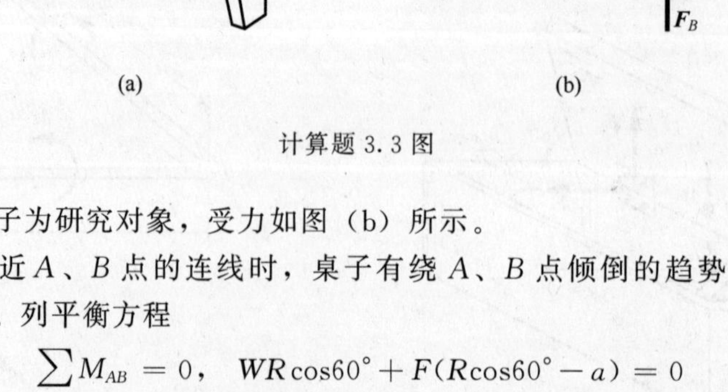

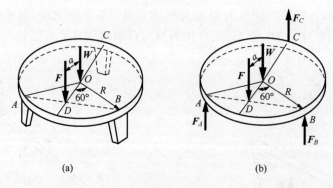

计算题 3.3 图

解 取整个桌子为研究对象，受力如图（b）所示。

当 $\boldsymbol{F}$ 作用于靠近 A、B 点的连线时，桌子有绕 A、B 点倾倒的趋势，将要倾倒时，C 点处的反力 F_C=0。列平衡方程

$$\sum M_{AB} = 0,\quad WR\cos 60^\circ + F(R\cos 60^\circ - a) = 0$$

得

$$a = 0.418\text{m}$$

计算题 3.4　图（a）所示三角架铰接水平面上，$BD=BE$，且位于同一铅垂面内，$\angle DBE=90°$，BD、BE 两杆自重不计，均质杆 AB 重 $W=1\text{kN}$，力 $F=20\text{kN}$ 作用在 AB 的中点 C，且在 Kxz 平面内，A、D、E 为球铰。试求支座 A 处的反力及 BD、BE 两杆的受力。

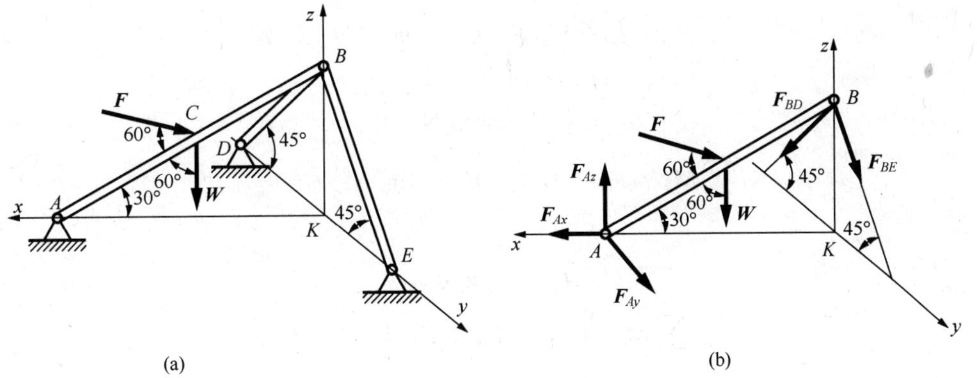

计算题 3.4 图

解　取杆 AB 为研究对象，受力如图（b）所示。列平衡方程

$$\sum M_z = 0,\quad F_{Ay} l_{AB} = 0$$

得

$$F_{Ay} = 0$$

$$\sum X = 0,\quad F_{Ax} - F\cos 30° = 0$$

得

$$F_{Ax} = 17.32\text{kN}$$

$$\sum M_y = 0,\quad W \times \frac{1}{2} \times l_{AK} - F_{Az} l_{AK} - F\cos 30° \times \frac{1}{2} \times l_{AK}\tan 30° + F\sin 30° \times \frac{1}{2} \times l_{AK} = 0$$

得

$$F_{Az} = 0.5\text{kN}$$

$$\sum Y = 0,\quad F_{BE}\cos 45° - F_{BD}\cos 45° = 0$$

得

$$F_{BE} = F_{BD}$$

$$\sum Z = 0,\quad F_{Az} - F_{BE}\sin 45° - F_{BD}\sin 45° - W - F\sin 30° = 0$$

得

$$F_{BE} = F_{BD} = -7.43\text{kN}$$

计算题 3.5　悬臂刚架受力如图所示。已知 $q=2\text{kN/m}$，$F_1=5\text{kN}$，$F_2=4\text{kN}$，$\boldsymbol{F}_1$ 平行于 x 轴，$\boldsymbol{F}_2$ 平行于 y 轴，试求固定端 A 处的反力。

解　取整体为研究对象，受力如图所示。列平衡方程

$$\sum X = 0,\quad F_{Ax} + F_1 = 0$$

得

$$F_{Ax} = -5\text{kN}$$

$$\sum Y = 0,\quad F_{Ay} + F_2 = 0$$

得

$$F_{Ay} = -4\text{kN}$$

$$\sum Z = 0,\quad F_{Az} - ql = 0$$

得

$$F_{Az} = 8\text{kN}$$

$$\sum M_x = 0,\quad M_{Ax} - F_2 \times 4\text{m} - \frac{1}{2}ql^2 = 0$$

得

$$M_{Ax} = 32\text{kN} \cdot \text{m}$$

$$\sum M_y = 0,\quad M_{Ay} + F_1 \times 5\text{m} = 0$$

得

$$M_{Ay} = -25\text{kN} \cdot \text{m}$$

$$\sum M_z = 0,\quad M_{Az} - F_1 \times 4\text{m} = 0$$

得

$$M_{Az} = 20\text{kN} \cdot \text{m}$$

计算题 3.6　均质杆 AB 重为 W，长为 l，放置如图所示。B 端与地面间有摩擦，其约束可视为球铰，A 端为光滑接触。角 φ、θ 为已知，试求平衡时 A、B 两处的反力。

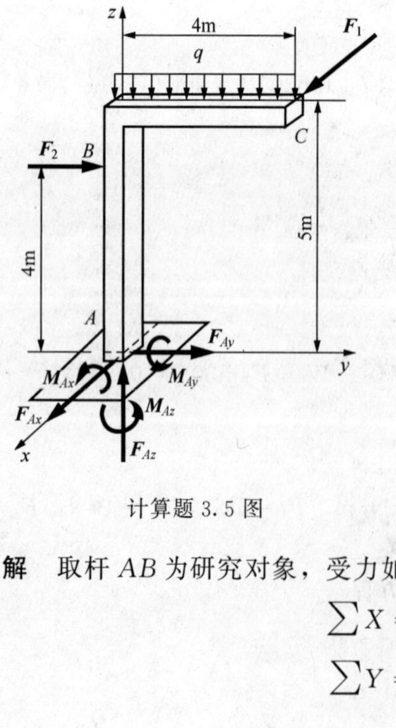

计算题 3.5 图

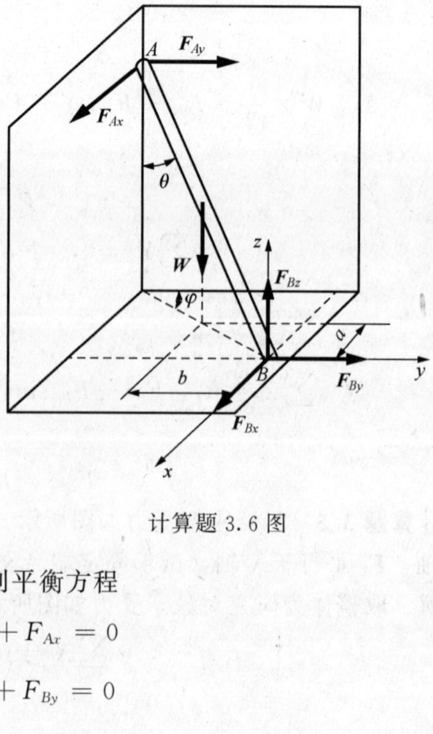

计算题 3.6 图

解　取杆 AB 为研究对象，受力如图所示。列平衡方程

$$\sum X = 0,\quad F_{Bx} + F_{Ax} = 0$$

$$\sum Y = 0,\quad F_{Ay} + F_{By} = 0$$

$$\sum Z = 0,\quad F_{Bz} - W = 0$$

$$\sum M_x = 0,\quad F_{Ay} l\cos\theta - W \times \frac{l}{2}\sin\theta\cos\varphi = 0$$

$$\sum M_y = 0,\quad F_{Ay} l\cos\theta - W \times \frac{l}{2}\sin\theta\sin\varphi = 0$$

解以上方程组得

$$F_{Ax} = 0.5W\tan\theta\sin\varphi$$
$$F_{Ay} = 0.5W\tan\theta\cos\varphi$$
$$F_{Bx} = -0.5W\tan\theta\sin\varphi$$
$$F_{By} = -0.5W\tan\theta\cos\varphi$$
$$F_{Bz} = W$$

计算题 3.7　如图所示平面曲杆 $ABCD$ 的 A 处为普通滑动轴承，C 点作用有铅垂力 $F=1000\text{N}$，D 处为球铰，B 处用绳子拉住，且 AB 杆与 BD 杆垂直。试求绳子的拉力 F_B 及 A、D 两处的约束力。

解　取曲杆为研究对象，受力如图所示。在图示坐标系中，力 $\boldsymbol{F}_B$ 在坐标轴上的投影为

$$F_{Bx} = \frac{0.3\times\sqrt{2}}{\sqrt{0.6^2 + 2\times 0.3^2}} \times \frac{\sqrt{2}}{2} \times F_B = 0.408F_B$$

$$F_{By} = -0.408F_B,\quad F_{Bz} = 0.816F_B$$

列平衡方程

$$\sum X = 0,\quad F_{Dx} + F_{Bx} = 0$$

$$\sum Y = 0,\quad F_{Ay} + F_{Dy} + F_{By} = 0$$

$$\sum Z = 0,\quad F_{Az} + F_{Dz} + F_{Bz} - F = 0$$

$$\sum M_x = 0,\quad -F_{Az}\times 2\text{m} - F_{Bz}\times 2\text{m} + F\times 1\text{m} = 0$$

$$\sum M_y = 0,\quad F_{Az}\times 1\text{m} = 0$$

$$\sum M_z = 0,\quad F_{Bx}\times 2\text{m} - F_{Ay}\times 1\text{m} = 0$$

解以上方程组得

$$F_B = 612.7\text{N},\quad F_{Ay} = 500\text{N},\quad F_{Az} = 0$$

$$F_{Dx} = -250\text{N},\quad F_{Dy} = -250\text{N},\quad F_{Dz} = 500\text{N}$$

计算题 3.8　如图所示曲杆在 A、B、C 三点处用普通滑动轴承支承。曲杆受铅垂力 $F=600\text{N}$ 和矩为 $M=100\text{N}\cdot\text{m}$ 的力偶作用，试求轴承 A、B、C 处的反力。

解　取曲杆为研究对象，受力如图所示。列平衡方程

$$\sum X = 0,\quad F_{Bx} + F_{Cx} = 0$$

$$\sum Y = 0,\quad F_{Ay} + F_{By} = 0$$

$$\sum Z = 0,\quad F_{Az} + F_{Cz} - F = 0$$

$$\sum M_x = 0,\quad -F_{By}\times 0.1\text{m} + F_{Cz}\times 0.1\text{m} - M = 0$$

$$\sum M_y = 0,\quad F_{Cx} \times 0.3\text{m} + F_{Bx} \times 0.1\text{m} - F_{Az} \times 0.2\text{m} = 0$$

$$\sum M_z = 0;\quad F_{Ay} \times 0.2\text{m} - F_{Cx} \times 0.1\text{m} = 0$$

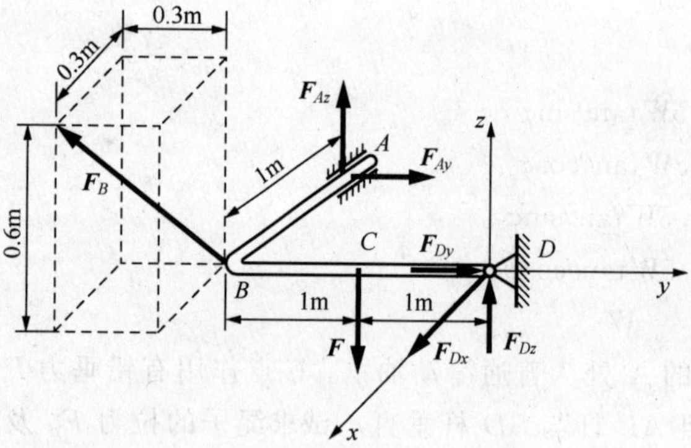

计算题 3.7 图

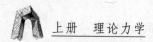

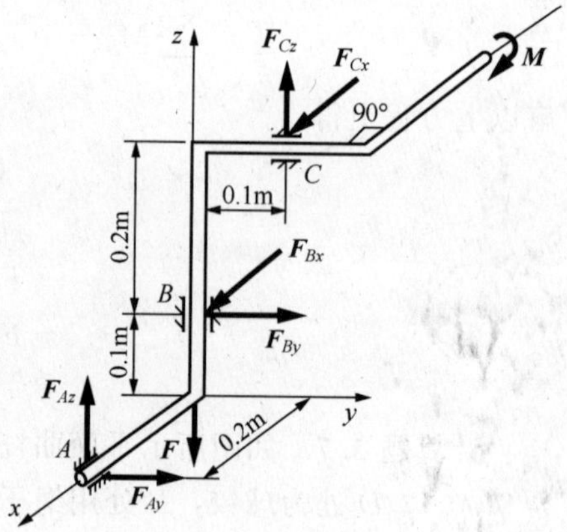

计算题 3.8 图

解以上方程组得

$$F_{Ay} = 500\text{N},\quad F_{Az} = 1000\text{N}$$
$$F_{Bx} = -1000\text{N},\quad F_{By} = -500\text{N}$$
$$F_{Cx} = 1000\text{N},\quad F_{Cz} = -400\text{N}$$

计算题 3.9 水平曲轴受力如图所示。$F=20\text{kN}$，作用于过 C 点且垂直于 AB（y 轴）的平面内，且与铅垂线成 15°角。试求平衡时的力偶矩 M 及轴承 A、B 处的反力。图中尺寸单位为 m。

解 取整体为研究对象，受力如图所示。列平衡方程

$$\sum M_y = 0,\quad M - F\cos 15° \times 0.15\text{m} = 0$$

得

$$M = 2.9\text{kN} \cdot \text{m}$$

$$\sum M_z = 0,\quad -F_{Bx} \times 0.4\text{m} - F\sin 15° \times 0.2\text{m} = 0$$

得

$$F_{Bx} = -2.59\text{kN}$$

$$\sum X = 0,\quad F_{Ax} + F_{Bx} + F\sin 15° = 0$$

得

$$F_{Ax} = -2.59\text{kN}$$

$$\sum M_x = 0,\quad F_{Bz} \times 0.4\text{m} - F\cos 15° \times 0.2\text{m} = 0$$

得

$$F_{Bz} = 9.66\text{kN}$$

$$\sum Z = 0,\quad F_{Az} + F_{Bz} - F\cos 15° = 0$$

得

$$F_{Az} = 9.66\text{kN}$$

计算题 3.10　如图所示边长为 a 的均质正方形板 $ABCD$ 重为 W，由六根链杆支承。设支承高度为 a，试求各杆的受力。

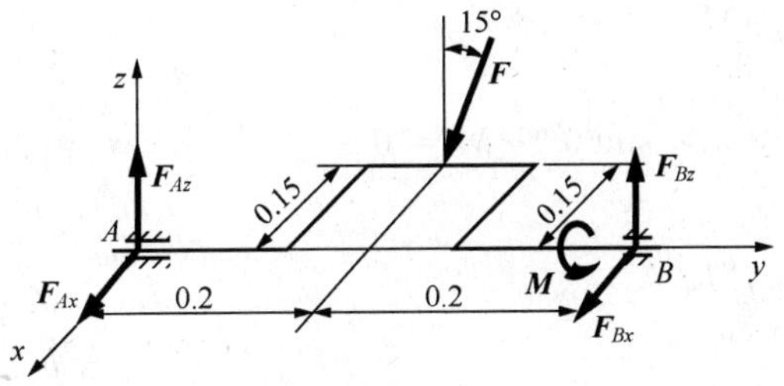

计算题 3.9 图

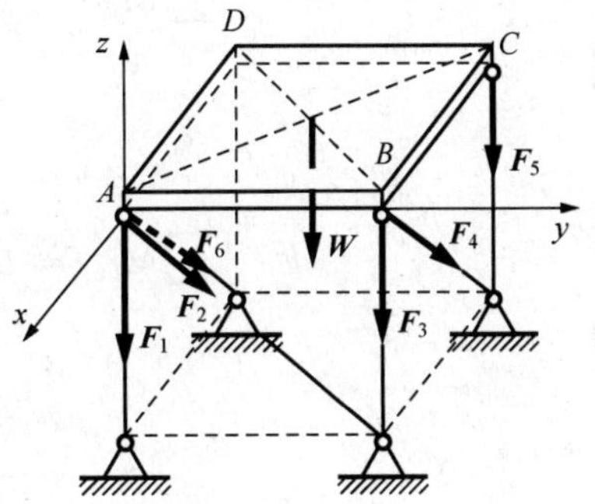

计算题 3.10 图

解　取板为研究对象，受力如图所示。列平衡方程

$$\sum Y = 0,\quad F_2 = 0$$

$$\sum M_y = 0,\quad W \times \frac{a}{2} + F_5 a = 0$$

得

$$F_5 = -\frac{1}{2}W$$

$$\sum M_z = 0,\quad F_4 \sin 45^\circ \times a = 0$$

得

$$F_4 = 0$$

$$\sum X = 0,\quad F_6 \sin 45^\circ = 0$$

得

$$F_6 = 0$$

$$\sum M_{BC} = 0,\quad F_1 a + W \times \frac{a}{2} = 0$$

得

$$F_1 = -\frac{1}{2}W$$

$$\sum Z = 0,\quad F_1 + F_5 + F_3 + W = 0$$

得

$$F_3 = 0$$

计算题 3.11　如图所示由六根链杆支承一正三角形板 ABC，在板平面内作用一力偶 $\boldsymbol{M}$。试求各杆的受力。

解　取三角形板为研究对象，受力如图所示。列平衡方程

$$\sum M_{AA'} = 0,\quad F_4 \cos 30^\circ \times a \times \sin 60^\circ + M = 0$$

得

$$F_4 = -\frac{4M}{3a}$$

$$\sum M_{BB'} = 0,\quad F_6\cos 30^\circ \times a \times \sin 60^\circ + M = 0$$

得

$$F_6 = -\frac{4M}{3a}$$

$$\sum M_{CC'} = 0,\quad F_2\cos 30^\circ \times a \times \sin 60^\circ + M = 0$$

得

$$F_2 = -\frac{4M}{3a}$$

$$\sum M_{BC} = 0,\quad F_1 \times a \times \sin 60^\circ + F_2\sin 30^\circ \times a \times \sin 60^\circ = 0$$

得

$$F_1 = \frac{2M}{3a}$$

$$\sum M_{AB} = 0,\quad F_5 \times a \times \sin 60^\circ + F_6\sin 30^\circ \times a \times \sin 60^\circ = 0$$

得

$$F_5 = \frac{2M}{3a}$$

$$\sum M_{AC} = 0,\quad F_3 \times a \times \sin 60^\circ + F_4\sin 30^\circ \times a \times \sin 60^\circ = 0$$

得

$$F_3 = \frac{2M}{3a}$$

计算题 3.12 矩形平板 $ABCD$ 用链杆支承如图所示。力 $F_A = 1\text{kN}$，沿 AD 作用于 A 点，B 点作用铅垂力 $F_B = 2\text{kN}$，试求各杆的受力。

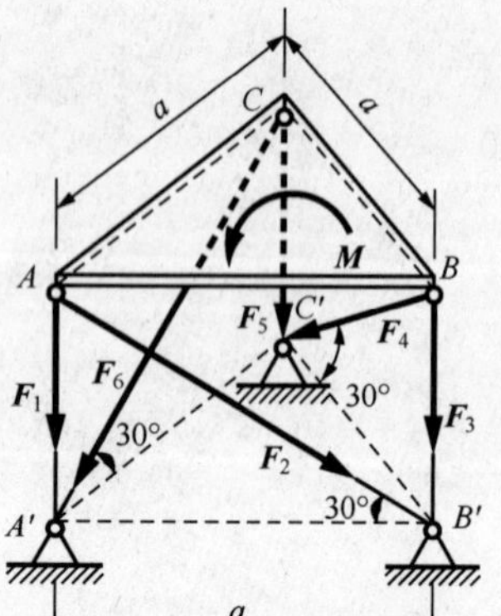

计算题 3.11 图

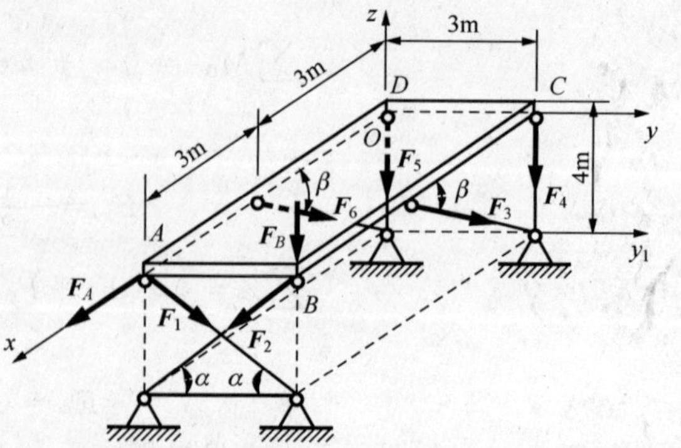

计算题 3.12 图

解 取矩形平板为研究对象，受力如图所示。列平衡方程

$$\sum Y = 0,\quad -F_1\cos\alpha + F_2\cos\alpha = 0$$

$$\sum M_{y1}=0,\quad F_1\sin\alpha\times 6\text{m}+F_2\sin\alpha\times 6\text{m}+F_B\times 6\text{m}+F_A\times 4\text{m}=0$$

解得

$$F_1=-1.67\text{kN},\quad F_2=-1.67\text{kN}$$

$$\sum X=0,\quad F_B-F_6\cos\beta-F_3\cos\beta=0$$

$$\sum M_x=0,\quad F_4\times 3\text{m}+F_A\times 3\text{m}+F_1\sin\alpha\times 3\text{m}=0$$

$$\sum Z=0,\quad F_4+F_5+F_1\sin\alpha+F_2\sin\alpha+F_A+F_6\sin\beta+F_3\sin\beta=0$$

$$\sum M_z=0,\quad F_3\cos\beta\times 3\text{m}-F_1\cos\alpha\times 6\text{m}+F_2\cos\alpha\times 6\text{m}=0$$

解得

$$F_3=0,\quad F_4=-0.67\text{kN}$$

$$F_5=0,\quad F_6=1.67\text{kN}$$

计算题 3.13　均质三棱柱 $ABCDEH$ 重 $W=100\text{N}$，$\angle AEB=90^\circ$，$AE=EB$，用六根链杆支承如图所示。在 $CBEH$ 面内作用一力偶 $M=50\sqrt{2}\text{N}\cdot\text{m}$，已知 $a=2\text{m}$，试求 1、2、3 杆的受力。

解　取三棱柱为研究对象，受力如图所示。列平衡方程

$$\sum M_z=0,\quad -F_2\cos\alpha\times a+M\sin 45^\circ=0$$

得

$$F_2=25\sqrt{2}\text{N}$$

$$\sum Y=0,\quad F_3\cos 45^\circ=0$$

得

$$F_3=0$$

$$\sum M_x=0,\quad F_1 a+F_2\sin\alpha\times a+W\times\frac{a}{2}=0$$

得

$$F_1=-75\text{N}$$

计算题 3.14　如图所示正方形薄板的边长为 a，支承高度为 a，受到力偶 $\boldsymbol{M}$ 的作用。试求支承它的六根链杆的受力。

解　取薄板为研究对象，受力如图所示。列平衡方程

$$\sum M_{BB'}=0,\quad M-F_2\cos 45^\circ\times a=0$$

得

$$F_2=\frac{\sqrt{2}}{a}M$$

$$\sum M_{BC}=0,\quad F_1 a+F_2\cos 45^\circ\times a=0$$

得

$$F_1=-\frac{M}{a}$$

$$\sum Y=0,\quad -F_3\cos\alpha\sin 45^\circ=0$$

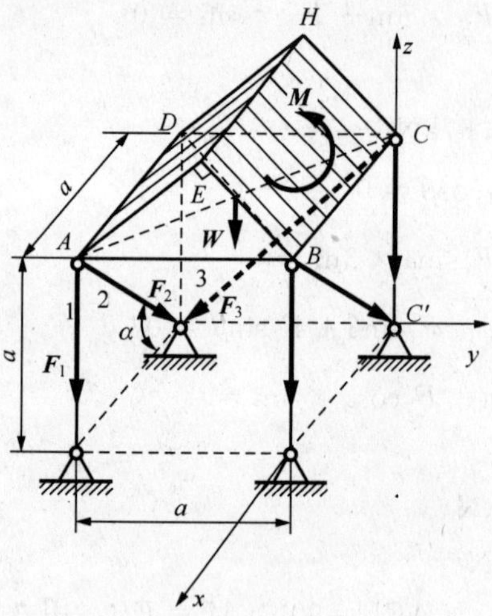

计算题 3.13 图

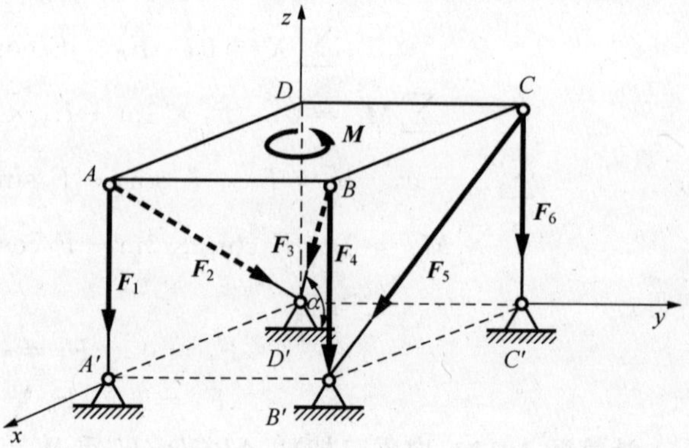

计算题 3.14 图

得

$$F_3 = 0$$

$$\sum X = 0, \quad F_5\cos 45° - F_2\cos 45° - F_3\cos\alpha\cos 45° = 0$$

得

$$F_5 = F_2 = \frac{\sqrt{2}}{a}M$$

$$\sum M_{AB} = 0, \quad F_6 a + F_5\cos 45° \times a = 0$$

得

$$F_6 = -\frac{M}{a}$$

$$\sum Z = 0, \quad -F_1 - F_2\cos 45° - F_3\sin\alpha - F_4 - F_5\cos 45° - F_6 = 0$$

得

$$F_4 = 0$$

计算题 3.15～计算题 3.25　物体的重心和形心

计算题 3.15　如图平面桁架由七根均质杆件组成，$AD=BD=DH=2.5\text{m}$，$AB=3\text{m}$，$DE=1.5\text{m}$，$BE=EH=2\text{m}$，各杆单位长度重量相等。试求桁架的重心。

解　建立图示坐标系，设杆的单位长度的重量为 q，则各杆的重量和重心坐标分别为

AB 杆：　$W_1 = 3q,\ x_1 = 0,\ y_1 = 1.5\text{m}$

BEH 杆：　$W_2 = 4q,\ x_2 = 2\text{m},\ y_2 = 0$

DE 杆：　$W_3 = 1.5q,\ x_3 = 2\text{m},\ y_3 = 0.75\text{m}$

ADH 杆：　$W_4 = 5q,\ x_4 = 2\text{m},\ y_4 = 1.5\text{m}$

DB 杆：　$W_5 = 2.5q,\ x_5 = 1\text{m},\ y_5 = 0.75\text{m}$

桁架的重心坐标为

$$x_C = \frac{\sum W_i x_i}{\sum W_i} = 1.47\text{m}$$

$$y_C = \frac{\sum W_i y_i}{\sum W_i} = 0.94\text{m}$$

计算题 3.16 试求半径为 R，顶角为 2α 的圆弧的形心。

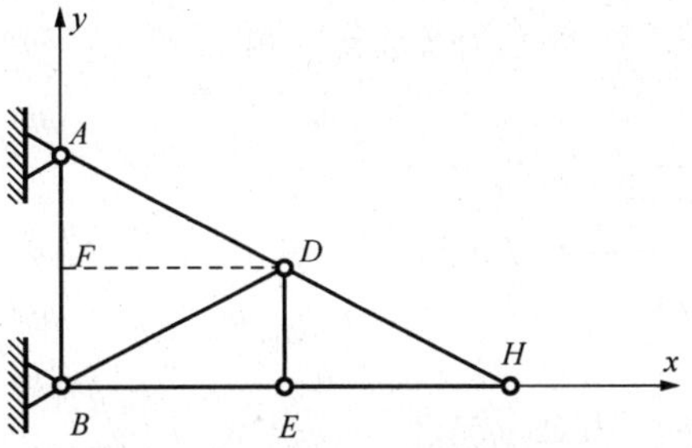

计算题 3.15 图

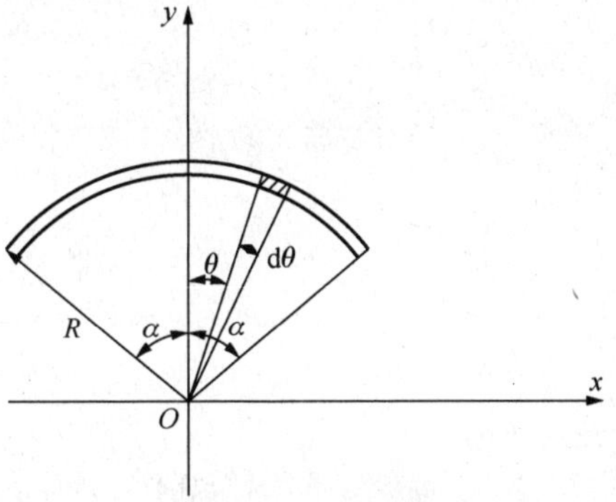

计算题 3.16 图

解 建立图示坐标系，由于图形关于 y 轴对称，故 $x_C=0$。

微段的长度为 $R\mathrm{d}\theta$，微段的形心坐标为 $y=R\cos\theta$，整个弧段的长度为 $2R\alpha$。圆弧的形心坐标为

$$y_C = \frac{2\int_0^{\alpha} R\cos\alpha \cdot \mathrm{d}\theta \cdot R}{2R\alpha} = \frac{R\sin\alpha}{\alpha}$$

计算题 3.17 试求半径为 R，圆心角为 2α 的扇形面积的形心。

解 建立图示坐标系。由于图形关于 y 轴对称，故 $x_C=0$。

微面积 $\mathrm{d}A=\frac{1}{2}R^2\cdot\mathrm{d}\theta$，形心坐标 $x=\frac{2}{3}R\cos\theta$。扇形面积的形心坐标为

$$y_C = \frac{\int_A y\,\mathrm{d}A}{\int_A \mathrm{d}A} = \frac{2\int_0^{\alpha}\frac{2}{3}R\cos\theta\times\frac{1}{2}R^2\,\mathrm{d}\theta}{R^2\alpha} = \frac{2R\sin\alpha}{3\alpha}$$

计算题 3.18 如图所示均质薄板 OAB 是由顶点在坐标原点 O 的抛物线与 x 轴围成，设抛物线的方程为 $x=\frac{a}{b^2}y^2$，试求其重心。

解 将板分成许多宽为 $\mathrm{d}x$，高为 y 的微面积，如图所示，$\mathrm{d}A=y\mathrm{d}x=\frac{b}{\sqrt{a}}\sqrt{x}\,\mathrm{d}x$，重心坐标为 $\left(x, \frac{1}{2}y\right)$。薄板 OAB 的重心坐标为

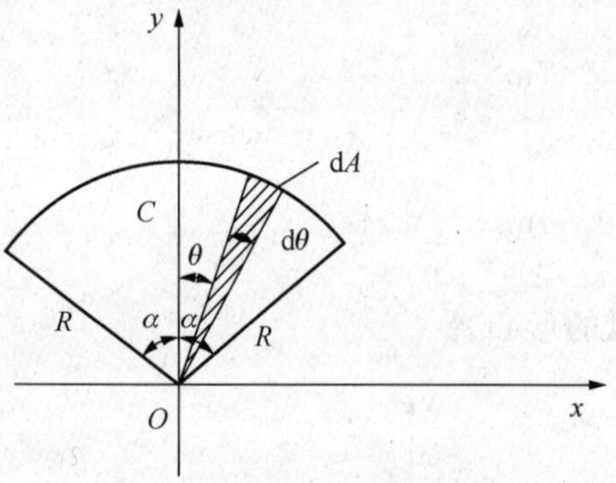

计算题 3.17 图

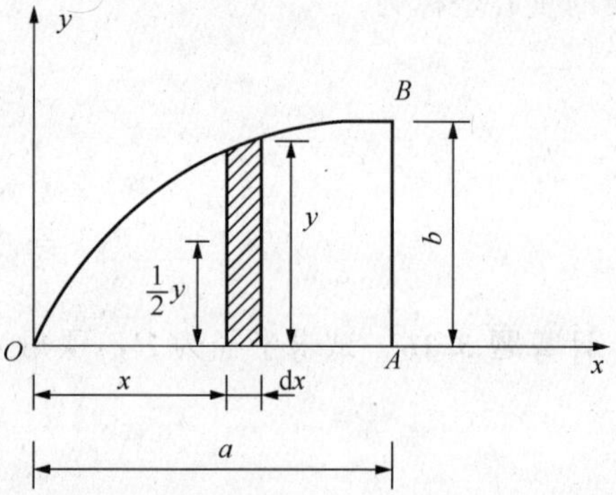

计算题 3.18 图

$$x_C = \frac{\int_A x\,\mathrm{d}A}{\int_A \mathrm{d}A} = \frac{\int_0^a x\,\frac{b}{\sqrt{a}}\sqrt{x}\,\mathrm{d}x}{\int_0^a \frac{b}{\sqrt{a}}\sqrt{x}\,\mathrm{d}x} = \frac{3}{5}a$$

$$y_C = \frac{\int_A y\,\mathrm{d}A}{\int_A \mathrm{d}A} = \frac{\int_0^a \frac{1}{2}y\,\frac{b}{\sqrt{a}}\sqrt{x}\,\mathrm{d}x}{\int_0^a \frac{b}{\sqrt{a}}\sqrt{x}\,\mathrm{d}x} = \frac{\int_0^a \frac{1}{2}\,\frac{b^2}{a}\sqrt{x}\,\mathrm{d}x}{\int_0^a \frac{b}{\sqrt{a}}\sqrt{x}\,\mathrm{d}x} = \frac{3}{8}b$$

计算题 3.19　试求图示均质偏心块的重心。已知 $r_1=100\mathrm{mm}$，$r_2=30\mathrm{mm}$，$r_3=17\mathrm{mm}$ $\left(\text{提示：半径为 } r \text{ 的半圆的形心坐标为}\frac{4r}{3\pi}\right)$。

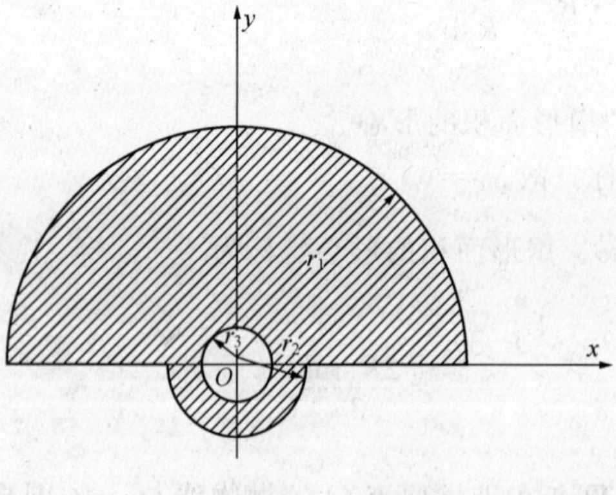

计算题 3.19 图

解　建立图示坐标系。此偏心块可分三部分：即半径为 r_1 的半圆，半径为 r_2 的半圆和半径为 r_3 的圆。三部分的面积和重心坐标分别为

半径为 r_1 的半圆：

$$A_1=\frac{1}{2}\pi r_1^2;\ x_1=0,\ y_1=\frac{4r_1}{3\pi}$$

半径为 r_2 的半圆：

$$A_2=\frac{1}{2}\pi r_2^2;\ x_2=0,\ y_2=-\frac{4r_2}{3\pi}$$

半径为 r_3 的圆：

$$A_3=-\pi r_3^2;\ x_3=0,\ y_3=0$$

偏心块的重心坐标为

$$x_C=0$$

$$y_C=\frac{\sum A_i y_i}{\sum A_i}=40\mathrm{mm}$$

计算题 3.20　图示截面由半径 $r=120\mathrm{mm}$ 的圆去掉一个三角形而得到，试求此截面的形心。

解 建立图示坐标系。将截面分为两部分：圆Ⅰ、三角形Ⅱ，如图所示。则两部分的面积和形心坐标分别为

圆Ⅰ： $$A_1 = \pi r^2; x_1 = 0, y_1 = 0$$

三角形Ⅱ： $$A_2 = -\frac{1}{2} \times 180 \times 90; x_2 = -30\text{mm}, y_2 = 0$$

故该截面的形心坐标为

$$x_C = \frac{A_1 x_1 + A_2 x_2}{A_1 + A_2} = 6.54\text{mm}$$

$$y_C = 0$$

计算题 3.21 图示弓形板的半径 $R=300$mm，$\angle AOB=60°$，试求其形心$\left(\text{提示：半径为 } R\text{，圆心角为 } 2\alpha \text{ 的扇形的形心坐标为} \frac{2R\sin\alpha}{3\alpha}\right)$。

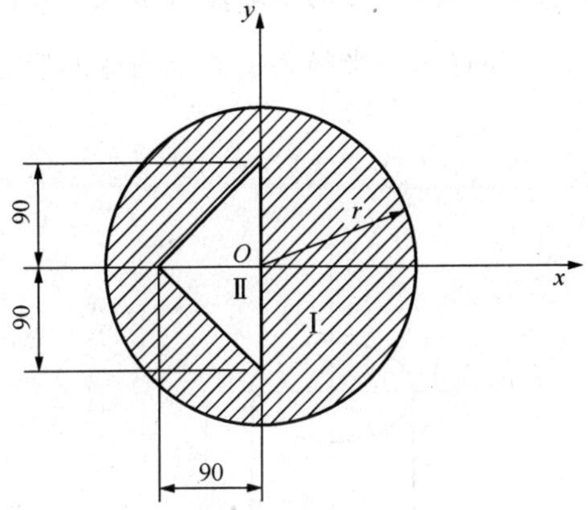

计算题 3.20 图

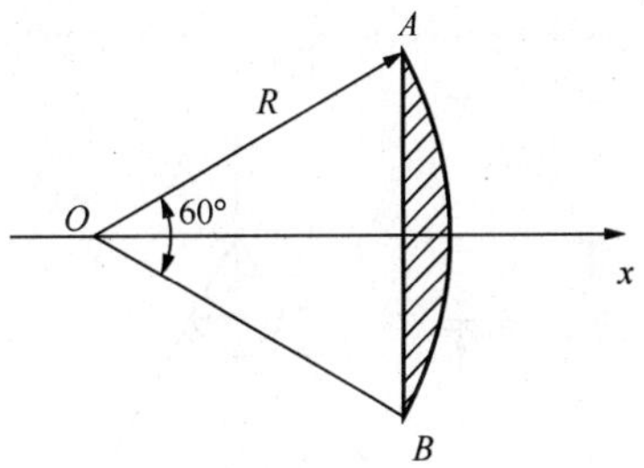

计算题 3.21 图

解 建立图示坐标系。由于图形关于 x 轴对称，故 $y_C=0$。将弓形分为两部分：扇形和三角形，则两部分的面积和形心分别为

扇形： $$A_1 = R^2\alpha,\ x_1 = \frac{2R\sin\alpha}{3\alpha}$$

三角形： $$A_2 = -\frac{1}{2}R \times R\cos\alpha,\quad x_2 = \frac{2}{3}R\cos\alpha$$

故弓形板的形心坐标为

$$x_C = \frac{\sum A_i x_i}{\sum A_i} = \frac{R^2\alpha \times \frac{2R}{3\alpha}\sin\alpha - \frac{1}{2}R \times R\cos\alpha \times \frac{2}{3}R\cos\alpha}{R^2\alpha - \frac{1}{2}R \times R\cos\alpha} = 277\text{mm}$$

计算题 3.22 试求图示均质正圆锥的重心。

解 建立图示坐标系。由于图形对称于 z 轴，所以 $x_C=0$、$y_C=0$。

选取微体积为平行于底面的薄圆片，该圆距底面为 z，半径为 r，厚度为 dz，则

$$\text{d}V = \pi r^2 \text{d}z$$

由几何关系可知

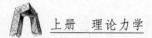

$$\frac{r}{R} = \frac{h-z}{h}$$

即

$$r = \frac{R}{h}(h-z)$$

所以

$$\mathrm{d}V = \pi \frac{R^2}{h^2}(h-z)^2 \mathrm{d}z$$

因此

$$z_C = \frac{\int_V z\,\mathrm{d}V}{\int_V \mathrm{d}V} = \frac{\int_0^h z\pi \frac{R^2}{h^2}(h-z)^2 \mathrm{d}z}{\int_0^h \pi \frac{R^2}{h^2}(h-z)^2 \mathrm{d}z} = \frac{1}{4}h$$

计算题 3.23 一均质物体由一半径为 r 的圆柱和相同半径的半球体所组成，要使该物体的重心恰好位于半球底面中心 C，试求圆柱的高 $h\left(提示：半径为 r 的半圆球的形心坐标为\frac{3r}{8}\right)$。

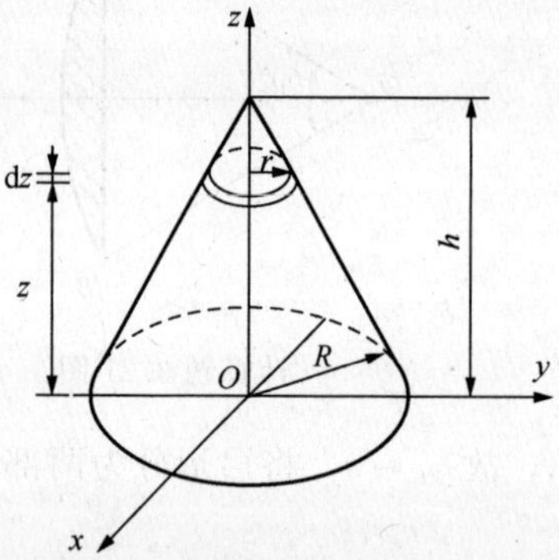

计算题 3.22 图

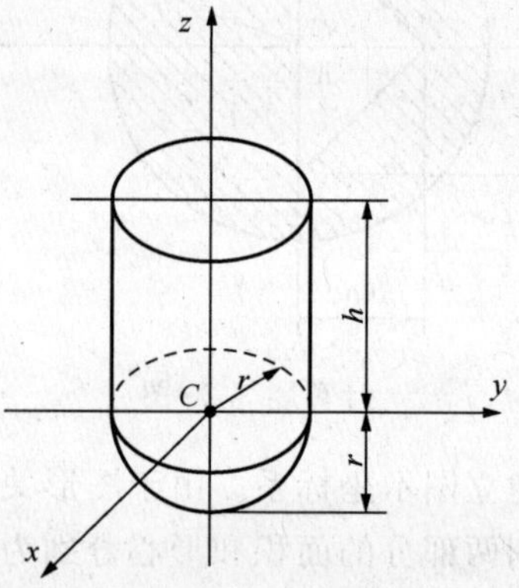

计算题 3.23 图

解 建立图示坐标系。将物体分成两部分，圆柱体和半球体。其中圆柱体的体积 $V_1 = \pi r^2 h$，形心位于 $\frac{1}{2}h$ 处，半球体的体积 $V_2 = \frac{2}{3}\pi r^3$，形心位于 $-\frac{3}{8}r$ 处。整个物体的重心坐标为

$$z_C = \frac{\sum V_i z_i}{\sum V_i} = \frac{\pi r^2 h \times \frac{h}{2} - \frac{2}{3}\pi r^3 \times \frac{3}{8}r}{\pi r^2 h + \frac{2}{3}\pi r^3}$$

由已知条件 $z_C = 0$，则有

$$\pi r^2 h \times \frac{h}{2} - \frac{2}{3}\pi r^3 \times \frac{3}{8}r = 0$$

得

$$h = \frac{\sqrt{2}}{2}r$$

计算题 3.24　图示均质物体由一半球与一圆锥组合而成，试求该物体的重心$\left(\text{提示：高为 } h \text{ 的正圆锥的形心坐标为}\frac{h}{4}\text{，半径为 } r \text{ 的半球的形心坐标为}\frac{3r}{8}\right)$。

解　建立图示坐标系。由于物体关于 x 轴、y 轴对称，可知 $x_C=0$，$y_C=0$。物体由两部分组成，圆锥看作第一部分，半球体看作第二部分。则两部分的体积和重心坐标分别为

圆锥：
$$V_1 = \frac{1}{3}\pi r^2 h,\quad z_1 = \frac{h}{4}$$

半球：
$$V_2 = \frac{2}{3}\pi r^3,\quad z_2 = -\frac{3}{8}r$$

故物体的重心坐标为

$$z_C = \frac{\sum V_i z_i}{\sum V_i} = \frac{h^2 - 3r^2}{4(2r + h)}$$

计算题 3.25　在由半径 $R=25\text{mm}$ 的均质圆柱和半球组成的物体中挖去一个圆锥，如图所示。试求其重心的位置$\left(\text{提示：高为 } h \text{ 的正圆锥的形心坐标为}\frac{h}{4}\text{，半径为 } R \text{ 的半球的形心坐标为}\frac{3R}{8}\right)$。

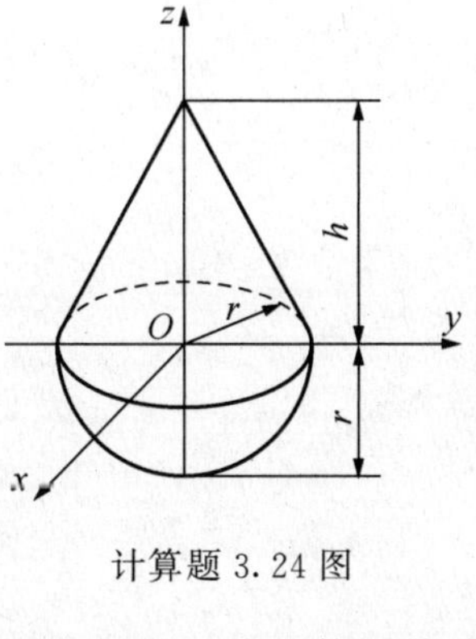

计算题 3.24 图

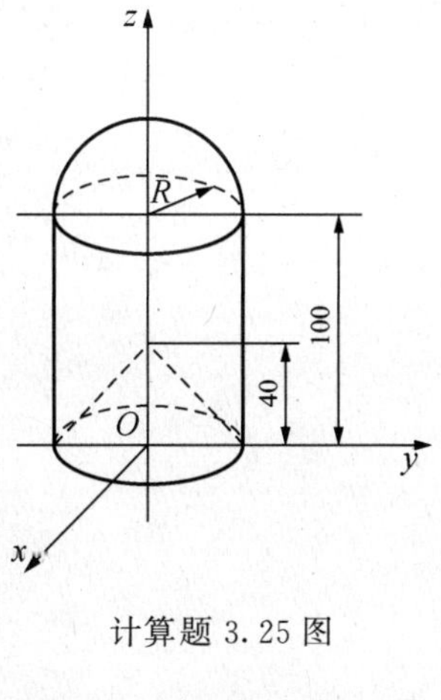

计算题 3.25 图

解　建立图示坐标系。将物体看作半球、圆柱和圆锥三部分组成。则三部分的体积和重心坐标分别为

半球：
$$V_1 = \frac{2}{3}\pi R^3 = 32\ 708\text{mm}^3$$

$$x_1 = 0,\quad y_1 = 0,\quad z_1 = 100 + \frac{3}{8}R = 109.4\text{mm}$$

圆柱：
$$V_2 = \pi R^2 H = 196\ 250\text{mm}^3$$
$$x_2 = 0,\quad y_2 = 0,\quad z_2 = 50\text{mm}$$

圆锥：
$$V_3 = -\frac{1}{3}\pi R^2 h = -26\ 167\text{mm}^3$$

$$x_3 = 0,\quad y_3 = 0,\quad z_3 = \frac{1}{4}h = 10\text{mm}$$

故物体的重心坐标为

$$z_C = \frac{\sum V_i z_i}{\sum V_i} = 65\text{mm}$$

$$x_C = 0,\quad y_C = 0$$

第四章 点与刚体的运动

内容提要

1. 点的运动的表示方法

（1）矢径法。动点的矢径形式的运动方程为

$$\boldsymbol{r}=\boldsymbol{r}(t) \tag{4.1}$$

动点的速度是表示动点运动快慢的物理量，动点的速度等于动点的矢径对时间的一阶导数，即

$$\boldsymbol{v}=\lim_{\Delta t\to 0}\frac{\Delta \boldsymbol{r}}{\Delta t}=\frac{\mathrm{d}\boldsymbol{r}}{\mathrm{d}t} \tag{4.2}$$

速度方向沿轨迹曲线在该点的切线，并指向动点的运动方向。

加速度是表示速度对时间变化率的物理量。动点的加速度等于动点的速度对时间的一阶导数，或等于动点的矢径对时间的二阶导数，即

$$\boldsymbol{a}=\lim_{\Delta t\to 0}\frac{\Delta \boldsymbol{v}}{\Delta t}=\frac{\mathrm{d}\boldsymbol{v}}{\mathrm{d}t}=\frac{\mathrm{d}^2\boldsymbol{r}}{\mathrm{d}t^2} \tag{4.3}$$

（2）直角坐标法。动点的直角坐标运动方程为

$$\left.\begin{aligned}x&=x(t)\\y&=y(t)\\z&=z(t)\end{aligned}\right\} \tag{4.4}$$

动点的速度在各坐标轴上的投影分别等于动点的相应位置坐标对时间的一阶导数，即

$$\left.\begin{aligned}v_x&=\frac{\mathrm{d}x}{\mathrm{d}t}\\v_y&=\frac{\mathrm{d}y}{\mathrm{d}t}\\v_z&=\frac{\mathrm{d}z}{\mathrm{d}t}\end{aligned}\right\} \tag{4.5}$$

动点的加速度在各坐标轴上的投影分别等于动点的相应位置坐标对时间的二阶导数，即

$$
\left.\begin{aligned}
a_x &= \frac{\mathrm{d}v_x}{\mathrm{d}t} = \frac{\mathrm{d}^2 x}{\mathrm{d}t} \\
a_y &= \frac{\mathrm{d}v_y}{\mathrm{d}t} = \frac{\mathrm{d}^2 y}{\mathrm{d}t} \\
a_z &= \frac{\mathrm{d}v_z}{\mathrm{d}t} = \frac{\mathrm{d}^2 z}{\mathrm{d}t}
\end{aligned}\right\} \tag{4.6}
$$

（3）自然法。用弧坐标表示的动点运动方程为

$$s = s(t) \tag{4.7}$$

动点沿已知轨迹运动速度的代数值等于弧坐标 s 对时间的一阶导数，速度的方向沿轨迹的切线方向，即

$$\boldsymbol{v} = v\boldsymbol{\tau} = \frac{\mathrm{d}s}{\mathrm{d}t}\boldsymbol{\tau} \tag{4.8}$$

动点的加速度为

$$\boldsymbol{a} = \frac{\mathrm{d}v}{\mathrm{d}t}\boldsymbol{\tau} + \frac{v^2}{\rho}\boldsymbol{n} \tag{4.9}$$

上式中的加速度 $\boldsymbol{a}$ 也称为全加速度，它由两个分矢量组成：分矢量 $\boldsymbol{a}_\tau = \frac{\mathrm{d}v}{\mathrm{d}t}\boldsymbol{\tau}$ 的方向沿轨迹的切线方向，称为切向加速度，它反映速度的代数值随时间的变化率；分矢量 $\boldsymbol{a}_\mathrm{n} = \frac{v^2}{\rho}\boldsymbol{n}$ 的方向沿轨迹的法线方向，称为法向加速度，它反映速度方向随时间的变化率。a_n 永远是正值，所以法向加速度永远指向 $\boldsymbol{n}$ 的正向，即指向曲线的曲率中心。

2. 刚体的基本运动

（1）刚体的平移。刚体在运动过程中如果其上任一直线始终与其原来的位置保持平行，则刚体的这种运动称为平行移动，简称平移。刚体平移时其上各点的轨迹形状完全相同且互相平行，在同一瞬时各点的速度和加速度都相同。因此，刚体的平移可以用刚体内任意一点的运动来代替。

（2）刚体的定轴转动。刚体运动时，若刚体内或其延伸部分有一直线始终保持不动，刚体的这种运动称为定轴转动，简称转动。这条保持不动的直线称为转轴。

1）转动方程。当刚体转动时，转角 φ 是时间 t 的单值连续函数，即

$$\varphi = \varphi(t) \tag{4.10}$$

上式称为刚体的定轴转动方程。

2）角速度。角速度是反映刚体转动快慢的物理量。角速度等于转角对时间的一阶导数，即

$$\omega = \lim_{\Delta t \to 0} \frac{\Delta\varphi}{\Delta t} = \frac{\mathrm{d}\varphi}{\mathrm{d}t} \tag{4.11}$$

角速度的单位是 rad/s。工程上还常用每分钟转过的圈数表示刚体转动的快慢，称为转速，用 n 表示，单位是 r/min。角速度 ω 与转速 n 之间的换算关系为

$$\omega = \frac{n\pi}{30} \tag{4.12}$$

3）角加速度。角加速度是反映刚体转动时角速度变化快慢的物理量。角加速度等于角

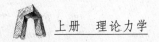

速度对时间的一阶导数，或等于转角对时间的二阶导数，即

$$\alpha = \lim_{\Delta t \to 0} \frac{\Delta \omega}{\Delta t} = \frac{\mathrm{d}\omega}{\mathrm{d}t} = \frac{\mathrm{d}^2 \varphi}{\mathrm{d}t^2} \tag{4.13}$$

4）定轴转动刚体内各点的速度和加速度。定轴转动刚体内任意点 M 的速度等于该点的转动半径与刚体角速度的乘积，即

$$v = r\omega \tag{4.14}$$

速度方向垂直于转动半径，指向与刚体角速度的转向一致。

M 点的切向加速度和法向加速度分别为

$$a_\tau = \frac{\mathrm{d}v}{\mathrm{d}t} = r\frac{\mathrm{d}\omega}{\mathrm{d}t} = r\alpha \tag{4.15}$$

$$a_\mathrm{n} = \frac{v^2}{\rho} = \frac{(r\omega)^2}{r} = r\omega^2 \tag{4.16}$$

M 点全加速度的大小和方向为

$$\left.\begin{aligned} a &= \sqrt{a_\tau^2 + a_\mathrm{n}^2} = r\sqrt{\alpha^2 + \omega^2} \\ \theta &= \arctan\frac{|a_\tau|}{a_\mathrm{n}} = \arctan\frac{\alpha}{\omega^2} \end{aligned}\right\} \tag{4.17}$$

式中：θ——全加速度的方向与转动半径间的夹角。

3. 点的合成运动

（1）点的速度合成定理。动点在任一瞬时的绝对速度等于其牵连速度与相对速度的矢量和，即

$$\boldsymbol{v}_\mathrm{a} = \boldsymbol{v}_\mathrm{e} + \boldsymbol{v}_\mathrm{r} \tag{4.18}$$

（2）牵连运动为平移时点的加速度合成定理。牵连运动为平移时，动点在任一瞬时的绝对加速度等于其牵连加速度与相对加速度的矢量和，即

$$\boldsymbol{a}_\mathrm{a} = \boldsymbol{a}_\mathrm{e} + \boldsymbol{a}_\mathrm{r} \tag{4.19}$$

（3）牵连运动为转动时点的加速度合成定理。牵连运动为转动时，动点在任一瞬时的绝对加速度等于其牵连加速度、相对加速度和科氏加速度的矢量和，即

$$\boldsymbol{a}_\mathrm{a} = \boldsymbol{a}_\mathrm{e} + \boldsymbol{a}_\mathrm{r} + \boldsymbol{a}_\mathrm{k} \tag{4.20}$$

科氏加速度 $\boldsymbol{a}_\mathrm{k}$ 是由于牵连运动和相对运动相互影响而出现的一项附加的加速度，即

$$\boldsymbol{a}_\mathrm{k} = 2\boldsymbol{\omega} \times \boldsymbol{v}_\mathrm{r} \tag{4.21}$$

（4）点的合成运动的解题步骤：

1）恰当地选取动点、静坐标系、动坐标系。选取动点和动坐标系时，应使动点的绝对运动能分解为比较简单的相对运动和牵连运动。

2）分析三种运动、速度和加速度。

3）绘出速度和加速度的平行四边形，或将矢量方程向静坐标系的 x 轴和 y 轴上投影，得到投影方程。

4）利用平行四边形的几何关系或投影方程求解未知量。

4. 刚体的平面运动

（1）刚体平面运动的分解。刚体内任一点都在平行于某一固定平面的平面内运动，刚

体的这种运动称为平面运动。刚体的平面运动可以分解为随同基点的平移和绕基点的转动。

（2）平面图形上各点的速度。有以下三种求速度的方法：

1）基点法（速度合成法）。平面图形上任一点的速度等于基点的速度与该点绕基点的相对转动速度的矢量和。如 A 点为基点，则平面图形上任一点 B 的速度为

$$\boldsymbol{v}_B = \boldsymbol{v}_A + \boldsymbol{v}_{BA} \tag{4.22}$$

2）速度投影法。平面图形上任意两点的速度在这两点连线上的投影相等。这一关系称为速度投影定理。利用速度投影定理求平面图形上任一点速度的方法称为速度投影法，即

$$\boldsymbol{v}_{\mathrm{B}} cos\varphi = \boldsymbol{v}_{\mathrm{A}} cos\theta \tag{4.23}$$

式中：θ、φ——$\boldsymbol{v}_A$、$\boldsymbol{v}_B$ 与 AB 的夹角。

3）速度瞬心法。平面图形上速度等于零的点称为瞬时速度中心，简称速度瞬心。如果已知速度瞬心 C 的位置，取 C 点为基点，则基点的速度为零，于是平面图形上任一点 M 在此瞬时的速度即等于 M 点绕基点 C 的转动速度，其大小为

$$v_M = CM \cdot \omega \tag{4.24}$$

其方向与 CM 垂直，指向与图形转动的方向一致。

（3）求平面图形上各点加速度。平面图形上任一点的加速度等于基点的加速度与该点随图形绕基点转动的切向加速度和法向加速度的矢量和，即

$$\boldsymbol{a}_B = \boldsymbol{a}_A + \boldsymbol{a}_{BA}^{\tau} + \boldsymbol{a}_{BA}^{\mathrm{n}} \tag{4.25}$$

概念题解

概念题 4.1～概念题 4.26　点的运动

概念题 4.1　物体的机械运动是指______的一种运动。

答　物体在空间的位置随时间变化。

概念题 4.2　什么叫参考系？在研究运动时为什么要选择参考系？

答　运动是绝对的，但运动的描述是相对的，因此，在描述一个点或物体的运动时，必须指出它相对于哪一个物体才有明确的意义，且把这一被选定的物体称为参考物，固结其上的坐标系称为参考系。

概念题 4.3　在描述物体的运动时，一般是将运动物体抽象为______和______两种力学模型。

答　点；刚体。

概念题 4.4　点的加速度可由速度对时间的导数求得，其表达式为（　　）。

A. $a=\dfrac{\mathrm{d}v}{\mathrm{d}t}$　　　　B. $\boldsymbol{a}=\dfrac{\mathrm{d}\boldsymbol{v}}{\mathrm{d}t}$

C. $a=\dfrac{\mathrm{d}|\boldsymbol{v}|}{\mathrm{d}t}$　　　　D. $a=\dfrac{\mathrm{d}v}{\mathrm{d}t}+\dfrac{v^2}{\rho}$

答　B。

概念题 4.5　若已知点的直线运动方程为 $x=f(t)$，试问点在下列情况下各作何种

运动？

（1）$\frac{dx}{dt}$=常数；（2）$\frac{dx}{dt}\neq$常数；（3）$\frac{d^2x}{dt^2}\equiv 0$；（4）$\frac{d^2x}{dt^2}$=常数。

答　（1）点作匀速直线运动；（2）点作变速直线运动；（3）点作匀速直线运动；（4）点作匀变速直线运动。

概念题 4.6　已知点作直线运动，运动方程 $x=12t-t^3$（x 以 mm 计，t 以 s 计）。可以计算出点在 3s 内经过的路程为（　　）mm。

A. 9　　B. 25　　C. 23　　D. 36

答　C。

概念题 4.7　已知点的运动方程为 $x=2t^3+4$，$y=3t^3-3$。则其轨迹方程为（　　）。

A. $2x-2y-24=0$　　B. $3x-2y-18=0$

C. $2x-4y-36=0$　　D. $3x+4y-36=0$

答　B。

概念题 4.8　已知一点用直角坐标表示的运动方程为 $x=x(t)$、$y=y(t)$，是否可用下述方法求速度和加速度：先求出 $r=\sqrt{x^2+y^2}$，再根据 $v=\frac{dr}{dt}$和 $a=\frac{d^2r}{dt^2}$求 v 和 a。（　　）

答　否。

概念题 4.9　平均速度和瞬时速度在什么情况下是一致的？（　　）

A. 匀速直线运动　　B. 匀变速直线运动

C. 匀速圆周运动　　D. 匀变速圆周运动

答　A。

概念题 4.10　汽车开动的瞬时，初速度等于零。那么汽车的加速度（　　）。

A. 也等于零　　B. 不等于零

C. 可能等于零　　D. 不能判定

答　B。

概念题 4.11　点作直线运动，某瞬时的速度 $v=3\text{m/s}$。问该瞬时的加速度是否为 $a=\frac{dv}{dt}=0$？为什么？

答　$\boldsymbol{a}=\frac{d\boldsymbol{v}}{dt}$中的 $\boldsymbol{v}$ 为速度随时间的变化规律，即 $\boldsymbol{v}=\boldsymbol{v}(t)$，而题中 $v=3\text{m/s}$ 是点在该瞬时的特定速度值，不是速度变化规律，因此 $\boldsymbol{a}-\frac{d\boldsymbol{v}}{dt}=0$ 是错误的。

概念题 4.12　若用自然法表示的动点的运动方程为 $s=a+bt$，其轨迹是否为一直线？又若运动方程为 $s=ct^2$，其轨迹是否为一曲线？为什么？式中 a、b、c 均为常数。

答　用自然法表示点的运动方程，是表示动点沿着轨迹的弧坐标随时间的变化规律，而与轨迹形状无关。在自然法中，轨迹形状必须用轨迹方程或图形来表明。因此运动方程为 $s=a+bt$，其轨迹不一定为直线；运动方程为 $s=ct^2$，其轨迹不一定为曲线。

概念题 4.13　当动点作______运动时，下述三个公式 $s=s_0+v_0t+\frac{1}{2}a_\tau t^2$，$v=v_0+a_\tau t$，$v^2-v_0^2=2a_\tau(s-s_0)$ 才成立。

答　匀变速曲线。

概念题 4.14　点作曲线运动，某瞬时的速度为 15m/s，试问此瞬时其切向加速度是否为 $a_\tau=\frac{\mathrm{d}v}{\mathrm{d}t}=\frac{\mathrm{d}(15)}{\mathrm{d}t}=0$？(　　)

答　否。

概念题 4.15　动点作什么运动时，切向加速度等于零？作什么运动时，法向加速度等于零？作什么运动时，两者都为零？

答　点作匀速曲线运动时，切向加速度为零；点作直线运动时，法向加速度为零；点作匀速直线运动时，二者都为零。

概念题 4.16　点作曲线运动时，若其速度大小为不等于零的常数，则其加速度（　　）。

A. 一定等于零　　B. 一定不等于零

C. 不一定等于零　　D. 以上都不对

答　B。

概念题 4.17　点作曲线运动时，其加速度的大小是否等于速度大小对时间的导数？(　　)

答　否。

概念题 4.18　动点作曲线运动，当 a_τ 与 v 代数值的符号______时，动点作加速运动；当 a_τ 与 v 代数值的符号______时，动点作减速运动。

答　相同；相反。

概念题 4.19　当点作（　　）运动时，其加速度 $\boldsymbol{a}$ 为不等于零的常矢量。

A. 匀速直线运动　　B. 匀变速直线运动

C. 匀速曲线运动　　D. 匀变速曲线运动

答　B。

概念题 4.20　点作曲线运动时，切向加速度表示速度的______对时间的变化率，法向加速度表示速度的______对时间的变化率。

答　大小；方向。

概念题 4.21　下列判断中错误的判断是（　　）。点作曲线运动时（　　）

A. 若 $\boldsymbol{v}$ 与 $\boldsymbol{a}$ 始终垂直，则 $\boldsymbol{v}$ 的大小必为常量

B. 若 $\boldsymbol{v}$ 与 $\boldsymbol{a}$ 保持平行，则运动轨迹必为直线

C. 若某瞬时 $\boldsymbol{v}=0$ 则 $\boldsymbol{a}=0$

D. 若某瞬时 $\boldsymbol{a}=0$ 则 $\boldsymbol{v}=0$

答　C、D。

概念题 4.22　动点以匀速 v 沿半径为 R 的圆周运动，则其切向加速度 $a_\tau=$______，法向加速度 $a_n=$______，加速度 $a=$______。

答　0；$\frac{v^2}{R}$；$\frac{v^2}{R}$。

概念题 4.23　点作圆周运动，如果知道法向加速度越来越大，则点的运动速度（　　）。

A. 不变　　B. 越来越小　　C. 越来越大　　D. 不能确定

答　C。

概念题 4.24　动点加速度的方向是否表示点的运动方向？(　　)加速度的大小是否表

示点的运动快慢程度？（　　）

答　否；否。

概念题 4.25　动点 M 沿圆周作匀速运动，试问：（1）若圆周半径增加一倍；则其加速度如何变化？（2）若将速度大小增加一倍；则其加速度如何变化？

答　（1）加速度减小为原来的二分之一；（2）加速度增大为原来的四倍。

概念题 4.26　若点的速度不为零，试判断点在下述情况下分别作何种运动？

（1）$a_\tau \equiv 0$，$a_n \equiv 0$；（2）$a_\tau \neq 0$，$a_n \equiv 0$；（3）$a_\tau \equiv 0$，$a_n \neq 0$；（4）$a_\tau \neq 0$，$a_n \neq 0$。

答　（1）匀速直线运动；（2）变速直线运动；（3）匀速曲线运动；（4）变速曲线运动。

概念题 4.27～概念题 4.46　刚体的基本运动

概念题 4.27　刚体上如有两点的轨迹相同，则刚体作平移。（　　）

答　错。

概念题 4.28　若已知某瞬时刚体上各点的速度都相同，而加速度不相同，则刚体（　　）。

A. 可能作平移　　　　B. 不可能作平移

C. 可能作定轴转动　　D. 以上都不对

答　B。

概念题 4.29　如果刚体上每一点的运动轨迹都是圆，该刚体是否一定作定轴转动？（　　）

答　否。

概念题 4.30　若在某瞬时图示机构上 A 点和 B 点的速度完全相同（等值、同向），则 AB 板的运动是否为平移？为什么？

答　AB 板的运动不是平移。因为下一瞬时，A、B 两点的速度不相同。

概念题 4.31　试说明图示曲柄滑道机构中的曲柄 OA，滑块 A 和滑道连杆 B 各作什么运动？

答　曲柄 OA 作定轴转动。滑块 A 作曲线平移。滑道连杆 B 作直线平移。

概念题 4.32　如图所示，一汽车由西开来，经过十字路口转弯向北开去。在转弯时由 A 至 B 这段路程中，车厢的运动是定轴转动。（　　）

答　对。

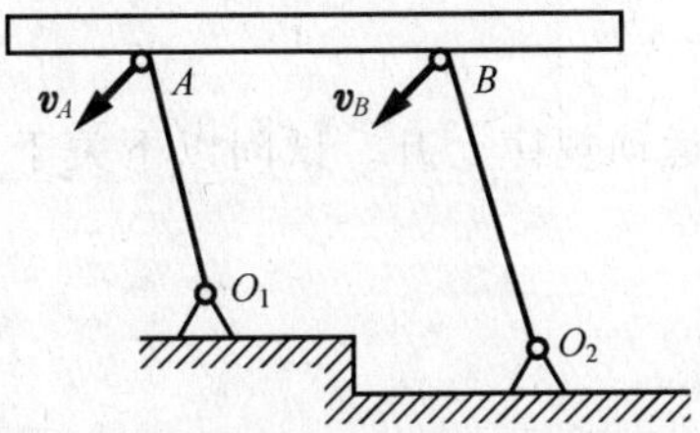

概念题 4.30 图

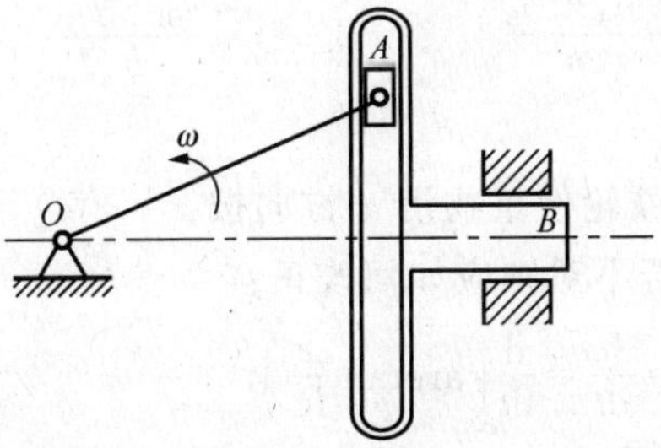

概念题 4.31 图

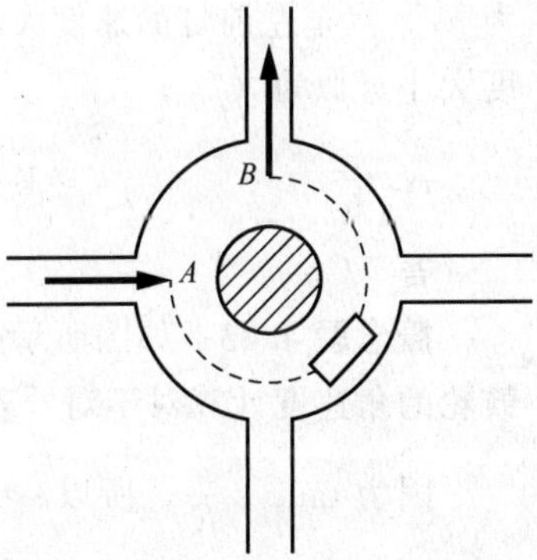

概念题 4.32 图

概念题 4.33　在直线轨道上行驶的火车，其车轮作定轴转动？（　　）

答　错。

概念题 4.34　汽车在通过一圆形拱桥时，其车轮是否作定轴转动？(　　)

答　否。

概念题 4.35　在下列刚体运动中，作平移的刚体是（　　）。

A. 沿直线运动的车厢

B. 在弯道上行驶的车厢

C. 直线行驶自行车脚蹬板始终保持水平运动

D. 发动机活塞相对于汽缸外壳的运动

答　A、C、D。

概念题 4.36　刚体作平移时，刚体上的点是否一定作直线运动？(　　)

答　否。

概念题 4.37　平移刚体上的点的运动轨迹是否有可能为空间曲线？(　　)

答　是。

概念题 4.38　刚体的平移为什么可以归结为点的运动？

答　因为刚体平移时，其上各点的轨迹形状相同；同一瞬时各点的速度相同，加速度也相同。所以刚体的平移完全可以用刚体内任意一点的运动来代表。这样刚体的平移就归结为点的运动。

概念题 4.39　定轴转动的刚体其转轴是否一定在刚体内部？(　　)

答　否。

概念题 4.40　定轴转动刚体的角速度 ω 的单位是弧度/秒（s^{-1}），转速 n 的单位是转/分（r/min），两者之间的关系是 $\omega=$______ n。

答　$\frac{\pi}{30}$。

概念题 4.41　刚体作变速转动，在角速度为零的瞬时，角加速度（　　）。

A. 也一定为零　　B. 一定不为零　　C. 不一定为零　　D. 以上都不对

答　B。

概念题 4.42　汽车右转弯时，已知车身作定轴转动，某瞬时汽车右前灯 A 的速度大小为 v_A，汽车左前灯的速度大小为 v_B。设 A、B 之间的距离为 b，则该瞬时汽车转动的角速度大小近似为（　　）。

A. $\frac{v_B}{b}$　　B. $\frac{v_A+v_B}{b}$　　C. $\frac{v_B-v_A}{b}$　　D. $\frac{v_A-v_B}{b}$

答　C。

概念题 4.43　如图所示鼓轮使重物沿 x 方向按 $x=x(t)$ 运动规律上升。试问以下关于鼓轮的角速度计算对不对？若不对则应如何改正？

因为 $\tan\varphi=\frac{x}{R}$，所以 $\omega=\frac{d\varphi}{dt}=\frac{d}{dt}\left(\arctan\frac{x}{R}\right)$。

答　不对。应为 $v=\frac{dx}{dt}$，$\omega=\frac{v}{R}=\frac{dx}{dt}\cdot\frac{1}{R}=\frac{dx}{R\,dt}$。

概念题 4.44　如图所示结构中杆 OA 长 $l=1$m。在图示瞬时，杆端 A 点的全加速度 a

与杆成θ角。若已知$\theta=60°$、$a=20\text{m/s}^2$，则该瞬时杆的角速度$\omega=$______s^{-1}，角加速度$\alpha=$______s^{-2}。

答　3.16；17.32。

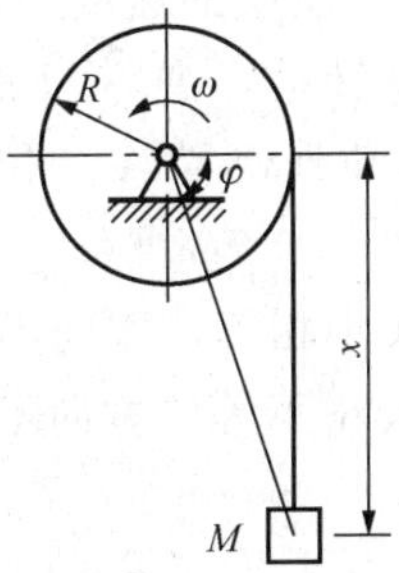

概念题 4.43 图

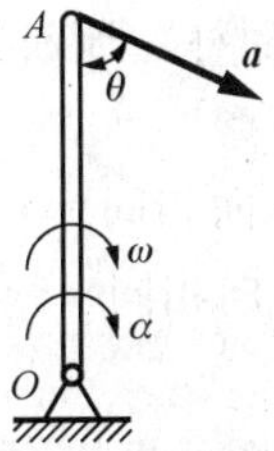

概念题 4.44 图

概念题 4.45　图示为一定轴轮系。试问设置中间齿轮对主动轮和从动轮之间的传动比有无影响？对从动轮的转向有无影响？

答　中间齿轮对主动轮和从动轮之间的传动比没有影响？对从动轮的转向有影响。

概念题 4.46　在图示定轴轮系中，若齿轮 1 的角速度为已知，试问齿轮 3 的角速度与齿轮 2 的齿数是否有关？（　　）与齿轮 1、齿轮 3 的齿数是否有关？（　　）

答　否；是。

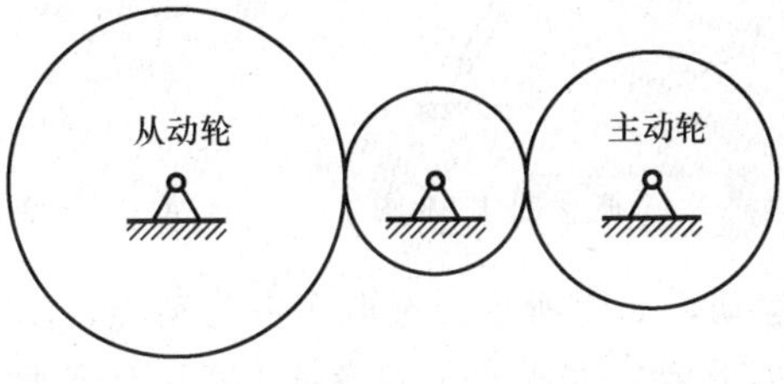

概念题 4.45 图

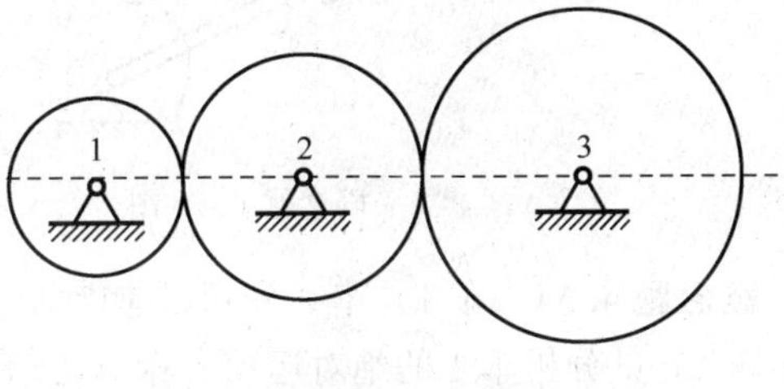

概念题 4.46 图

概念题 4.47～概念题 4.69　点的合成运动

概念题 4.47　点的绝对运动是观察者在______参考系上观察到的______的运动；相对运动是观察者在______参考系上观察到的______的运动；牵连运动是观察者在______参考系上观察到的______的运动。

答　静；动点；动；动点；静；动系。

概念题 4.48　点的绝对运动和相对运动是点的运动，而牵连运动则是刚体的运动。（　　）

答　对。

概念题 4.49　什么叫静参考系？什么叫动参考系？

答　被认为是固定不动的参考系称为静参考系（静系）。在工程上，一般可认为固连于地球的参考系为静系。相对地球运动的参考系叫动参考系（动系）。

概念题 4.50　在点的合成运动中，动系相对于静系的运动称为牵连运动，所以动系相

对于静系的运动速度称为动点的牵连速度。( )

答 错。

概念题 4.51 什么叫点的牵连速度?

答 某瞬时动参考系上与动点相重合的点在牵连运动中的速度，称为动点的牵连速度。

概念题 4.52 图示直角曲杆以匀角速度 ω 绕轴 O 转动，小环 M 沿曲杆运动。若取小环为动点，动系固连于曲杆，地面为静系，则当小环运动到位置 A 和位置 B 时，小环在这两瞬时牵连速度的( )。

A. 大小相等，方向相同　　B. 大小相等，方向不同

C. 大小不等，方向相同　　D. 大小不等，方向不同

答 D。

概念题 4.53 在图示机构中选取滑块上销钉 M 为动点，动系固连于杆 OAB，静系固连于机架，试说明动点的绝对运动、相对运动和牵连运动。

答 绝对运动为销钉 M 上下直线运动；相对运动为销钉 M 沿 AB 槽的直线滑动；牵连运动为 OAB 绕 O 轴的转动。

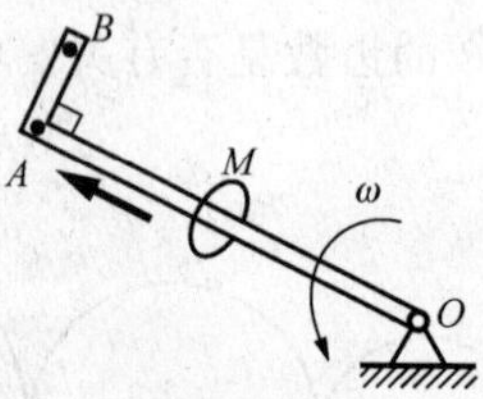

概念题 4.52 图

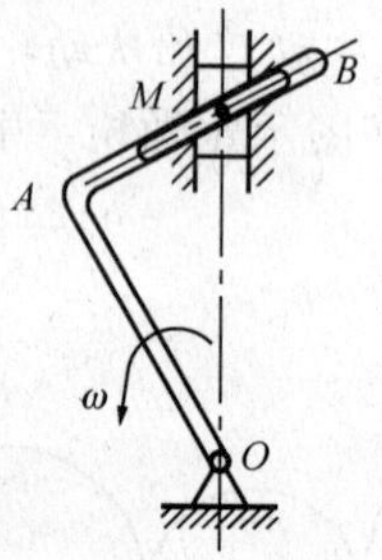

概念题 4.53 图

概念题 4.54 车 1、车 2 分别以速度 $\boldsymbol{v}_1$、$\boldsymbol{v}_2$ 运动，如图所示。选取车 1 为动点，动系固连于车 2，试分析车 1 的绝对运动、相对运动和牵连运动，并求车 1 的绝对速度和牵连速度。

答 绝对运动为车 1 向左直线运动，绝对速度 $\boldsymbol{v}_a=\boldsymbol{v}_1$。相对运动为车 1 相对于车 2 的运动。牵连运动为车 2 向下的平移，牵连速度 $\boldsymbol{v}_e=\boldsymbol{v}_2$。

概念题 4.55 如图所示为一曲柄滑道机构。若选曲柄端点 A_1 为动点，动系固连于 O_2B_2，静系固连于机架，则下列说法中正确的是( )。

A. 绝对运动是绕 O_1 点的转动　　B. 绝对运动是圆周运动

C. 相对运动是绕 O_2 点的转动　　D. 相对运动是圆周运动

E. 牵连运动是平动　　F. 牵连运动是直线运动

答 B、D、E、F。

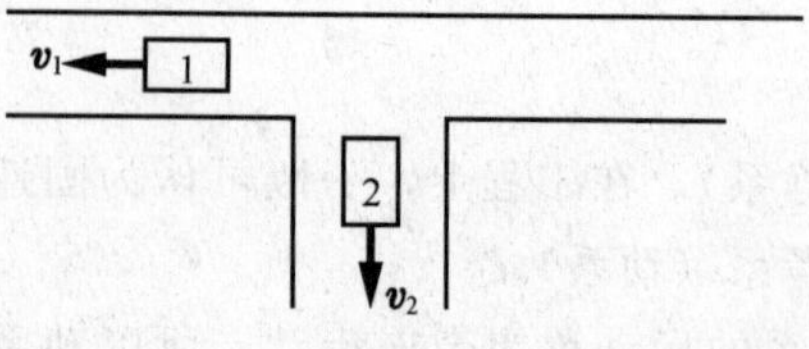

概念题 4.54 图

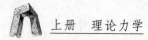

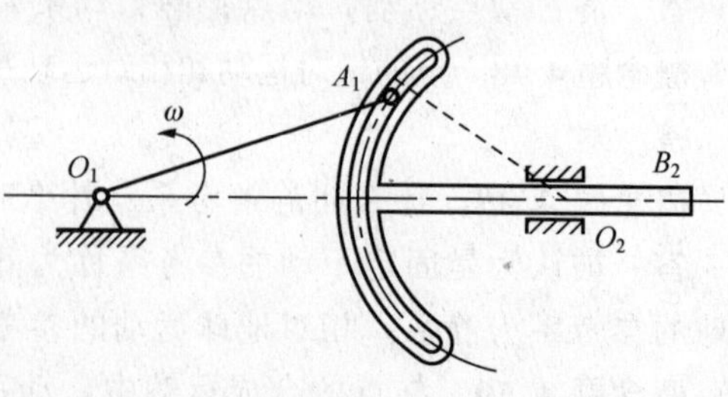

概念题 4.55 图

概念题 4.56　动点 A 的绝对速度、相对速度和牵连速度如图所示。试问动点 A 是在 OA 杆上还是在 BC 杆上？动系是固连于 OA 杆还是固连于 BC 杆？

答　动点在 OA 杆上；动系固结于 BC 杆。

概念题 4.57　无风下雨时行人撑伞为什么斜向前倾？并且步行越快，倾斜角要越大？

答　取雨点为动点，人撑的伞为动系。绝对运动：雨点铅垂下落；相对运动：雨点相对伞斜向下运动；牵连运动：人撑伞向前走。由图中可见相对速度向右下方，人撑伞向前斜是为了使雨点垂直落在伞面上，增大避雨区。当步行速度越快时，v_e 越大，由图可见，α 角越大。

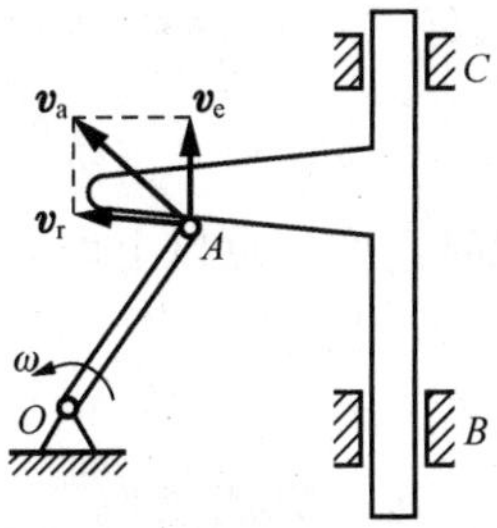

概念题 4.56 图

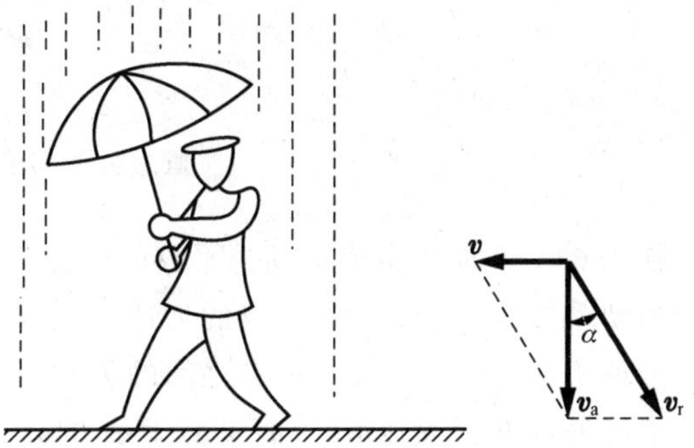

概念题 4.57 图

概念题 4.58　根据点的速度合成定理绘出的速度平行四边形中，对角线矢量一定表示点的______速度。

答　绝对。

概念题 4.59　由点的速度合成定理，能否得出点的绝对速度的数值一定大于点的牵连速度或相对速度的数值？(　　)

答　否。

概念题 4.60　设动系固结在作定轴转动的刚体上，当动点的绝对速度矢与牵连速度矢相同时，相对速度等于零。(　　) 若动点的相对轨迹是垂直于刚体转轴的一条直线，牵连速度为一常值。(　　)

答　对；错。

概念题 4.61　在图示机构中，已知动点为小环 M，动系固结于直角折杆 OAB 上，试问哪一个速度平行四边形是正确的？(　　)

答　图 (c)。

概念题 4.62　牵连运动为平移时点的加速度合成定理陈述为____。表达式为______。

答　当牵连运动为平移时，在任一瞬时，动点的绝对加速度等于动点的牵连加速度与相对加速度的矢量和；$\boldsymbol{a}_a = \boldsymbol{a}_e + \boldsymbol{a}_r$。

概念题 4.63　动点的牵连加速度是动参考系上与动点相重合的一点的______。

答　加速度。

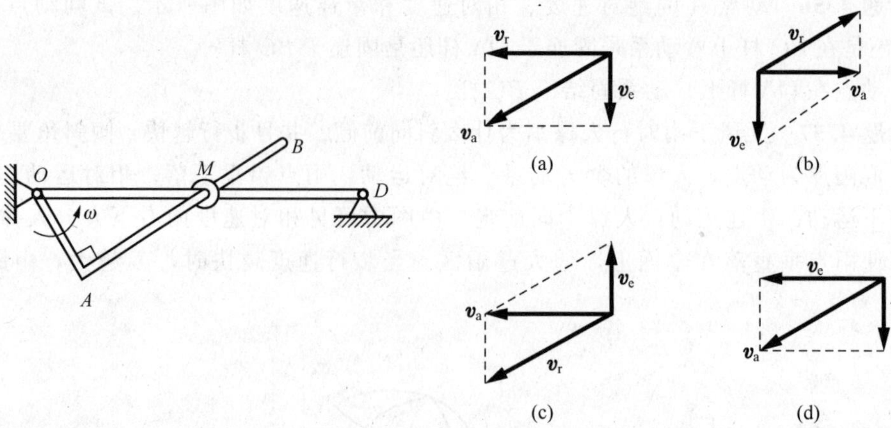

概念题 4.61 图

概念题 4.64　在应用牵连运动为平移时的加速度合成定理时，应注意以下问题：

(1) 当动系作______运动时，点的加速度合成定理 $\boldsymbol{a}_{\mathrm{a}}=\boldsymbol{a}_{\mathrm{e}}+\boldsymbol{a}_{\mathrm{r}}$ 才成立；

(2) 定理所说明的是______三者之间的关系；

(3) 求解矢量方程 $\boldsymbol{a}_{\mathrm{a}}^{\tau}+\boldsymbol{a}_{\mathrm{a}}^{\mathrm{n}}=\boldsymbol{a}_{\mathrm{e}}+\boldsymbol{a}_{\mathrm{r}}^{\tau}+\boldsymbol{a}_{\mathrm{r}}^{\mathrm{n}}$ 时，一般用______法，只能求解______个未知量。

答　(1) 平动；(2) 绝对加速度、牵连加速度和相对加速；(3) 解析法；二。

概念题 4.65　点的科氏加速度 $\boldsymbol{a}_{\mathrm{k}}=2\boldsymbol{\omega}\times\boldsymbol{v}_{\mathrm{r}}$ 产生的原因是（　　）。

A. 相对运动影响了牵连速度的变化　　B. 牵连速度影响了相对速度的变化

C. 相对运动和牵连运动彼此相互影响　　D. 由于有了相对运动和牵连运动

答　C。

概念题 4.66　当牵连运动为平移时，牵连加速度是否等于牵连速度对时间的一阶导数？（　　）当牵连运动为转动时，又如何？（　　）

答　是；否。

概念题 4.67　如果将点的速度合成定理 $\boldsymbol{v}_{\mathrm{a}}=\boldsymbol{v}_{\mathrm{e}}+\boldsymbol{v}_{\mathrm{r}}$ 对时间 t 求一阶导数，则得 $\boldsymbol{a}_{\mathrm{a}}=\dfrac{\mathrm{d}\boldsymbol{v}_{\mathrm{a}}}{\mathrm{d}t}=\dfrac{\mathrm{d}\boldsymbol{v}_{\mathrm{e}}}{\mathrm{d}t}+\dfrac{\mathrm{d}\boldsymbol{v}_{\mathrm{r}}}{\mathrm{d}t}$，于是动点的绝对加速度等于牵连加速度与相对加速度的矢量和。试指出这个结论在什么情况下是不对的？

答　当牵连运动为转动时。

概念题 4.68　科氏加速度的表达式为______，其大小为______，其方向______确定，其中角速度 ω 必须是______参考系转动的角速度。

答　$\boldsymbol{a}_{\mathrm{k}}=2\boldsymbol{\omega}\times\boldsymbol{v}_{\mathrm{r}}$；$a_{\mathrm{k}}=2\omega v_{\mathrm{r}}\cdot\sin\theta$；可按垂直于 $\boldsymbol{\omega}$ 与 $\boldsymbol{v}_{\mathrm{r}}$ 所决定的平面，指向是从 $\boldsymbol{a}_{\mathrm{k}}$ 矢的末端向始端看去，应使 $\boldsymbol{\omega}$ 矢按逆时针方向转过 θ 角后与 $\boldsymbol{v}_{\mathrm{r}}$ 重合（或右手规则）；动。

概念题 4.69　当牵连运动为平移时，是不是动系中任何一点的速度和加速度就是动点的牵连速度和牵连加速度？（　　）

答　是。

概念题 4.70～概念题 4.107　刚体的平面运动

概念题 4.70　刚体作平面运动的某瞬时，体内各点的速度相同，这种情况称为______；该瞬时刚体的角速度等于______。

答　瞬时平移；零。

概念题 4.71　在研究刚体平面运动时可将刚体的平面运动分解为随同______的平移和绕______的转动。

答　基点；基点。

概念题 4.72　设有相对于某固定平面作平面运动的刚体，问刚体上与此固定平面垂直的直线是否都作平移？（　　）

答　是。

概念题 4.73　刚体做平面运动时，其上任一截面是否都在其自身平面内运动？（　　）

答　是。

概念题 4.74　刚体的平面运动，可以分解为随同基点的平移和绕基点的转动，刚体随同基点的平移是否与基点的选取有关？（　　）刚体绕基点的转动是否与基点的选取有关？（　　）

答　是；否。

概念题 4.75　刚体作平面运动时，刚体上各点的运动轨迹是否都是平面曲线？（　　）

答　是。

概念题 4.76　火车在水平弯道上行驶时，车轮的运动是否是平面运动？（　　）

答　否。

概念题 4.77　刚体的平移与刚体平面运动的瞬时平移有什么区别？

答　平动刚体上各点的轨迹相同，速度、加速度也相同，而刚体瞬时平动时仅各点的速度相同，轨迹与加速度却不同。

概念题 4.78　平面图形绕速度瞬心的转动与定轴转动有什么区别？

答　速度瞬心是平面图形的瞬时转动中心，其位置随时间而发生变化。而定轴转动的轴是固定不动的。

概念题 4.79　速度瞬心是指平面图形上______。此时平面图形内各点的速度的大小与______成正比，方向与______垂直。

答　某瞬时速度为零的那个点；该点至速度瞬心的距离；该点至速度瞬心的连线。

概念题 4.80　平面图形在其所在平面内作平面运动时，如角速度不等于零，则图形（或其延伸面上）速度为零的点的数目为（　　）。

A. 零　　B. 一个　　C. 二个　　D. 无穷多个

答　B。

概念题 4.81　刚体作平面运动时，若速度瞬心在无穷远处，则此时角速度等于______，刚体作______运动。

答　零；瞬时平移。

概念题 4.82　平面运动刚体速度瞬心的位置是否固定不变？（　　）其速度是否一定为零？（　　）其加速度是否为零？（　　）

答　否；是；否。

概念题 4.83　如图所示两个相同的绕线盘，用同一速度 $\boldsymbol{v}$ 拉动。设两轮在水平面上只滚不滑，试问在哪种情况下轮子滚得快？

答　图（a）的轮子滚得快。

概念题 4.84　图示平面机构中，杆 O_1A 以匀角速度 ω 转动。在图示瞬时，$O_1A/\!/O_2B$，则点 B 的速度______，杆 O_2B 的角速度______，三角板 ABC 的角速度______。

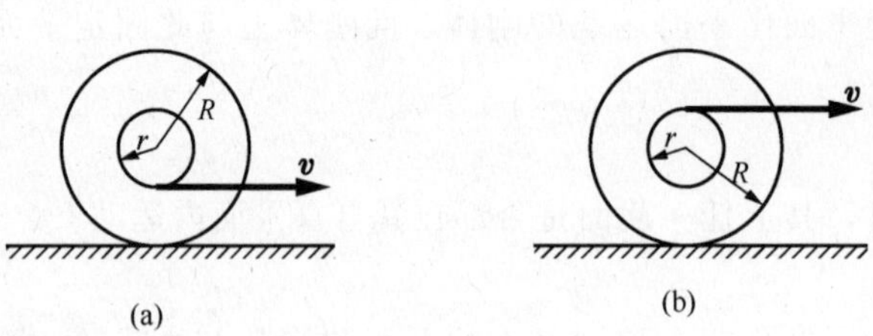

概念题 4.83 图

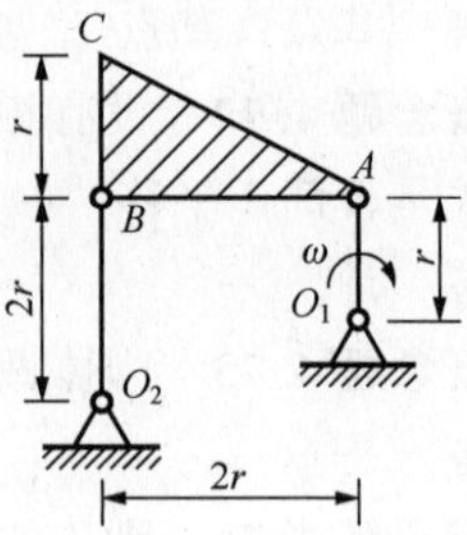

概念题 4.84 图

答　$v_B=\omega r$（水平向右）；$\omega_{O_2B}=\dfrac{\omega}{2}$（顺时针）；$\omega_{ABC}=0$。

概念题 4.85　图示机构中，杆 O_1A 以匀角速度 ω_1 绕 O_1 轴转动，$O_1A/\!/O_2B$，且 $O_1A>O_2B$。在图示瞬时，$O_2B\perp O_1O_2$，则 ω_1 与杆 O_2B 的角速度 ω_2 的关系为（　　）。

A. $\omega_1=\omega_2$　　B. $\omega_1>\omega_2$　　C. $\omega_1<\omega_2$　　D. 不能确定

答　C。

概念题 4.86　图示拖车的车轮 B 与垫辊 A 的半径均为 R。当拖车以速度 $\boldsymbol{v}$ 前进时，若 A、B 作只滚不滑运动，则轮 B 的角速度是垫辊 A 的角速度的______倍。

答　2。

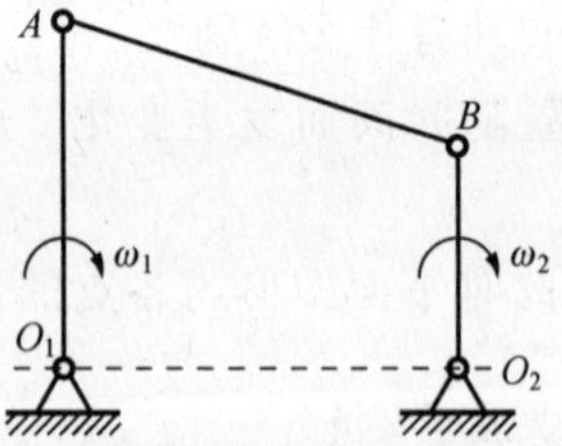

概念题 4.85 图

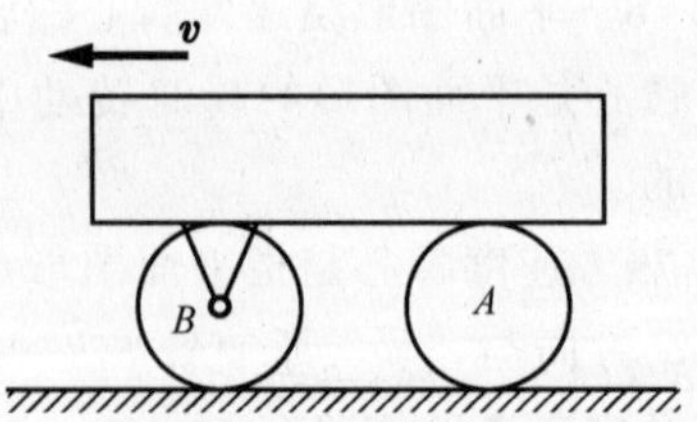

概念题 4.86 图

概念题 4.87　杆 AB 以匀角速度 $\omega=3\text{s}^{-1}$ 绕 A 点转动，杆 BC 与 AB 铰接，$BC=AB=1\text{m}$。在图示位置时，连线 AC 恰好铅垂，此时杆 BC 的角速度 $\omega_{BC}=$______，C 点的速度 $v_C=$______。

答　ω（逆时针）；3m/s。

概念题 4.88　图示机构中，各杆长度分别为 $OA=CF=r$，$DE=2r$，$AB=BD=4r$，曲柄 OA 的角速度为 ω_0，在图示瞬时 AB、BD 处于水平位置，CF、DE 处于铅垂位置，此

时各杆的角速度 $\omega_{AB}=$______；$\omega_{CF}=$______；$\omega_{DE}=$______；$\omega_{DB}=$______。

答　$0.177\omega_0$；$0.707\omega_0$；$0.354\omega_0$；0。

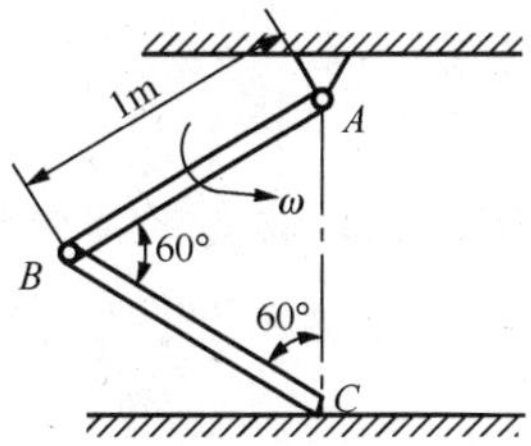

概念题 4.87 图

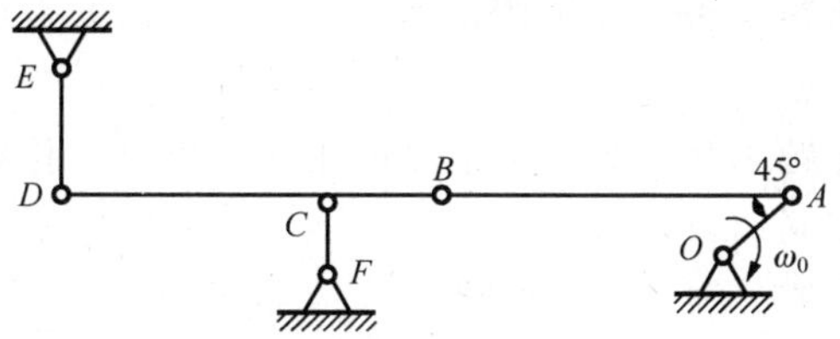

概念题 4.88 图

概念题 4.89　求解平面运动刚体上点的速度常用的三种方法是______、______和______。

答　基点法；速度投影法；速度瞬心法。

概念题 4.90　平面图形上任意两点的速度在固定坐标轴上的投影是否相等？（　　）

答　否。

概念题 4.91　平面图形上各点的速度矢量相等的条件是______。

答　平面图形的角速度为零。

概念题 4.92　刚体作平面运动时，其上任意两点的速度符合速度投影定理，刚体作其他运动时，其上任意两点的速度是否也符合速度投影定理？为什么？

答　刚体作其他运动时，其上任意两点的速度也符合速度投影定理。因为刚体上任意两点之间的距离是不变的。

概念题 4.93　平面图形上点的加速度可分解为随______平移的加速度和绕______转动的加速度。

答　基点；基点。

概念题 4.94　作平面运动的刚体在一般状态时，平面图形上任意两点的加速度在此两点连线上的投影是否相等？（　　）

答　否。

概念题 4.95　平面图形上各点的加速度方向都指向同一点，则此瞬时平面图形的（　　）。

A. 角速度不等于零

B. 角加速度不等于零

C. 角速度等于零

D. 角加速度等于零

答　D。

概念题 4.96　若已知某瞬时平面图形上两点的加速度为零，则此平面图形在该瞬时（　　）。

A. 角速度为零　　　　　　B. 角加速度为零

C. 角速度和角加速度都为零　　　　D. 以上都不对

答　C。

概念题 4.97　半径为 R 的轮子沿水平直线轨道作纯滚动，若轮心的速度 v 为常量，则轮子上与轨道接触点的加速度大小等于______，加速度方向为______。

答 $\frac{v^2}{R}$；指向轮心。

概念题 4.98 平面图形速度瞬心的加速度是否也一定等于零？（ ）

答 否。

概念题 4.99 作平面运动的刚体在瞬时平移状态时，平面图形内各点的速度相同，加速度也相同。（ ）

答 错。加速度不相同。

概念题 4.100 作平面运动的刚体在瞬时平移状态下角加速度为零。（ ）

答 错。

概念题 4.101 求平面运动刚体上各点的加速度时，为何不考虑科氏加速度？

答 在研究平面运动时，动系作平移。因牵连运动为平移，故不考虑科氏加速度。

概念题 4.102 在求平面运动刚体上一点的加速度时，能否不进行速度分析而直接求加速度？为什么？

答 不能。应先进行速度分析，然后进行加速度分析。因为在加速度分析中带有法向加速度，即 $a_{BA}^n=\frac{v_{BA}^2}{AB}$，故须先知道速度。

概念题 4.103 图示机构中，已知 ω 为常数，$OA=r$，$v_A=\omega r=$常量。因为在图示瞬时，$\boldsymbol{v}_A=\boldsymbol{v}_B$，即 $v_B=\omega r=$常量，所以 $a_B=\frac{\mathrm{d}v_B}{\mathrm{d}t}=0$。（ ）

答 错。

概念题 4.104 如图所示，某瞬时平面图形上 O 点的加速度为 $\boldsymbol{a}_0$，图形的角速度 $\omega=0$，角加速度为 α，则图形上过 O 点并垂直于 $\boldsymbol{a}_0$ 的直线 mn 上各点的加速度方向（ ）。

A. 背离 O 点　　　　B. 指向 O 点

C. 垂直于 mn 直线　　　　D. 沿 mn 直线

答 C。

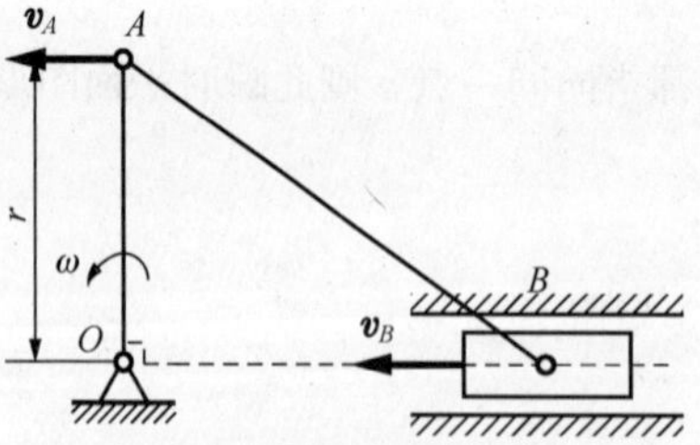

概念题 4.103 图

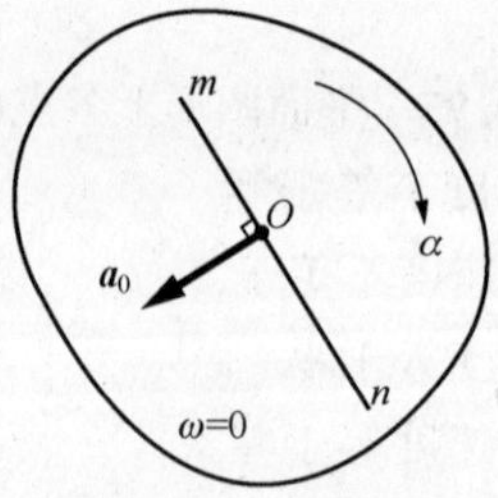

概念题 4.104 图

概念题 4.105 图示圆盘在水平直线轨道上作纯滚动，若角速度 $\omega=$常数。则轮边缘上 B 点的加速度为（ ）。

A. 0　　B. ω^2R　　C. $2\omega^2R$　　D. $4\omega^2R$

答 B。

概念题 4.106 图示平面图形上 A、B 两点的加速度与其连线垂直，且 $a_A\neq a_B$。则此瞬时平面图形的角速度 ω、角加速度 α 应该是（　　）。

A. $\omega=0$，$\alpha\neq0$　　B. $\omega=0$，$\alpha=0$

C. $\omega\neq0$，$\alpha=0$　　D. $\omega\neq0$，$\alpha\neq0$

答　A。

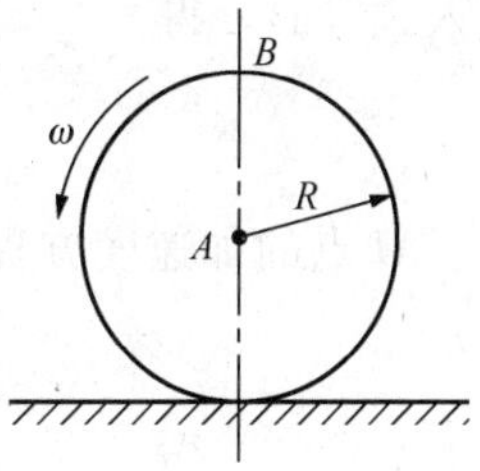

概念题 4.105 图

概念题 4.107　图示机构中，已知 O_1A 平行且等于 O_2B，则在图示瞬时（　　）。

A. $\omega_1=\omega_2$，$\alpha_1=\alpha_2$　　B. $\omega_1\neq\omega_2$，$\alpha_1\neq\alpha_2$

C. $\omega_1\neq\omega_2$，$\alpha_1=\alpha_2$　　D. $\omega_1=\omega_2$，$\alpha_1\neq\alpha_2$

答　D。

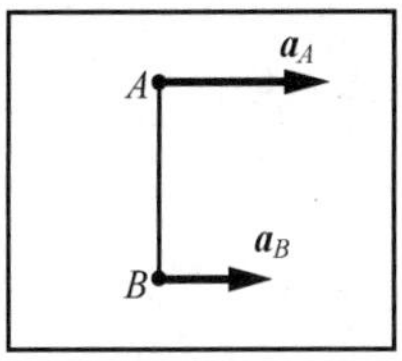

概念题 4.106 图

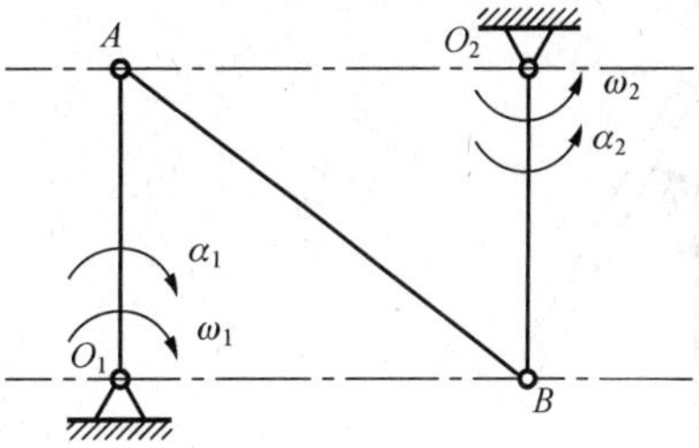

概念题 4.107 图

计算题解

计算题 4.1～计算题 4.4　点的运动

计算题 4.1　长 l 的杆 AB，两端沿相互垂直的导槽滑动。M 为杆上一点，$MA=b$，且 A 端的速度为常数 v_0。试求在图示坐标系下：(1) M 点的轨迹方程；(2) M 点的速度和加速度。

解　(1) 设 M 点的坐标为 (x, y)，M 点运动方程为

$$x=(l-b)\sin\theta$$
$$y=b\cos\theta$$

轨迹方程为

$$\frac{x^2}{(l-b)^2}+\frac{y^2}{b^2}=1$$

(2) M 点的速度方程为

$$\left.\begin{aligned} v_x &= \dot{x}=(l-b)\cos\theta\cdot\dot{\theta} \\ v_y &= \dot{y}=-b\sin\theta\cdot\dot{\theta} \end{aligned}\right\} \tag{a}$$

因 $x_A=l\sin\theta$，$\dot{x}_A=l\cos\theta\cdot\dot{\theta}=v_0$，故

$$\dot{\theta}=\frac{v_0}{l\cos\theta}$$

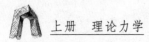

代入式 (a)，得

$$v_x = \frac{l-b}{l}v_0, \quad v_y = -\frac{b}{l}v_0\tan\theta$$

M 点的加速度方程为

$$a_x = \dot{v}_x = 0$$

$$a_y = \dot{v}_y = -\frac{bv_0}{l\cos^2\theta}\cdot\dot{\theta} = \frac{-bv_0^2}{l^2\cos^3\theta}$$

计算题 4.2 图示轮子在直线轨道上滚动而无滑动，轮心以匀速 v 向右运动，试求轮缘上一点 M 用直角坐标表示的运动方程。设初始时 M 点与坐标原点重合，轮的半径为 R。

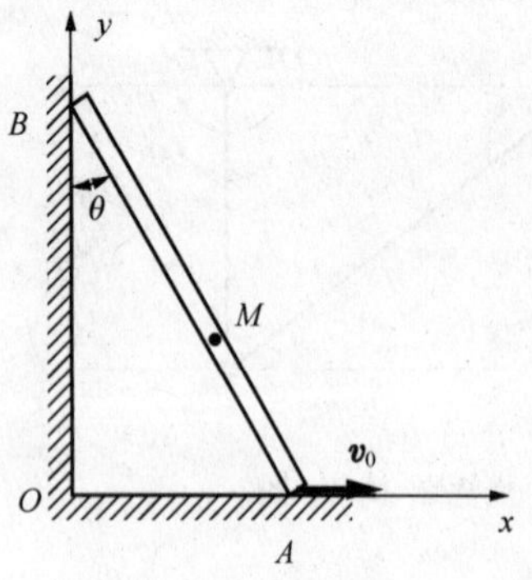

计算题 4.1 图

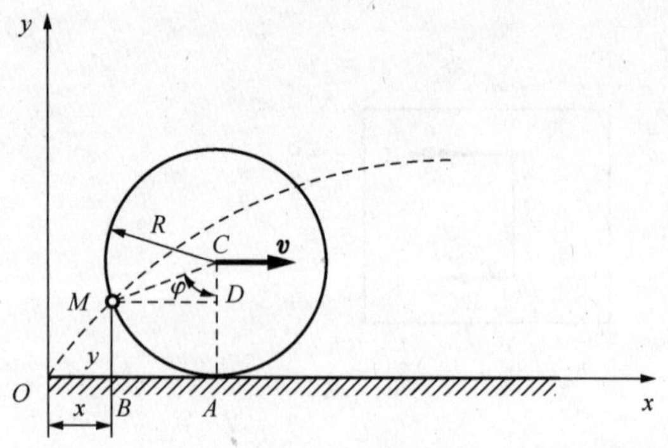

计算题 4.2 图

解 M 点作曲线运动。$t=0$ 时，M 点与 O 点重合。任意瞬时 t，M 点的位置坐标用 x、y 表示。由图可知

$$\left.\begin{aligned} x &= OA - BA = OA - R\sin\varphi \\ y &= MB = r - r\cos\varphi \end{aligned}\right\} \tag{a}$$

因轮心 C 作直线运动，故

$$OA = vt$$

又因轮子滚而不滑，故

$$OA = \widehat{MA} = R\varphi$$

得

$$\varphi = \frac{vt}{R}$$

代入式 (a)，得 M 点的运动方程为

$$x = vt - R\sin\frac{vt}{R}$$

$$y = R - R\cos\frac{vt}{R}$$

计算题 4.3 某动点作曲线运动，当动点运动到轨迹的 M 点处时，速度为 $v=10\text{m/s}$，切向加速度为 $a_\tau=3.8\text{m/s}^2$，而该瞬时动点加速度在直角坐标轴上的投影为 $a_x=3\text{m/s}^2$，$a_y=4\text{m/s}^2$。试求轨迹在 M 点处的曲率半径。

解 该瞬时动点的全加速度为

$$a = \sqrt{a_x^2 + a_y^2} = 5\text{m/s}^2$$

法向加速度为

$$a_n = \sqrt{a^2 - a_\tau^2} = 3.25\text{m/s}^2$$

M 点处的曲率半径为

$$\rho = \frac{v^2}{a_n} = 30.8\text{m}$$

计算题 4.4　图示半径为 $R=20\text{mm}$ 的大环是固定的，细杆 OA 绕大环上一点 O 作匀速转动，其角度 φ 在 5s 内转一直角。小环 M 同时穿在细杆和大环上，试求小环 M 的速度和加速度的大小。

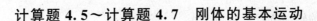

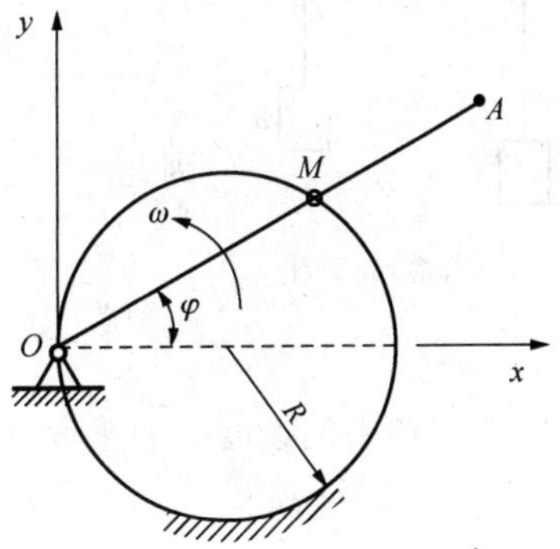

计算题 4.4 图

解　方法一：自然法

因 $\omega=\dfrac{\pi}{10}\text{rad/s}$，故有

$$s = 2\varphi R = 2\omega t R$$

$$v = \frac{\mathrm{d}s}{\mathrm{d}t} = 125.7\text{mm/s}$$

$$a = a_n = \frac{v^2}{R} = 79\text{mm/s}^2$$

方法二：直角坐标法

M 点的运动方程为

$$x = R(1 + \cos 2\omega t)$$
$$y = R\sin 2\omega t$$

M 点的速度方程为

$$v_x = -2R\omega\sin 2\omega t$$
$$v_y = 2R\omega\cos 2\omega t$$

速度大小为

$$v = \sqrt{v_x^2 + v_y^2} = 125.7\text{mm/s}$$

加速度方程为

$$a_x = -4R\omega^2\cos 2\omega t$$
$$a_y = -4R\omega^2\sin 2\omega t$$

加速度大小为

$$a = \sqrt{a_x^2 + a_y^2} = 79\text{mm/s}^2$$

计算题 4.5～计算题 4.7　刚体的基本运动

计算题 4.5　如图所示半径分别为 $R=100\text{mm}$ 和 $r=50\text{mm}$ 的两滑轮固结在一起，A、B 两物体与滑轮以绳相连。设物体 A 按运动方程 $s=800t^2$（s 以 mm 计，t 以 s 计）向下运动，试求：(1) 滑轮的转动方程；(2) 第二秒末大滑轮轮缘上 C 点的速度和加速度；(3) 物体 B 的运动方程。

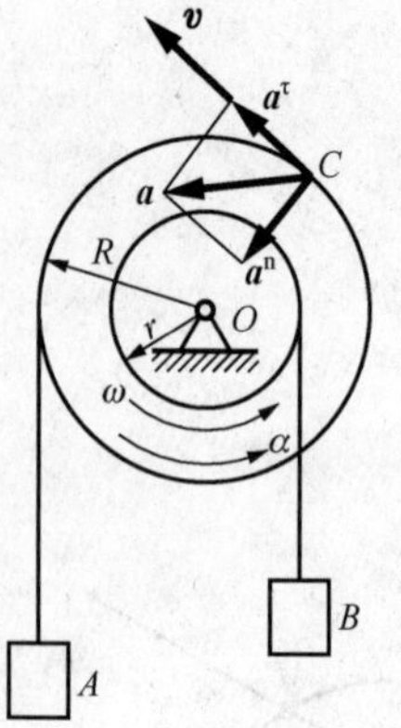

计算题 4.5 图

解　(1) 求滑轮的转动方程。因

$$s = s_A = 800t^2$$

而

$$s = R\varphi$$

故转动方程为

$$\varphi = \frac{s}{R} = 8t^2$$

(2) 求 C 点的速度、加速度。由转动方程，可得

$$\omega = 16t,\quad \alpha = 16\text{rad/s}^2$$

因此

$$v = R\omega = 1600t$$

$$a^{\tau} = R\alpha = 1600\text{mm/s}^2$$

$$a^{n} = R\omega^2 = 25600t^2$$

第二秒末的速度、加速度分别为

$$v = 3.2\text{m/s}$$

$$a^{\tau} = 1.6\text{m/s}^2,\quad a^{n} = 102.4\text{m/s}^2$$

(3) 求物块 B 的运动方程。

$$s_B = r_{\varphi} = 400t^2$$

计算题 4.6　齿轮传动机构如图 (a) 所示。设小齿轮的转动方程为 $\varphi=t^3$（φ 以 rad 计，t 以 s 计），小齿轮节圆半径 $R_1=200$mm，大齿轮节圆半径 $R_2=400$mm。试求：(1) 两齿轮啮合点 A_1、A_2 的速度和加速度；(2) 第二秒末大齿轮上距中心为 $r=200$mm 处点 B 的速度和加速度。

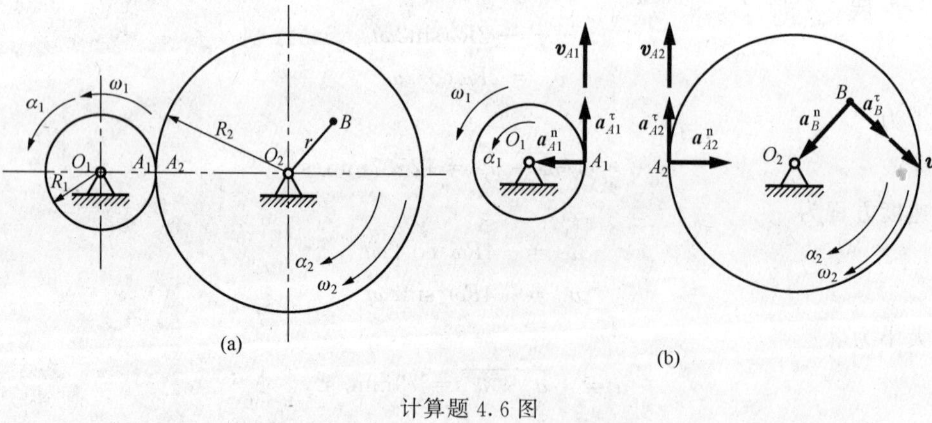

计算题 4.6 图

解　由小齿轮的转动方程，可得

$$\omega_1 = \frac{d\varphi}{dt} = 3t^2,\quad \alpha_1 = 6t$$

$$\omega_2 = \frac{3}{2}t^2,\quad \alpha_2 = 3t$$

啮合点 A_1、A_2 的速度为

$$v_{A1} = v_{A2} = R_1\omega_1 = R_2\omega_2 = 0.6t^2$$

切向加速度为

$$a_{A1}^{\tau} = a_{A2}^{\tau} = R_1\alpha_1 = R_2\alpha_2 = 1.2t$$

法向加速度为

$$a_{A1}^{n} = R_1\omega_1^2 = 1.8t^4$$
$$a_{A2}^{n} = R_2\omega_2^2 = 0.9t^4$$

B 点的速度、加速度分别为

$$v_B = r\omega_2 = 0.3t^2$$
$$a_B^{\tau} = 0.6t,\quad a_B^{n} = 0.45t^4$$

当 $t=2\text{s}$ 时，有

$$v_B = 1.2\text{m/s}$$
$$a_B^{\tau} = 1.2\text{m/s}^2,\quad a_B^{n} = 7.2\text{m/s}^2$$

计算题 4.7　行星轮机构如图所示，已知曲柄 AB 的转速为 $n=120\text{r/min}$，两轮的半径分别为 $r=75\text{mm}$，$R=150\text{mm}$。为使齿轮 B 作平移，试问齿轮 A 的转速应为多大？

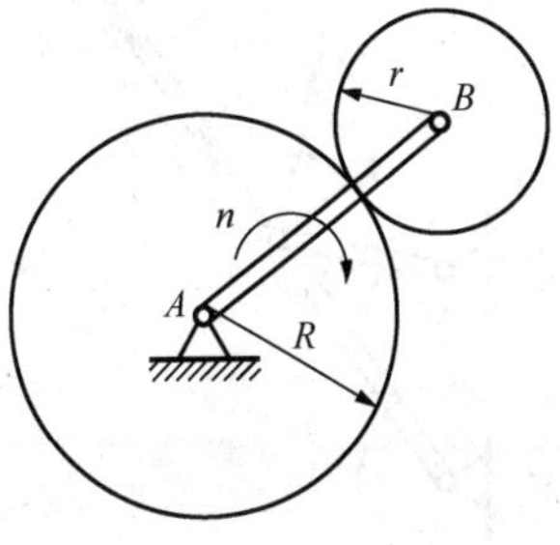

计算题 4.7 图

解　若轮 B 作平移，则其上各点速度相同，即 A、B 两轮的啮合点与 B 点速度相同，故有

$$\omega_A R = v_B$$

得

$$\omega_A = \frac{v_B}{R} = \frac{\omega(R+r)}{R} \quad（顺时针转动）$$

或

$$n_A = \frac{n(R+r)}{R} = 180\text{r/min} \quad（顺时针转动）$$

计算题 4.8～计算题 4.20　点的合成运动

计算题 4.8　偏心距 $OC=e$ 的圆盘凸轮置于可绕轴 A 摆动的 U 形叉内，圆盘外廓刚好与叉的两边相切，轴距 $AO=b$，如图所示。若凸轮以匀角速度 ω_0 作顺时针转动，试求当凸轮的转角为 θ 时，U 形叉的角速度。

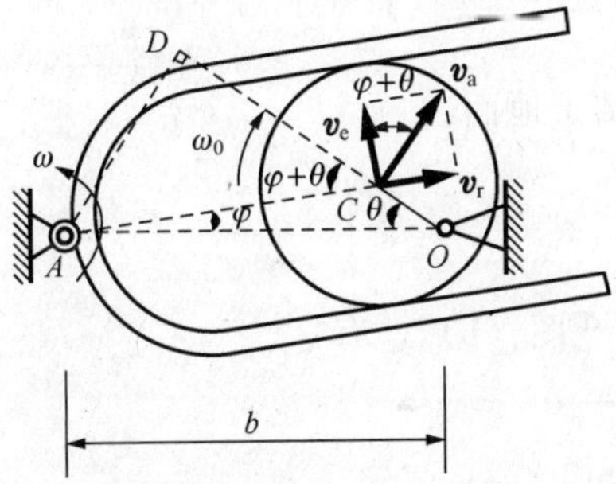

计算题 4.8 图

解　取 C 点为动点，动系固结于 U 形叉，静系固结于地面。

应用速度合成定理，有

$$\boldsymbol{v}_a = \boldsymbol{v}_e + \boldsymbol{v}_r$$

式中：$v_a = OC \cdot \omega_0 = e\omega_0$，绘出速度平行四边形如图所示，得

$$v_e = v_a\cos(\varphi+\theta) = e\omega_0\cos(\varphi+\theta)$$

因

$$AC = \sqrt{e^2+b^2-2be\cos\theta}$$

故

$$\omega = \frac{v_e}{AC} = \frac{e\omega_0 \cos(\varphi + \theta)}{\sqrt{e^2 + b^2 - 2be\cos\theta}}$$

由图知 $\cos(\varphi + \theta) = \dfrac{b(\cos\theta - e)}{AC}$，代入上式得

$$\omega = \frac{e\omega_0 (b\cos\theta - e)}{e^2 + b^2 - 2be\cos\theta}$$

计算题 4.9　图示摆杆滑道机构的曲柄长 $OA=r$，以匀转速 n 绕 O 轴转动。在图示位置时 $O_1A=AB=2r$，$\angle OAO_1=\theta$，$\angle O_1BC=\varphi$。试求杆 BC 的速度。

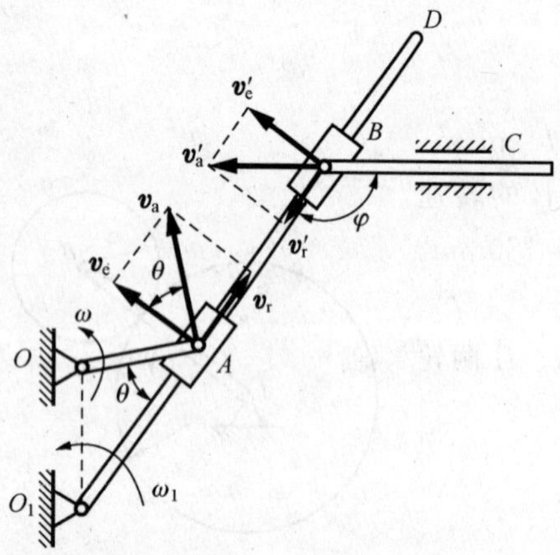

计算题 4.9 图

解　取套筒 A 为动点，动系固结于摇杆 O_1D，静系固结于地面。

应用速度合成定理，有

$$\boldsymbol{v}_a = \boldsymbol{v}_e + \boldsymbol{v}_r$$

式中：$v_a = r\omega = \dfrac{n\pi}{30}r$，绘出速度平行四边形如图所示，得

$$v_e = v_a\cos\theta = \frac{n\pi}{30}r\cos\theta$$

$$\omega_1 = \frac{v_e}{O_1A} = \frac{n\pi}{60}\cos\theta$$

再取套筒 B 为动点，动系固结于摇杆 O_1D，静系固结于地面。

应用速度合成定理，有

$$\boldsymbol{v}_a' = \boldsymbol{v}_e' + \boldsymbol{v}_r'$$

式中：$v_e' = O_1B \cdot \omega_1 = \dfrac{n\pi r}{15}\cos\theta$，绘出速度平行四边形如图所示，得

$$v_{BC} = v_a' = \frac{v_e'}{\sin(180 - \varphi)} = \frac{\pi nr}{15} \cdot \frac{\cos\theta}{\sin\varphi}$$

计算题 4.10　小球 M 嵌在构件 1 的导槽 AB 中，当斜面体 2 以速度 $\boldsymbol{v}$ 作平移运动时小球可沿斜面上升，从而带动构件 1 绕 O 轴转动，如图（a）所示。已知 $\varphi=45°$，$v=1\text{m/s}$，小球沿斜面向上的相对速度 $v_r=\sqrt{2}\text{m/s}$，在图示瞬时，$\theta=30°$，$OM=0.6\text{m}$，试求此时构件 1 绕 O 轴转动的角速度 ω。

解　取小球 M 为动点，动系固结于斜面体，静系固结于地面。

应用速度合成定理，有

$$\boldsymbol{v}_{a1} = \boldsymbol{v}_{e1} + \boldsymbol{v}_{r1}$$

式中：$v_{e1}=1\text{m/s}$，$v_{r1}=\sqrt{2}\text{m/s}$，将上式在 x、y 轴上投影［图（b）］，有

$$v_{a1}\cos\beta = -v_{e1} + v_{r1}\cos45° = 0$$

$$v_{a1}\sin\beta = v_{r1}\sin45° = 1$$

联立求解，得

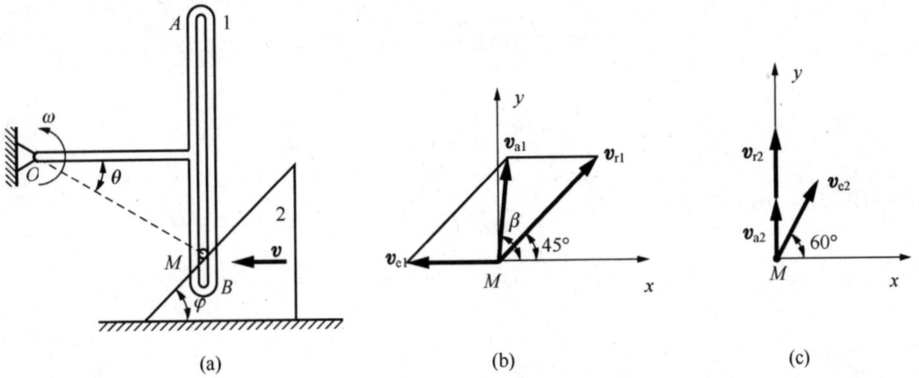

计算题 4.10 图

$$\tan\beta = \frac{1}{0} \to \infty, \beta = 90^\circ$$

即

$$v_{a1} = 1\text{m/s}(\text{铅垂向上})$$

再将动系固结于构件，应用速度合成定理，有

$$\boldsymbol{v}_{a2} = \boldsymbol{v}_{e2} + \boldsymbol{v}_{r2}$$

式中：$v_{a2}=v_{a1}=1\text{m/s}$，$v_{e2}\perp OM$。将上式向 x 轴上投影［图（c)］，得

$$v_{e2} = 0$$

故

$$\omega = \frac{v_{e2}}{OM} = 0$$

计算题 4.11 杆 AB 长为 l，可绕 A 轴转动，B 端置于斜角为 φ 的楔块上，如图（a）所示。楔块以水平速度 $\boldsymbol{v}_0$ 将 B 端上推，在图示位置时，已知杆 AB 与水平面成角 θ，试求该瞬时杆的角速度 ω_{AB}。

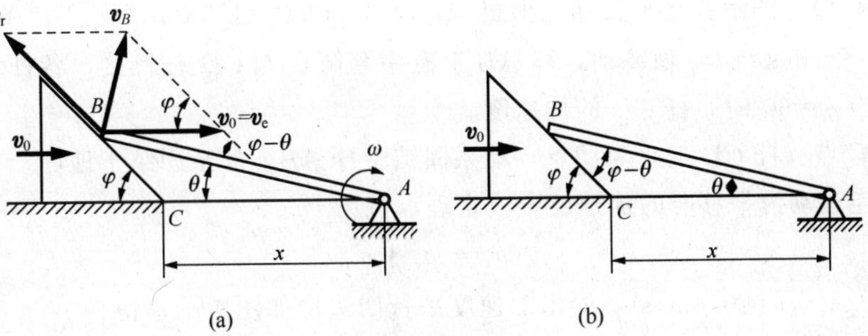

计算题 4.11 图

解 解法一：取点 B（在杆 AB 上）为动点，动系固结于楔块，静系固结于地面。应用速度合成定理，有

$$\boldsymbol{v}_a = \boldsymbol{v}_e + \boldsymbol{v}_r$$

式中：$\boldsymbol{v}_a=\boldsymbol{v}_B$，$\boldsymbol{v}_e=\boldsymbol{v}_0$，绘出速度平行四边形如图（a）所示，得

$$\frac{v_B}{\sin\varphi}=\frac{v_0}{\sin[90°-(\varphi-\theta)]}$$

故

$$\frac{v_0\sin\varphi}{v_B}=\cos(\varphi-\theta) \tag{a}$$

在$\triangle ABC$中，由几何关系，有

$$\frac{x}{\sin(\varphi-\theta)}=\frac{l}{\sin(180°-\varphi)}$$

或

$$\frac{x\sin\varphi}{l}=\sin(\varphi-\theta) \tag{b}$$

联立求解式（a）、（b），得

$$v_B=\frac{lv_0\sin\varphi}{\sqrt{l^2-x^2\sin\varphi}}$$

$$\omega_{AB}=\frac{v_B}{l}=\frac{v_0\sin\varphi}{\sqrt{l^2-x^2\sin^2\varphi}}=\frac{v_0\sin\varphi}{l\cos(\varphi-\theta)}$$

解法二：在$\triangle ABC$中［图（b）］，由正弦定理，有

$$\frac{x}{l}=\frac{\sin(\varphi-\theta)}{\sin(180°-\varphi)}=\frac{\sin(\varphi-\theta)}{\sin\varphi}$$

或

$$x\sin\varphi=l\sin(\varphi-\theta)$$

将上式两边对t求导，得

$$\frac{\mathrm{d}x}{\mathrm{d}t}\sin\varphi=l\cos(\varphi-\theta)\cdot\frac{\mathrm{d}\theta}{\mathrm{d}t}-v_0\sin\varphi=-l\cos(\varphi-\theta)\cdot\omega_{AB}$$

$$\omega_{AB}=\frac{v_0\sin\varphi}{l\cos(\varphi-\theta)}$$

计算题 4.12 图示铰接平行四边形机构，$O_1A=O_2B=100\text{mm}$，$O_1O_2=AB$，杆O_1A以匀角速度$\omega=2\text{rad/s}$绕O_1轴转动，杆AB上有一套筒C与CD杆铰接，各杆均在同一铅垂面内。试求当$\varphi=60°$时，杆CD的加速度。

解 取C点（杆CD上）为动点，动系固结于杆AB，静系固结于地面。

应用牵连运动为平移时的加速度合成定理，有

$$\boldsymbol{a}_\text{a}=\boldsymbol{a}_\text{e}+\boldsymbol{a}_\text{r}$$

式中：$a_\text{e}=O_1A\cdot\omega^2=0.4\text{m/s}^2$，绘出加速度平行四边形如图所示，得

$$a_{CD}=a_\text{a}=a_\text{e}\sin60°=0.34\text{m/s}^2$$

计算题 4.13 小车的运动规律为$x=0.5t^2$（x以m计，t以s计），车上连杆$O'M$在图示平面内绕O'轴转动，其转动规律为$\varphi=\frac{\pi}{3\sqrt{3}}\sin\pi t$（$\varphi$以rad计，$t$以s计）。设连杆$O'M$长为0.6m，试求连杆的端点$M$在$t=\frac{1}{3}$s时的加速度。

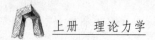

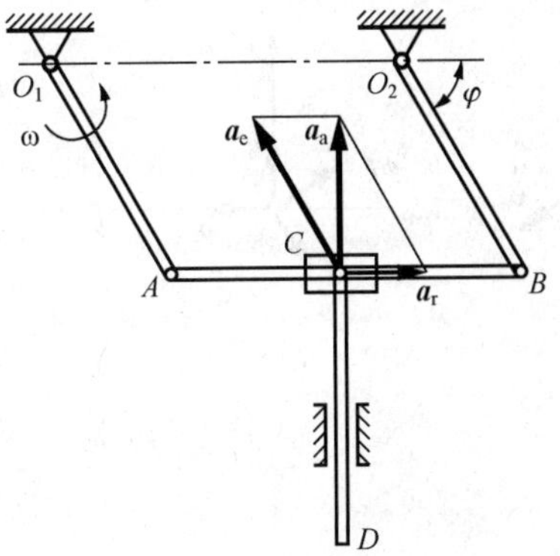

计算题 4.12 图

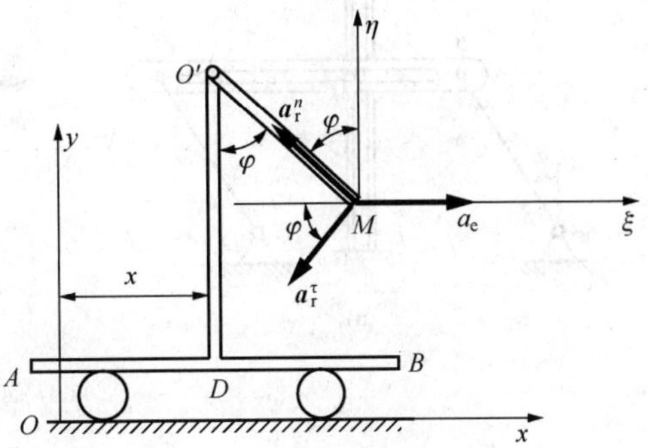

计算题 4.13 图

解　取 M 点为动点，动系固结于小车，静系固结于地面。

应用牵连运动为平移时的加速度合成定理，有

$$\boldsymbol{a}_a = \boldsymbol{a}_e + \boldsymbol{a}_r \tag{a}$$

式中：

$$a_e = \frac{d^2x}{dt^2} = 1\text{m/s}^2$$

连杆 $O'M$ 的角速度和角加速度分别为

$$\omega = \frac{d\varphi}{dt} = \frac{\pi^2}{3\sqrt{3}}\cos\pi t$$

$$\alpha = \frac{d\omega}{dt} = -\frac{\pi^3}{3\sqrt{3}}\sin\pi t$$

当 $t=\frac{1}{3}$s 时，$\varphi=\frac{\pi}{6}$，$\omega=\frac{\pi^2}{6\sqrt{3}}$，$\alpha=-\frac{\pi^3}{6}$。故

$$a_r^\tau = O'M \cdot \alpha = 10\pi^3 \times 10^{-2}\text{m/s}^2$$

$$a_r^n = O'M \cdot \omega^2 = \frac{5}{9}\pi^4 \times 10^{-2}\text{m/s}^2$$

将式（a）分别向 x、y 轴投影，得

$$a_x = a_e - a_r^\tau\cos\frac{\pi}{6} - a_r^n\sin\frac{\pi}{6} = -1.955\text{m/s}^2$$

$$a_y = a_r^n\cos\frac{\pi}{6} - a_r^\tau\sin\frac{\pi}{6} = -1.082\text{m/s}^2$$

故

$$a = \sqrt{a_x^2 + a_y^2} = 2.24\text{m/s}^2$$

计算题 4.14　导槽 BC 与 EF 间有一销子 M。导槽 BC 运动时，带动 M 在固定导槽 EF 内运动，如图（a）所示。已知 $AB=CD=r$，以 $\varphi=\varphi_0\sin\omega t$ 的规律左右摆动。设 $r=200$mm，$\varphi_0=60°$，$\omega=1$rad/s，试求当 $\varphi=30°$时，M 点在导槽 EF 及 BC 中运动的速度与加速度。

解　取销钉 M 为动点，动系固结于 BC 导槽，静系固结于地面。

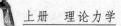

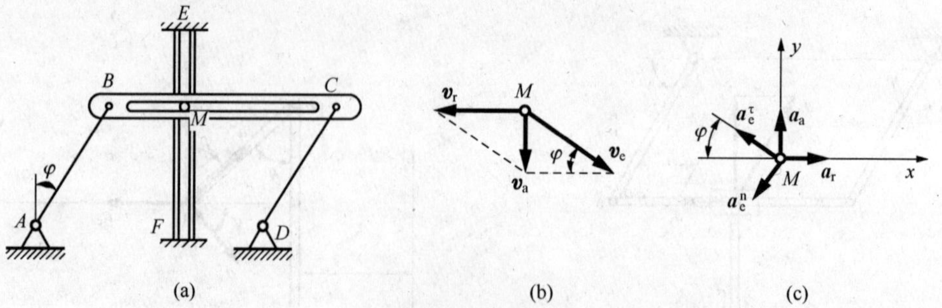

计算题 4.14 图

应用速度合成定理，有

$$\boldsymbol{v}_{\mathrm{a}} = \boldsymbol{v}_{\mathrm{e}} + \boldsymbol{v}_{\mathrm{r}}$$

因

$$\varphi = \varphi_0 \sin\omega t = \frac{\pi}{3}\sin\omega t$$

当 $\varphi=30°$，$\varphi_0=60°$时，$\omega t=60°$。故

$$\frac{\mathrm{d}\varphi}{\mathrm{d}t} = \varphi_0 \omega\cos\omega t = 0.907\mathrm{rad/s}$$

$$v_{\mathrm{e}} = r\frac{\mathrm{d}\varphi}{\mathrm{d}t} = 181.4\mathrm{mm/s}$$

绘出速度平行四边形如图（b）所示，得

$$v_{\mathrm{a}} = v_{\mathrm{e}}\sin\varphi = 90.7\mathrm{mm/s}$$

$$v_{\mathrm{r}} = v_{\mathrm{e}}\cos\varphi = 151.7\mathrm{mm/s}$$

应用牵连运动为平移时的加速度合成定理，有

$$\boldsymbol{a}_{\mathrm{a}} = \boldsymbol{a}_{\mathrm{e}}^{\tau} + \boldsymbol{a}_{\mathrm{e}}^{\mathrm{n}} + \boldsymbol{a}_{\mathrm{r}} \tag{a}$$

因

$$\frac{\mathrm{d}^2\varphi}{\mathrm{d}t^2} = -\varphi_0\omega^2\sin\omega t = -0.524\mathrm{rad/s^2}$$

故

$$a_{\mathrm{e}}^{\tau} = r\frac{\mathrm{d}^2\varphi}{\mathrm{d}t^2} = 104.7\mathrm{mm/s^2}$$

$$a_{\mathrm{e}}^{\mathrm{n}} = r\left(\frac{\mathrm{d}\varphi}{\mathrm{d}t}\right)^2 = 164.5\mathrm{mm/s^2}$$

将式（a）向 x、y 轴投影［图（c）］，得

$$a_{\mathrm{r}} = a_{\mathrm{e}}^{\tau}\cos\varphi + a_{\mathrm{e}}^{\mathrm{n}}\sin\varphi = 172.9\mathrm{mm/s^2}\text{（向右）}$$

$$a_{\mathrm{a}} = a_{\mathrm{e}}^{\tau}\sin\varphi - a_{\mathrm{e}}^{\mathrm{n}}\cos\varphi = -90\mathrm{mm/s^2}\text{（向下）}$$

计算题 4.15　在图（a）所示曲柄滑块机构中，有圆形槽的滑块作直线运动。其中曲柄长 $l=30\mathrm{mm}$，圆形槽半径 $R=25\mathrm{mm}$。在 $\varphi=30°$时，滑块以速度 $v=0.2\mathrm{m/s}$、加速度 $a=1.5\mathrm{m/s^2}$ 向左平移，试求该瞬时曲柄 OP 的角速度和角加速度。

解　取 OP 上销子 P 为动点，动系固结于圆形槽滑块，静系固结于地面。

应用速度合成定理，有

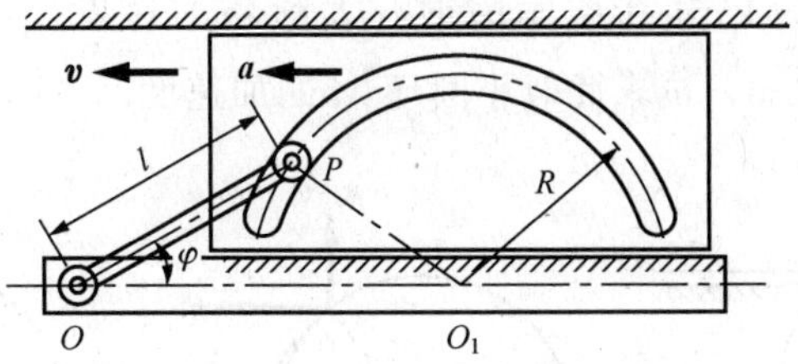

(a)

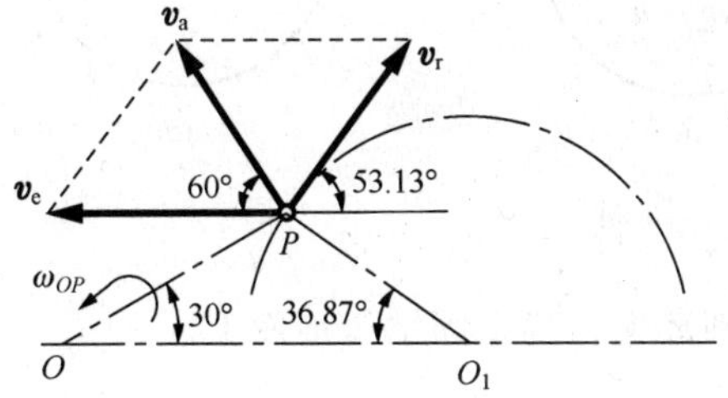

(b)

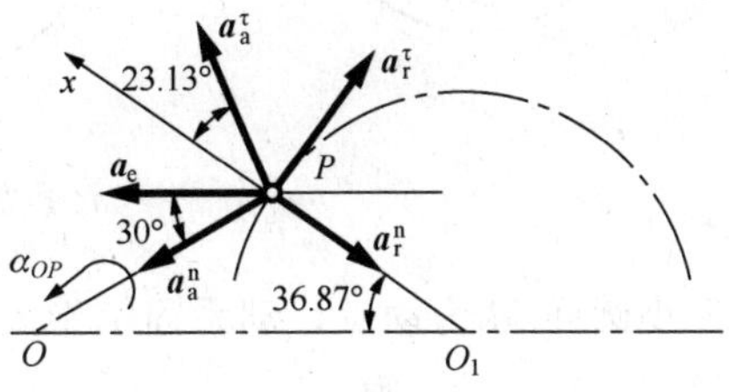

(c)

计算题 4.15 图

$$\boldsymbol{v}_{\mathrm{a}} = \boldsymbol{v}_{\mathrm{e}} + \boldsymbol{v}_{\mathrm{r}}$$

式中：

$$v_{\mathrm{e}} = v = 0.2\mathrm{m/s}, \quad v_{\mathrm{a}} = OP \cdot \omega_{OP} = l\omega_{OP}$$

在$\triangle OPO_1$中，$l\sin 30° = R\sin\angle OO_1P$，故$\angle OO_1P = 36.87°$。

绘出速度平行四边形如图（b）所示，得

$$\frac{v_{\mathrm{a}}}{\sin(90° - 36.87°)} = \frac{v_{\mathrm{e}}}{\sin(180° - 60° - 53.13°)} = \frac{v_{\mathrm{r}}}{\sin 60°}$$

故

$$v_{\mathrm{a}} = 0.174\mathrm{m/s} = l\omega_{OP}, \quad v_{\mathrm{r}} = 0.188\mathrm{m/s}$$

$$\omega_{OP} = 5.8\mathrm{rad/s}$$

应用牵连运动为平移时的加速度合成定理，有

$$\boldsymbol{a}_{\mathrm{a}}^{\tau} + \boldsymbol{a}_{\mathrm{a}}^{\mathrm{n}} = \boldsymbol{a}_{\mathrm{e}} + \boldsymbol{a}_{\mathrm{r}}^{\tau} + \boldsymbol{a}_{\mathrm{r}}^{\mathrm{n}} \tag{a}$$

式中：

$$a_{\mathrm{a}}^{\mathrm{n}} = OP \cdot \omega_{OP}^2 = 1\mathrm{m/s^2}$$

$$a_{\mathrm{r}}^{\mathrm{n}} = \frac{v_{\mathrm{r}}^2}{O_1P} = 1.41\mathrm{m/s^2}$$

$$a_{\mathrm{e}} = a = 1.5\mathrm{m/s^2}$$

将式（a）向x轴投影［图（c）］，得

$$a_{\mathrm{a}}^{\tau} = OP \cdot \alpha_{OP} = -0.656\mathrm{m/s^2}$$

故

$$\alpha_{OP} = \frac{a_{\mathrm{a}}^{\tau}}{OP} = -21.9\mathrm{rad/s^{-2}}$$

计算题 4.16　图（a）所示杆AB固定，大圆环沿垂直于AB的方向向上平移，杆与大

圆环两者以小圆环 M 套连。已知在图示瞬时，大圆环的速度 $v_0=2\text{m/s}$，加速度 $a_0=1\text{m/s}^2$，大圆环的半径 $R=\sqrt{2}\text{m}$，试求此时小圆环 M 的加速度。

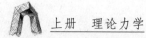

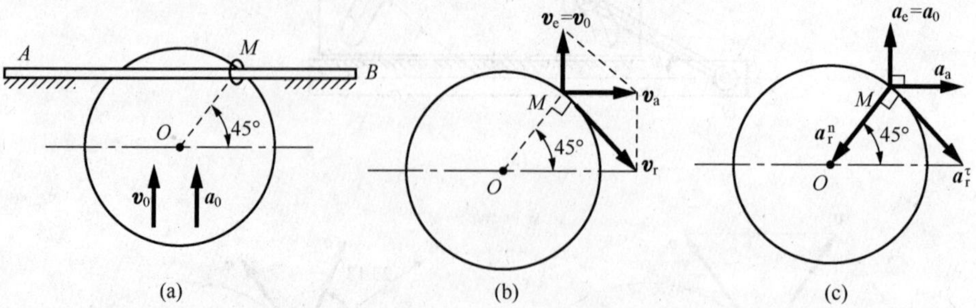

计算题 4.16 图

解 取小圆环 M 为动点，动系固结于大圆环上，静系固结于地面上。

应用速度合成定理，有

$$\boldsymbol{v}_a=\boldsymbol{v}_e+\boldsymbol{v}_r$$

绘出速度平行四边形如图（b）所示，得

$$v_r=\sqrt{2}v_e=\sqrt{2}v_0=2\sqrt{2}\text{m/s}$$

应用牵连运动为平移时的加速度合成定理，有

$$\boldsymbol{a}_a=\boldsymbol{a}_e+\boldsymbol{a}_r^n+\boldsymbol{a}_r^\tau \tag{a}$$

式中：

$$a_e=a_0=1\text{m/s}^2,\quad a_r^n=\frac{v_r^2}{R}=4\sqrt{2}\text{m/s}^2$$

将式（a）在 OM 方向上投影［图（c）］，得

$$a_a\cos45°=a_e\cos45°-a_r^n$$

故

$$a_a=7\text{m/s}^2$$

计算题 4.17 图（a）所示摇杆机构中，杆 AB 以匀速 v 垂直向上运动，通过套筒 A 带动摇杆 OC 绕 O 轴转动，尺寸 l 已知。试求当 $\varphi=\dfrac{\pi}{4}$ 时，摇杆 OC 的角加速度以及套筒 A 在杆 OC 上滑动的相对加速度。

解 取套筒 A 为动点，动系固结于摇杆 OC，静系固结于地面。

应用速度合成定理，绘出速度平行四边形如图（a）所示，得

$$v_e=v_a\cos\varphi=\frac{\sqrt{2}}{2}v$$

$$v_r=v_a\sin\varphi=\frac{\sqrt{2}}{2}v$$

$$\omega_{OC}=\frac{v_e}{\dfrac{l}{\cos\varphi}}=\frac{v}{2l}$$

应用牵连运动为转动时的加速度合成定理，有

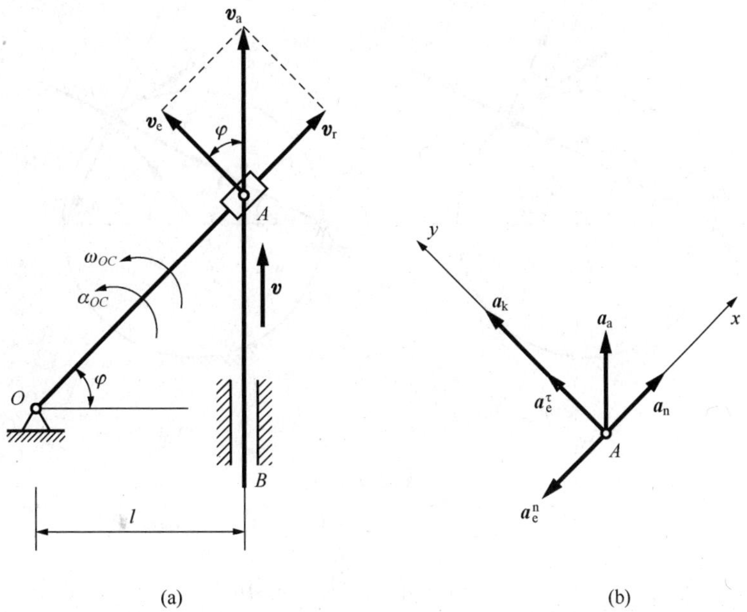

计算题 4.17 图

$$\boldsymbol{a}_a = \boldsymbol{a}_e^\tau + \boldsymbol{a}_e^n + \boldsymbol{a}_r + \boldsymbol{a}_k \tag{a}$$

式中：

$$a_a = 0, \quad a_k = 2\omega_{OC} \cdot v_r = \frac{\sqrt{2}v^2}{2l}, \quad a_e^n = OA \cdot \omega_{OC}^2 = \frac{\sqrt{2}v^2}{4l}$$

将式（a）分别向 x、y 轴投影［图（b）］，得

$$a_r = a_e^n = \frac{\sqrt{2}v^2}{4l}$$

$$a_e^\tau = - a_k = -\frac{\sqrt{2}v^2}{2l}$$

$$\alpha_{OC} = \frac{a_e^\tau}{OA} = -\frac{v^2}{2l^2}$$

计算题 4.18　图（a）所示机构中的小环 M，同时套在半径为 R 的固定圆环和摇杆 OA 上，摇杆 OA 绕 O 轴以等角速度 ω 转动。运动开始时，摇杆 OA 在水平位置。试求当摇杆转过 φ 角时，小环 M 的加速度以及相对于杆 OA 的加速度。

解　取小环 M 为动点，动系固结于杆 OA，静系固结于地面。

应用速度合成定理，绘出速度平行四边形如图（a）所示，可得

$$v_e = \omega \cdot OM = 2R\omega\cos\omega t$$

$$v_a = \frac{v_e}{\cos\varphi} = 2R\omega$$

$$v_r = v_a\sin\varphi = 2R\omega \cdot \sin\omega t$$

应用牵连运动为转动时的加速度合成定理，有

$$\boldsymbol{a}_a^\tau + \boldsymbol{a}_a^n = \boldsymbol{a}_e + \boldsymbol{a}_r + \boldsymbol{a}_k \tag{a}$$

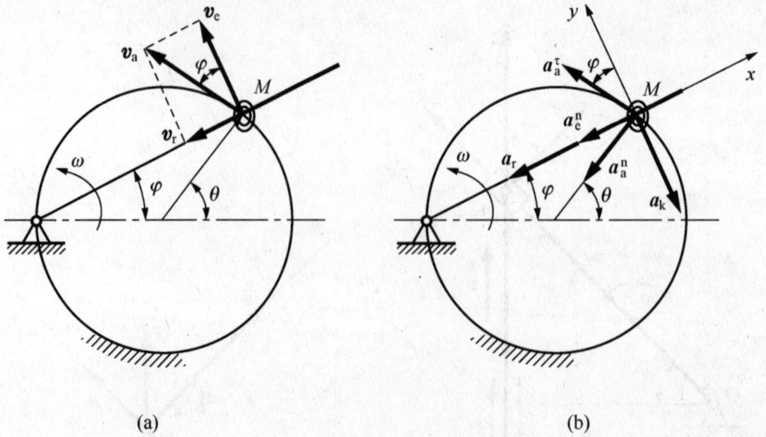

计算题 4.18 图

式中：

$$a_k = 2\omega \cdot v_r = 4R\omega^2 \cdot \sin\omega t$$

$$a_e = a_e^n = OM \cdot \omega^2 = 2R\omega^2 \cdot \cos\omega t$$

$$a_a^n = \frac{v_a^2}{R} = 4R\omega^2$$

$$a_a^\tau = 0$$

$$a = a_a^n = 4R\omega^2$$

将式（a）向 x 轴投影［图（b）］，得

$$a_r = a_a^n \cos\omega t - a_e^n = 2R\omega^2 \cos\omega t$$

计算题 4.19 图（a）所示曲杆 OBC 绕 O 轴转动，使套在其上的小环 M 沿固定直杆 OA 滑动。已知 $OB=100\text{mm}$，OB 与 BC 垂直，曲杆的角速度 $\omega=0.5\text{rad/s}$。试求当 $\varphi=60°$ 时，小环 M 的加速度。

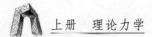

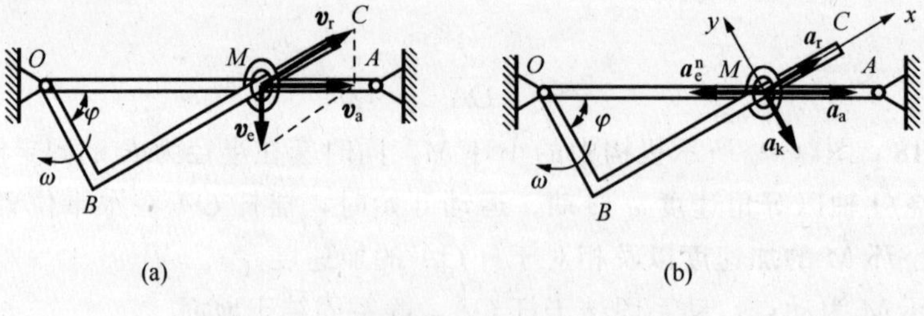

计算题 4.19 图

解 取环 M 为动点，动系固结于杆 OBC，静系固结于地面。

应用速度合成定理，绘出速度平行四边形如图（a）所示，得

$$v_e = OM \cdot \omega = \frac{OB}{\cos\varphi} \cdot \omega = 100\text{mm/s}$$

$$v_r = \frac{v_e}{\sin 30°} = 200\text{mm/s}$$

$$v_M = v_a = v_r \cdot \cos 30° = 173.2\text{mm/s}$$

应用牵连运动为转动时的加速度合成定理，有

$$\boldsymbol{a}_a = \boldsymbol{a}_e + \boldsymbol{a}_r + \boldsymbol{a}_k \tag{a}$$

式中：

$$a_k = 2v_r\omega = 200\text{mm/s}^2$$

$$a_e = a_e^n = OM \cdot \omega^2 = \frac{OB}{\cos\varphi}\omega^2 = 50\text{mm/s}^2$$

将式（a）向 y 轴投影［图（b）］，得

$$a_M = a_a = \frac{(a_k - a_e^n \sin 30°)}{\sin 30°} = 350\text{mm/s}^2$$

计算题 4.20　图（a）所示偏心凸轮，偏心距 $OC=e$，半径 $r=\sqrt{3}e$，以匀角速度 ω_0 绕 O 轴转动，导杆 AB 的 A 端保持与凸轮外廓接触。在图示瞬时 OC 与 CA 成直角，试求此瞬时导杆 AB 的加速度。

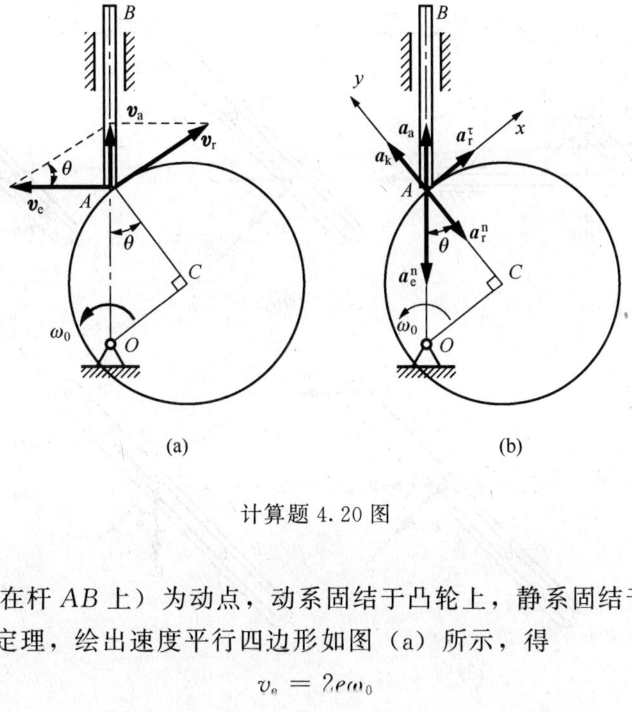

计算题 4.20 图

解　取 A 点（在杆 AB 上）为动点，动系固结于凸轮上，静系固结于地面。

应用速度合成定理，绘出速度平行四边形如图（a）所示，得

$$v_e = 2e\omega_0$$

$$v_r = \frac{v_e}{\cos 30°} = \frac{4}{\sqrt{3}}e\omega_0$$

应用牵连运动为转动时的加速度合成定理，有

$$\boldsymbol{a}_a = \boldsymbol{a}_e^\tau + \boldsymbol{a}_e^n + \boldsymbol{a}_r^\tau + \boldsymbol{a}_r^n + \boldsymbol{a}_k$$

式中：

$$a_e^n = 2e\omega_0^2, \quad a_e^\tau = 0$$

$$a_r^n = \frac{v_r^2}{r} = \frac{16}{3\sqrt{3}}e\omega_0^2$$

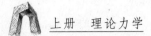

$$a_k = 2\omega_0 v_r = \frac{8}{\sqrt{3}} e\omega_0^2$$

将式（a）向 y 轴投影［图（b）］，得

$$a_a \cos 30^\circ = a_k - a_r^n - a_e^n \cos 30^\circ$$

故

$$a_a = -\frac{2}{9} e\omega_0^2$$

计算题 4.21～计算题 4.39　刚体的平面运动

计算题 4.21　图（a）所示机构中，两平行杆 1 和 2 的速度各为 $v_1 = 0.2\text{m/s}$，$v_2 = 0.4\text{m/s}$，两杆的距离为 $l = 0.5\text{m}$。试求当 $AC = BC$ 且 $\theta = 30°$时，杆 3 的角速度和杆 4 的速度。

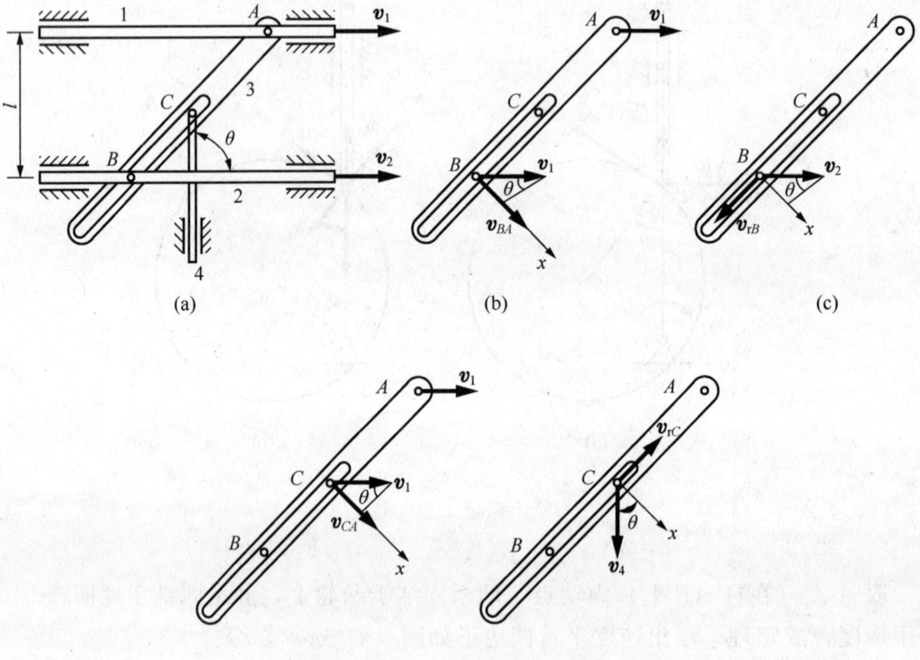

计算题 4.21 图

解　杆 1、2、4 作平移，杆 3 作平面运动。

（1）取 A 点为基点［图（b）］，应用速度合成定理，有

$$\boldsymbol{v}_B = \boldsymbol{v}_1 + \boldsymbol{v}_{BA}$$

式中：

$$v_{BA} = AB \cdot \omega_3$$

将上式向 x 轴上投影，有

$$v_{Bx} = v_1 \sin\theta + AB \cdot \omega_3 \tag{a}$$

取杆 3 上 B 点为动点，动系固结于杆 2 上（图 c），有

$$\boldsymbol{v}_B = \boldsymbol{v}_2 + \boldsymbol{v}_{rB}$$

将上式向 x 轴上投影，有

$$v_{Bx} = v_2 \sin\theta \tag{b}$$

联立求解（a）、（b）式，得

$$\omega_3 = \frac{(v_2 - v_1)\sin\theta}{AB} = 0.1\text{rad/s}$$

（2）再取 A 点为基点［图（d）］，应用速度合成定理，有

$$\boldsymbol{v}_C = \boldsymbol{v}_1 + \boldsymbol{v}_{CA}$$

式中：

$$v_{CA} = CA \cdot \omega_3$$

将上式向 x 轴上投影，有

$$v_{Cx} = v_1 \sin\theta + CA \cdot \omega_3 \tag{c}$$

取杆 3 上 C 点为动点，动系固结于杆 4 上［图（e）］，有

$$\boldsymbol{v}_C = \boldsymbol{v}_4 + \boldsymbol{v}_{r_C}$$

将上式向 x 轴上投影，有

$$v_{Cx} = v_4 \cos\theta \tag{d}$$

联立求解式（c）、（d），得

$$v_4 = 0.173\text{m/s}$$

计算题 4.22　如图所示插齿机传动机构，摇杆上的扇形齿轮带动齿条使插刀 M 上下运动。已知 $OA=r$，OA 的角速度为 ω_0，$BO_1=c$，$O_1D=b$，在图示瞬时，设 θ、β 已知，BO_1D 水平，试求此时 M 点的速度。

解　杆 AB 作平面运动，速度瞬心为 C 点。由图可得

$$BA = \frac{r\sin\beta}{\sin\theta}$$

$$AC = \frac{BA\cos\theta}{\cos\beta} = \frac{r\sin\beta\cos\theta}{\sin\theta\cos\beta}$$

$$BC = \frac{BA\sin(\theta+\beta)}{\sin(90^\circ - \beta)} = \frac{r\sin\beta\sin(\theta+\beta)}{\sin\theta\cos\beta}$$

故

$$v_B = \frac{BC \cdot v_A}{O_2A} = \frac{\omega_0 r\sin(\theta+\beta)}{\cos\theta}$$

$$v_D = \frac{v_B b}{c} = \frac{\omega_0 rb\sin(\theta+\beta)}{c \cdot \cos\theta}$$

$$v_M = v_D = \frac{v_B b}{c} = \frac{\omega_0 rb\sin(\theta+\beta)}{c \cdot \cos\theta}$$

计算题 4.23　图示同心轮 1 和轮 2 绕中心 O 点同向转动，在某一瞬时的角速度分别为 ω_1 和 ω_2，且 $\omega_1 > \omega_2$。另有轮 3 介于两轮之间，接触点处无相对滑动。已知三轮的半径分别为 r_1、r_2、r_3，试求轮 3 的角速度 ω_3。

轮 3 与轮 1、轮 2 的接触点 A、B 的速度分别为

解

$$v_A = r_1\omega_1$$

$$v_B = r_2\omega_2 \text{ 且 } v_A > v_B\text{。}$$

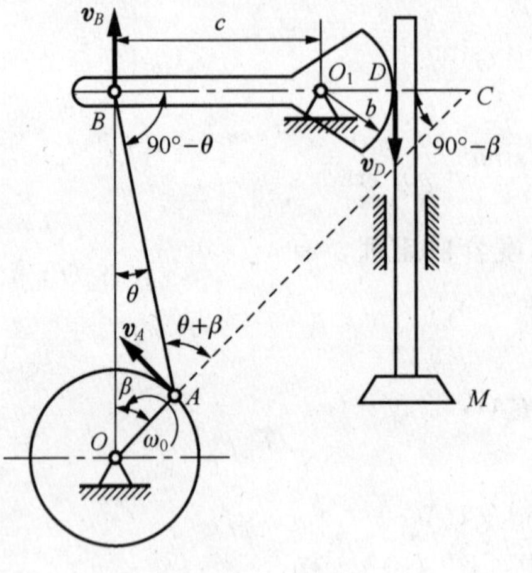

计算题 4.22 图

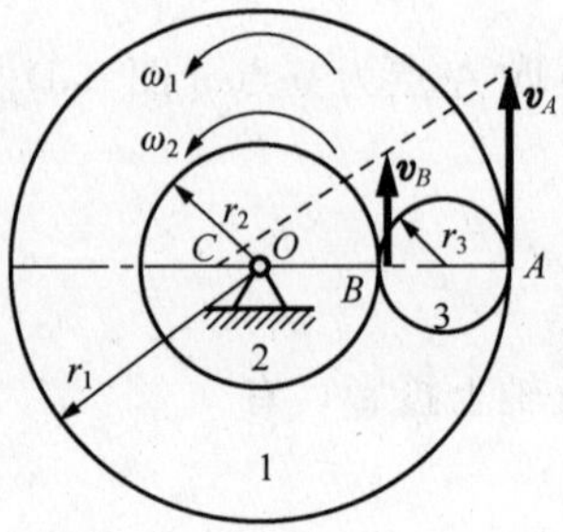

计算题 4.23 图

如图所示，轮 3 的速度瞬心为 C 点，有

$$CB = \frac{CA}{v_A}v_B = \frac{(CB + 2r_3)v_B}{v_A}$$

故

$$CB = \frac{2r_3 v_B}{v_A - v_B}$$

轮 3 的角速度为

$$\omega_3 = \frac{v_B}{CB} = \frac{(v_A - v_B)}{2r_3} = \frac{r_1\omega_1 - r_2\omega_2}{2r_3} \quad \text{（逆时针转动）}$$

计算题 4.24　瓦特行星传动机构如图所示，平衡杆 O_1A 以角速度 $\omega = 6\text{rad/s}$ 绕 O_1 轴转动，连杆 AB 的一端与齿轮 B 固定，一端与 A 点铰接。曲柄 OB 与两齿轮 B 和 O 铰接，使两齿轮互相啮合。已知 $r=0.52\text{m}$，$O_1A=0.75\text{m}$，$AB=1.5\text{m}$，试求在图示瞬时曲柄 OB 和齿轮 O 的角速度。

解　AB 部分作平面运动，速度瞬心为 C 点，如图所示。因

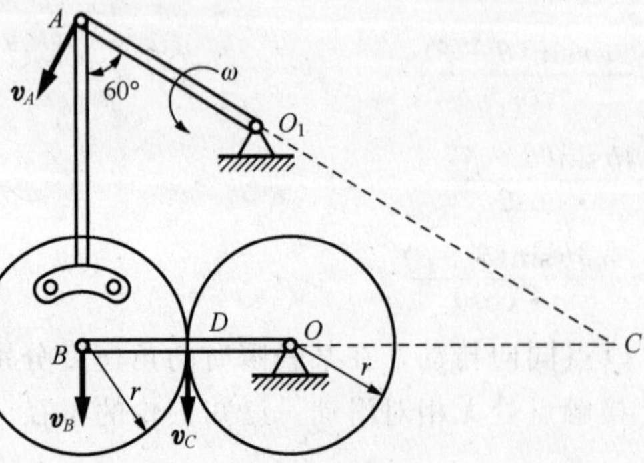

计算题 4.24 图

$$CA = 3.0\text{m}, \quad CB = 2.6\text{m}, \quad CD = 2.08\text{m}$$

$$v_A = O_1A \cdot \omega = 4.5\text{m/s}$$

故

$$v_B = \frac{v_A}{CA} \times CB = 3.9\text{m/s}$$

曲柄 OB 的角速度为

$$\omega_{OB} = \frac{v_B}{OB} = 3.75\text{rad/s}$$

轮 O 的角速度为

$$\omega_O = \frac{v_D}{OD} = \frac{v_A}{CA} \cdot \frac{CD}{OD} = 6.0\text{rad/s}$$

计算题 4.25　图示机构中，滑块以速度 $\boldsymbol{v}_A$ 沿水平直线导轨向右运动，通过导杆 AB 及连杆 BD 带动半径为 r 的滚轮 D 在水平面上作无滑动地滚动，导杆 AB 上的套筒可绕固定轴 O 转动。在图示位置时，OD 线水平，$AO=BO=\frac{l}{2}$，AB 与水平线成 60°角，BD 与 AB 垂直，M 为滚轮边缘上一点，试求此瞬时 M 点的速度。

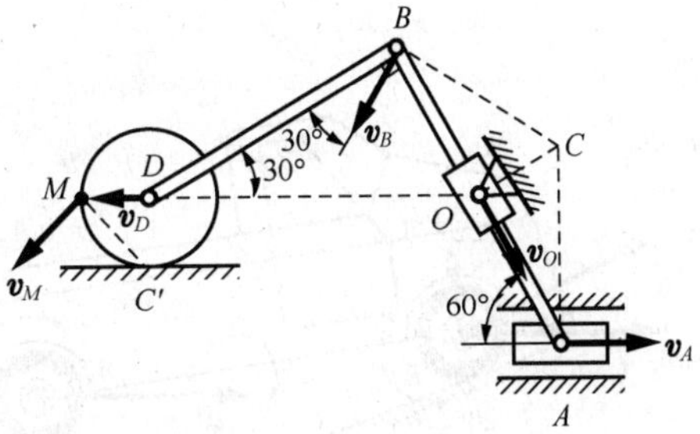

计算题 4.25 图

解　杆 AB 作平面运动，速度瞬心为 C 点，如图所示。B 点的速度为

$$v_B = \frac{BC \cdot v_A}{AC} = v_A$$

v_B 与 BD 成 30°角。杆 BD 作平面运动，应用速度投影定理，有

$$v_B \cos 30° = v_D \cos 30°$$

故

$$v_D = v_B = v_A$$

滚轮作平面运动，速度瞬心为 C' 点，滚轮的角速度为

$$\omega = \frac{v_D}{r} = \frac{v_A}{r}$$

M 点的速度为

$$v_M = C'M \cdot \omega = r\sqrt{2}\,\frac{v_A}{r} = \sqrt{2}v_A \text{（与水平线成 45° 角）}$$

计算题 4.26　直杆 AD 在 A 点与长为 r 的曲柄 OA 铰接，曲柄 OA 绕 O 轴转动的角速度 ω＝常数。杆 AD 穿过可绕固定轴 B 转动的套筒，B 的中心正好位于以 O 为圆心、OA 为半径的圆周上，如图所示。试列出杆 AD 上 D 点的运动方程，并求当 $\varphi=60°$时套筒 B 的角速度 ω_B，设 $AD=3r$。

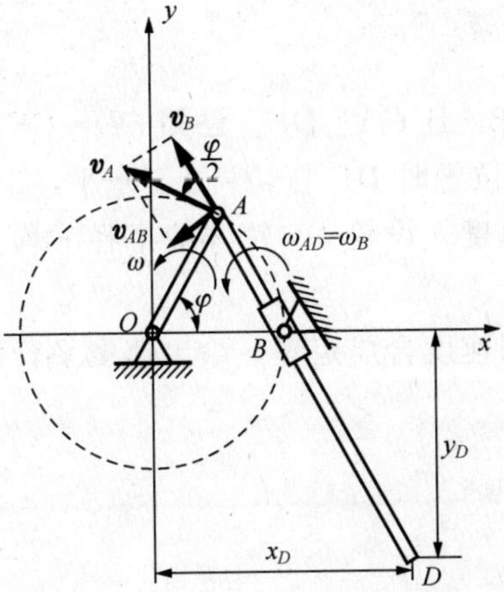

计算题 4.26 图

解　(1) 建立如图所示坐标系，D 点运动方程为

$$x_D = r\cos\varphi + 3r\sin\frac{\varphi}{2}$$

$$y_D = r\sin\varphi - 3r\cos\frac{\varphi}{2}$$

(2) 杆 AD 作平面运动，取 B 点为基点，由速度合成定理，绘出速度平行四边形如图所示。有

$$v_{AB} = \omega_{AD} \cdot AB = \omega_{AD} \cdot 2r\sin\frac{\varphi}{2}$$

又

$$v_{AB} = v_A\cos\left(90° - \frac{\varphi}{2}\right) = r\omega\sin\frac{\varphi}{2}$$

故

$$\omega_{AD}=\frac{\omega}{2}$$

$$\omega_B=\omega_{AD}=\frac{\omega}{2}$$

计算题 4.27　卡车驶上 20°的斜坡，计速仪指出后轮的速度为 $v_A=8\text{km/h}$，前后轮的直径均为 0.9m，都作纯滚动。试求图示位置时前、后轮的角速度 ω_B、ω_A，以及车身的角速度 ω。

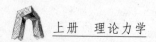

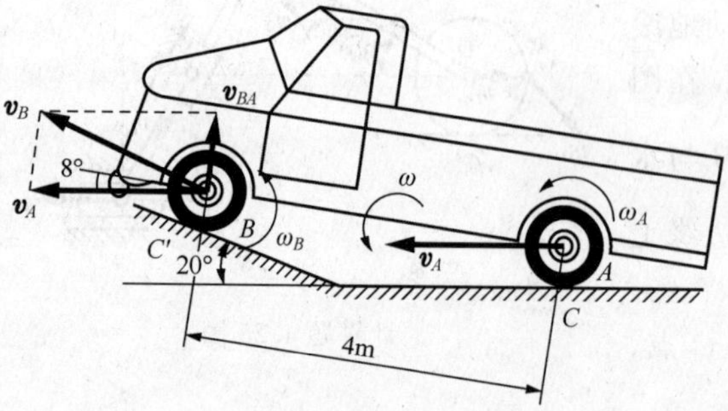

计算题 4.27 图

解　轮 A 作平面运动，C 为速度瞬心，故

$$\omega_A=\frac{v_A}{R}=4.94\text{rad/s}$$

如图所示，车身作平面运动，取 A 点为基点，应用速度合成定理，绘出速度平行四边形，有

$$\frac{v_{BA}}{\sin 20^\circ}=\frac{v_A}{\sin 78^\circ}$$

故

$$v_{BA}=v_A\frac{\sin 20^\circ}{\sin 78^\circ}=0.78\text{m/s}$$

$$\omega=\frac{v_{BA}}{4}=0.195\text{rad/s}$$

另有

$$\frac{v_B}{\sin 82^\circ}=\frac{v_A}{\sin 78^\circ}$$

故

$$v_B=v_A\frac{\sin 82^\circ}{\sin 78^\circ}=2.25\text{m/s}$$

$$\omega_B=\frac{v_B}{R}=5\text{rad/s}$$

计算题 4.28　如图所示机构中，$DCEA$ 为 T 字形摇杆，且 $CA\perp DE$。已知 $CD=CE=0.25\text{m}$，$OA=0.20\text{m}$，曲柄 OA 的转速 $n=70\text{r/min}$，图示位置时 DF 与 EG 处于水平，$\varphi=90^\circ$和 $\theta=30^\circ$，试求 F、G 两点的速度和轮 1、轮 2 的角速度。设轮 1、轮 2 的半径 r 均为 100mm，可沿水平面作纯滚动。

解　取滑块 A 为动点，动系固结于 T 形摇杆上，应用速度合成定理，绘出速度平行四边形如图所示，有

$$v_a=v_A=OA\cdot\omega=\frac{1.4}{3}\pi\text{m/s}$$

$$v_e=v_a\sin\theta=\frac{0.7}{3}\pi\text{m/s}$$

因

$$v_e = AC \cdot \omega_1$$

故

$$\omega_1 = \frac{v_e}{AC} = \frac{v_e}{\dfrac{OA}{\sin\theta}} = \frac{7\pi}{12}\text{rad/s} \quad（逆时针方向）$$

T 形摇杆上 D、E 点的速度为

$$v_D = v_E = CD \cdot \omega_1 = \frac{1.75\pi}{12}\text{m/s}$$

杆 DF 作平面运动，应用速度投影定理，有

$$v_F = v_D\cos\theta = 0.397\text{m/s} \quad（向左）$$

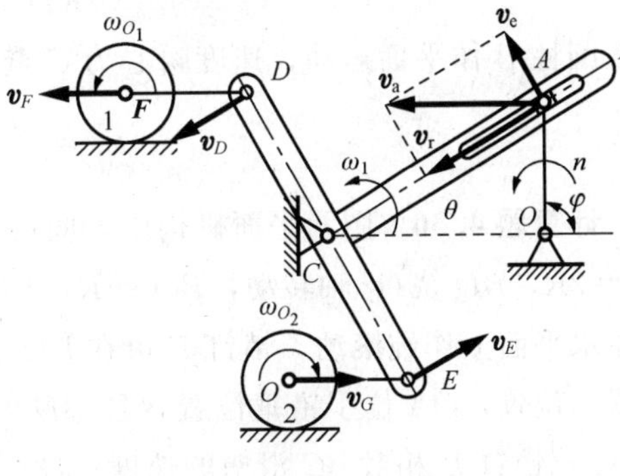

计算题 4.28 图

故轮 1 的角速度为

$$\omega_{O_1} = \frac{v_F}{r_1} = 3.97\text{rad/s} \quad（逆时针方向）$$

杆 EG 作平面运动，应用速度合成定理，有

$$v_G = v_E\cos\theta = 0.397\text{m/s} \quad（向右）$$

故轮 2 的角速度为

$$\omega_{O_2} = \frac{v_G}{r_2} = 3.97\text{rad/s} \quad（顺时针方向）$$

计算题 4.29 图示机构由杆 OA 与圆柱 B 组成，杆 OA 长 l，绕固定轴 O 作匀速转动，其角速度 $\omega=2\text{rad/s}$，圆柱沿水平面作纯滚动，圆柱半径 $R=0.2\text{m}$。试求当 $\theta=30°$时圆柱的角速度。

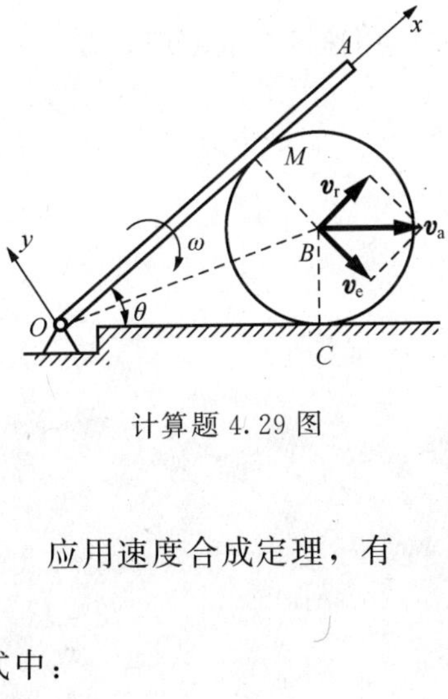

计算题 4.29 图

解 本机构若取杆 OA 与圆柱接触点为动点，其相对轨迹不明显。但由于机构运动时，圆柱始终与杆 OA 相切，圆柱中心 B 到杆 OA 的距离恒为半径 R。所以取 B 为动点，动系固结于杆 OA，B 点的相对轨迹为平行于 OA 的一条直线，圆柱中心的绝对轨迹是与水平面平行的直线。

应用速度合成定理，有

$$\boldsymbol{v}_a - \boldsymbol{v}_e + \boldsymbol{v}_r \tag{a}$$

式中：

$$v_e = OB \cdot \omega = \frac{R\omega}{\sin 15°}$$

将式 (a) 向 y 轴投影，有

$$-v_a\cos 60° = -v_e\cos 15°$$

即

$$\frac{1}{2}v_a = \frac{R\omega}{\sin 15°}\cos 15°$$

故

$$v_a = 2R\omega\cot 15^\circ = 29.86\text{mm/s}$$

圆柱 B 作平面运动，速度瞬心为 C 点。圆柱的角速度为

$$\omega_1 = \frac{v_a}{R} = 14.93\text{rad/s}$$

计算题 4.30　图示平面机构中，曲柄长 $OA=R$，以匀角速度 ω_O 绕 O 轴转动，连杆长 $AB=2R$，BD 绕 O_1 轴转动，$BO_1=R$，BD 绕 O_1 转动时，通过固结在轮心的销钉 E 带动轮子在水平面上作纯滚动，销钉 E 可在 BD 上的滑槽内滑动。已知 $EO_1=2R$，轮子半径为 r，在图示位置，OA 位于铅垂位置，且 $BD/\!/OA$，试求在图示位置：(1) 轮子转动的角速度 ω；(2) 销钉 E 相对 BC 滑槽的速度；(3) 轮缘上一点 M（EM 水平）的速度 v_M。

解　A 点的速度为

$$v_A = OA \cdot \omega_0 = R\omega_0$$

由 $\boldsymbol{v}_A$、$\boldsymbol{v}_B$ 的方向知杆 AB 作瞬时平移，有

$$v_B = v_A = R \cdot \omega_0$$

故

$$\omega_{O_1B} = \frac{v_B}{O_1B} = \omega_0$$

BD 上 E 点的速度为

$$v_{E'} = O_1E \cdot \omega_0 = 2R\omega_0$$

取钉子 E 为动点，动系固结于杆 BD，静系固结于地面。应用速度合成定理，有

$$\boldsymbol{v}_a = \boldsymbol{v}_e + \boldsymbol{v}_r$$

式中：

$$v_a = v_{\text{圆盘上的}E} = r \cdot \omega$$

$$v_e = v_{BD\text{上的}E} = v_{E'} = 2R\omega_0$$

因

$$\boldsymbol{v}_a /\!/ \boldsymbol{v}_e$$

而

$$\boldsymbol{v}_r \perp \boldsymbol{v}_e$$

故

$$v_r = 0$$

$$v_a = v_e$$

轮作平面运动，速度瞬心为 C 点，有

$$\omega = \frac{v_a}{r} = \frac{2R\omega_0}{r}\text{（顺时针方向）}$$

M 点的速度为

$$v_M = CM \cdot \omega = 2\sqrt{2}R\omega_0$$

计算题 4.31　图示机构中，杆 O_1A 及 O_2B 各以角速度 ω_1 和 ω_2 转动，$O_1A=\sqrt{3}\,b$，$O_2B=b$。在图示瞬时，O_1A 铅垂，AC 和 O_2B 位于水平，试求该瞬时 C 点的速度。

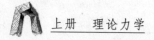

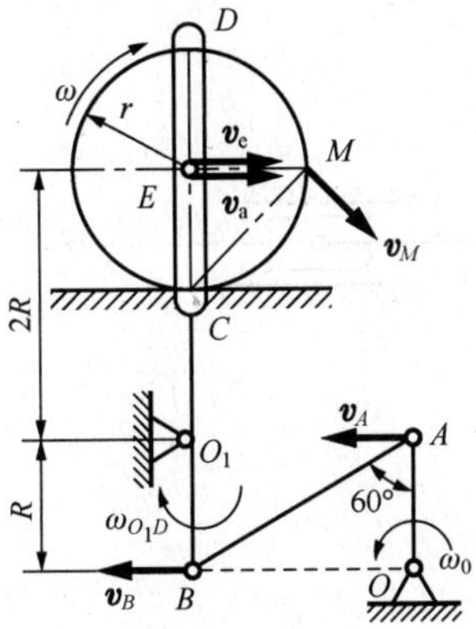

计算题 4.30 图

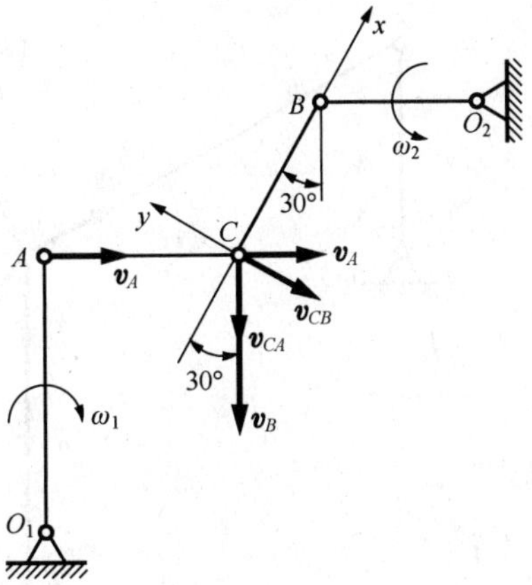

计算题 4.31 图

解　杆 AC、BC 作平面运动，分别取 A、B 为基点，应用速度合成定理，有

$$\boldsymbol{v}_C=\boldsymbol{v}_A+\boldsymbol{v}_{CA}$$

$$\boldsymbol{v}_C=\boldsymbol{v}_B+\boldsymbol{v}_{CB}$$

由上两式可得

$$\boldsymbol{v}_A+\boldsymbol{v}_{CA}=\boldsymbol{v}_B+\boldsymbol{v}_{CB}$$

将上式向 x 轴投影，得

$$v_A\cos 60^\circ-v_{CA}\cos 30^\circ=-v_B\cos 30^\circ$$

式中：

$$v_A=\sqrt{3}b\omega_1,\quad v_B=b\omega_2$$

故

$$v_{CA}=b(\omega_2+\omega_1)$$

由图可得

$$v_C=\sqrt{v_A^2+v_{CA}^2}=b\sqrt{4\omega_1^2+\omega_2^2+2\omega_1\omega_2}$$

计算题 4.32　图示机构中，曲柄 OA 长 $r=0.2\text{m}$，连杆 AB 长 $l=1.2\text{m}$，摇杆 O_1B 长 $l_1=1\text{m}$，连杆 BC 长 $l_2=1\text{m}$。在图示瞬时，曲柄的角速度 $\omega_0=10\text{rad/s}$，角加速度 $\alpha_0=5\text{rad/s}^2$，OA 及 O_1B 恰在铅垂位置，试求此时 B 点和 C 点的速度和加速度。

解　如图所示，杆 AB 作瞬时平移，杆 BC 也作瞬时平移，有

$$v_C=v_B=v_A=\omega_0 r=2\text{m/s}$$

应用加速度合成定理，有

$$\boldsymbol{a}_B^{\text{n}}+\boldsymbol{a}_B^{\tau}=\boldsymbol{a}_A^{\text{n}}+\boldsymbol{a}_A^{\tau}+\boldsymbol{a}_{BA}^{\tau}+\boldsymbol{a}_{BA}^{\text{n}}\tag{a}$$

式中：

$$a_A^{\text{n}}=\omega_0^2 r=20\text{m/s}^2$$

$$a_A^{\tau}=\alpha_0 r=1\text{m/s}^2$$

$$a_{BA}^{\text{n}}=0$$

$$\omega_{O_1B}=\frac{v_B}{l_1}=2\text{rad/s}$$

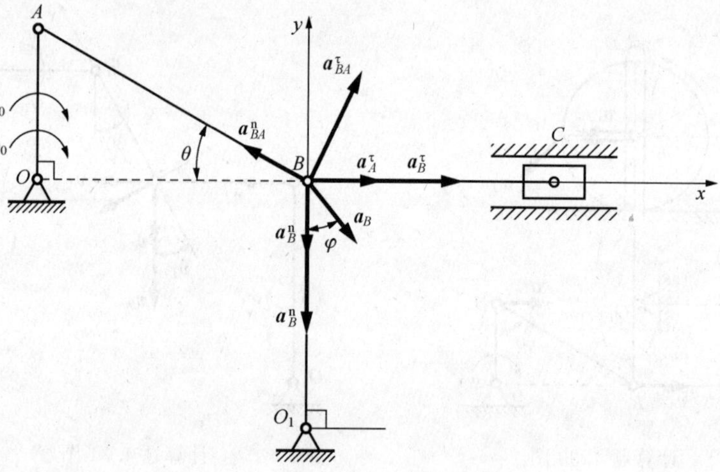

计算题 4.32 图

$$a_B^n = \omega_{O_1B}^2 \cdot l_1 = 4\text{m/s}^2$$

将式（a）在 y 轴上投影，得

$$a_{BA}^{\tau} = 16.22\text{m/s}^2$$

将式（a）在 x 轴上投影，得

$$a_B^{\tau} = 3.70\text{m/s}^2 \quad (\text{向右})$$

故

$$a_B = \sqrt{(a_B^{\tau})^2 + (a_B^n)^2} = 5.45\text{m/s}^2, \quad \varphi = 42.8^\circ \quad (\text{向右下})$$

$$a_C = a_B^{\tau} = 3.70\text{m/s}^2 \quad (\text{向右})$$

计算题 4.33　图（a）所示平面机构中，曲柄 OA 以匀角速度 $\omega_0 = 2\text{rad/s}$ 绕 O 轴转动，带动杆 AC 在套筒 B 内滑动，套管 B 及与其刚性连接的杆 BD 又可绕固定铰链支座 B 转动。已知 $OA = BD = 0.3\text{m}$，$OB = 0.4\text{m}$，$DB \perp AC$，试求 D 点的加速度。

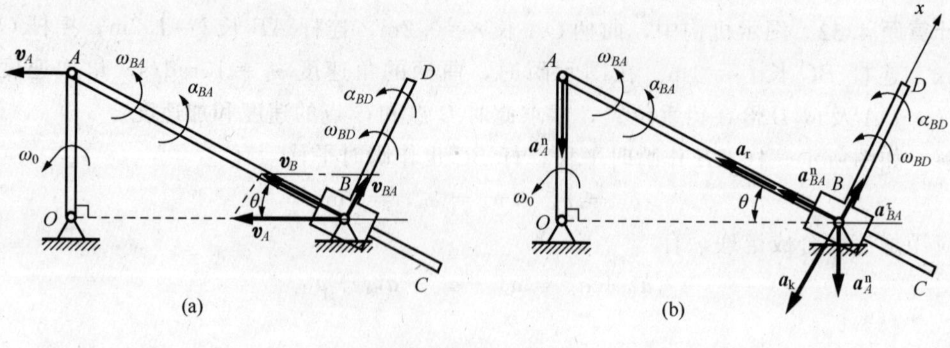

计算题 4.33 图

解　杆 AB 作平面运动，取 A 点为基点，应用速度合成定理，作速度平行四边形［图(a)］，有

$$v_A = OA \cdot \omega_0 = 0.6\text{m/s}$$

$$v_{BA}=v_A\sin\theta=0.36\text{m/s}$$

$$\omega_{BD}=\omega_{BA}=\frac{v_{BA}}{AB}=0.72\text{rad/s}$$

取杆 AC 上与 BD 接触点为动点，动系固结于 BD 套管，静系固结于地面。应用牵连运动为转动时的加速度合成定理［图（b）］，有

$$\boldsymbol{a}_B=\boldsymbol{a}_{\mathrm{e}}+\boldsymbol{a}_{\mathrm{r}}+\boldsymbol{a}_{\mathrm{k}} \tag{a}$$

式中：

$$v_{\mathrm{r}}=v_B=v_A\cos\theta=0.48\text{m/s}$$

$$a_{\mathrm{k}}=2\omega_{BA}v_{\mathrm{r}}=0.69\text{m/s}^2$$

$$a_{\mathrm{e}}=0$$

取 A 点为基点，应用加速度合成定理［图（b）］，有

$$\boldsymbol{a}_B=\boldsymbol{a}_A+\boldsymbol{a}_{BA}^{\tau}+\boldsymbol{a}_{BA}^{\mathrm{n}} \tag{b}$$

式中：

$$a_A=a_A^{\mathrm{n}}=OA\cdot\omega_0^2=1.2\text{m/s}^2$$

由式（a）、（b），得

$$\boldsymbol{a}_A+\boldsymbol{a}_{BA}^{\tau}+\boldsymbol{a}_{BA}^{\mathrm{n}}=\boldsymbol{a}_{\mathrm{e}}+\boldsymbol{a}_{\mathrm{r}}+\boldsymbol{a}_{\mathrm{k}} \tag{c}$$

将式（c）向 x 轴投影［图（b）］，得

$$a_{BA}^{\tau}=a_A^{\mathrm{n}}\cos\theta-a_{\mathrm{k}}=0.27\text{m/s}^2$$

$$\alpha_{BD}=\alpha_{BA}=\frac{a_{BA}^{\tau}}{AB}=0.54\text{rad/s}^2$$

$$a_D^{\tau}=BD\cdot\alpha_{BD}=0.16\text{m/s}^2$$

$$a_D^{\mathrm{n}}=BD\cdot\omega_{BD}^2=0.16\text{m/s}^2$$

$$a_D=0.22\text{m/s}^2$$

计算题 4.34　曲柄 AB 以匀角速度 $\omega=3\text{rad/s}$ 绕 A 轴逆时针方向转动，连杆 BD 的一端 D 保持与圆弧轨道接触，如图（a）所示。已知 $AB=0.15\text{m}$，$BD=0.3\text{m}$，$r=0.2\text{m}$，滚子 D 的半径忽略不计。在图示位置时 BD 铅垂，试求此时杆 BD 的角速度和角加速度。

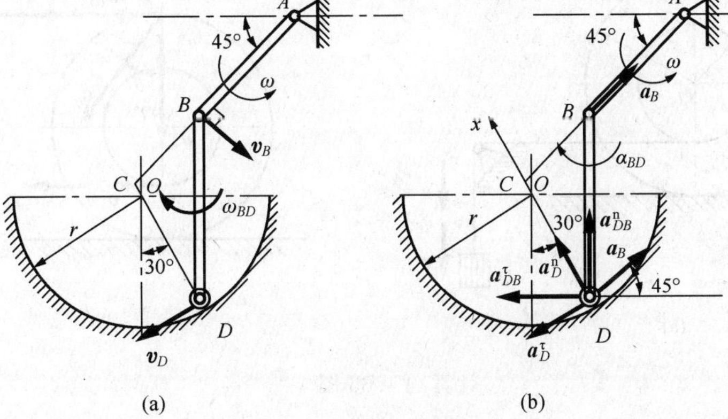

计算题 4.34 图

解　如图（a）所示，杆 BD 作平面运动，速度瞬心为 C 点。

$$v_B = AB \cdot \omega = 0.45\text{m/s}$$

由几何关系，有

$$\angle CDB = 30°,\quad \angle CBD = 45°$$

$$\frac{BC}{\sin30°} = \frac{CD}{\sin45°} = \frac{BD}{\sin(180° - 75°)}$$

故

$$CB = 0.16\text{m},\quad CD = 0.22\text{m}$$

$$\omega_{BD} = \frac{v_B}{BC} = 2.9\text{rad/s(顺时针)}$$

$$v_D = \omega_{BD} \cdot CD = 0.64\text{m/s(垂直于 }CD\text{)}$$

取 B 点为基点，应用加速度合成定理［图（b）］，有

$$a_D^\tau + a_D^n = a_B + a_{DB}^\tau + a_{DB}^n \tag{a}$$

式中：

$$a_D^n = \frac{v_D^2}{OD} = 2.03\text{m/s}^2$$

$$a_B = AB \cdot \omega^2 = 1.35\text{m/s}^2$$

$$a_{DB}^n = BD \cdot \omega_{BD}^2 = 2.52\text{m/s}^2$$

将式（a）向 x 轴投影［图（b）］，得

$$a_{DB}^\tau = \frac{1}{\cos60°}(a_D^n - a_B\cos75° - a_{DB}^n\cos30°) = -1.01\text{m/s}^2$$

所以

$$\alpha_{BD} = \frac{a_{DB}^\tau}{BD} = -3.38\text{rad/s}^2\text{(逆时针)}$$

计算题 4.35　卷筒沿水平面滚而不滑，绳和重物 M 装置如图（a）所示。已知 M 的速度为 $\boldsymbol{v}$，加速度为 $\boldsymbol{a}$，试求卷筒铅垂直径上端点 B 的加速度。

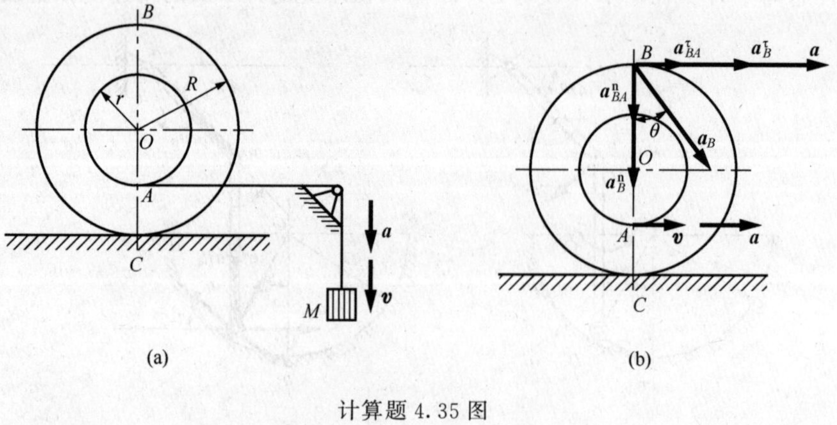

计算题 4.35 图

解　轮作平面运动，速度瞬心为 C 点，有

$$\omega = \frac{v}{R - r}$$

$$\alpha = \frac{\mathrm{d}\omega}{\mathrm{d}t} = \frac{a}{R - r}$$

取 A 点为基点，应用加速度合成定理，有

$$\boldsymbol{a}_B^\tau + \boldsymbol{a}_B^n = \boldsymbol{a} + \boldsymbol{a}_{BA}^\tau + \boldsymbol{a}_{BA}^n \tag{a}$$

式中：

$$a_B^n = \omega^2 \cdot (R + r) = \frac{v^2(R + r)}{(R - r)^2}$$

$$a_{BA}^\tau = \alpha \cdot (R + r) = \frac{a(R + r)}{R - r}$$

将式（a）向水平方向投影，得

$$a_B^\tau = a + a_{BA}^\tau = \frac{2Ra}{R - r}$$

所以

$$a_B = \sqrt{(a_B^n)^2 + (a_B^\tau)^2}$$

$$= \frac{1}{(R - r)^2}\sqrt{v^4(R + r)^2 + 4a^2R^2(R - r)^2}$$

$$\theta = \arctan\left[\frac{2aR(R - r)}{v^2(R + r)}\right]$$

计算题 4.36　机构如图（a）所示，曲柄 OA 长为 r，杆 AB 长为 a，杆 BO_1 长为 b，圆轮半径为 R，OA 以匀角速度 ω_0 绕 O 轴转动。若 $\theta = 45°$，β 为已知，试求 O_1 点的加速度、圆轮的角速度及角加速度。

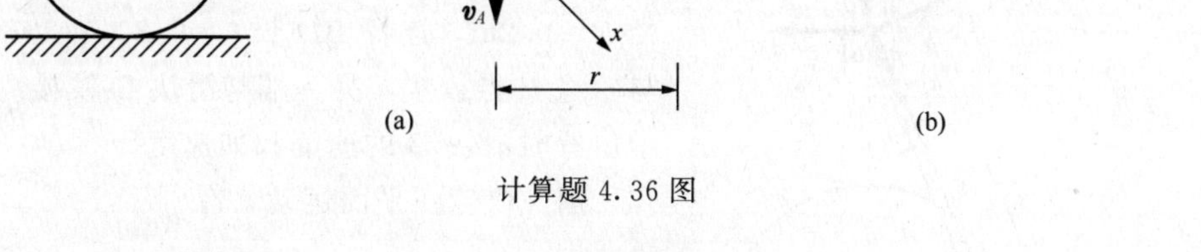

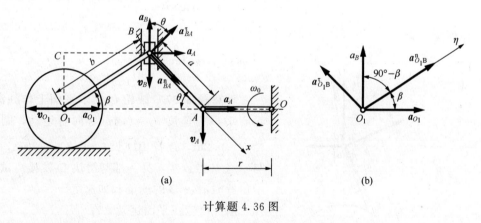

计算题 4.36 图

解　（1）求圆轮的加速度。因杆 AB 作瞬时平移，故

$$v_B = v_A = r\omega_0$$

C 点为杆 O_1B 的速度瞬心［图（a）］，有

$$\frac{v_{O_1}}{v_B} = \frac{CO_1}{BC} = \frac{b\sin\beta}{b\cos\beta}$$

故

$$v_{O_1} = r\omega_0 \tan\beta$$

圆轮的角速度为

$$\omega_{O_1} = \frac{v_{O_1}}{R} = \frac{r\omega_0}{R}\tan\beta$$

（2）求圆轮的角加速度。取 A 点为基点，应用加速度合成定理，有

$$\boldsymbol{a}_B = \boldsymbol{a}_A + \boldsymbol{a}_{BA}^{\tau} + \boldsymbol{a}_{BA}^{n}$$

式中：$a_{BA}^{n}=0$。将上式向 x 轴投影［图（a）］，得

$$-a_B\sin\theta = a_A\cos\theta + 0$$

故

$$a_B = -r\omega_0^2\cot\theta$$

再取 B 点为基点，应用加速度合成定理，有

$$\boldsymbol{a}_{O_1} = \boldsymbol{a}_B + \boldsymbol{a}_{O_1B}^{n} + \boldsymbol{a}_{O_1B}^{\tau}$$

式中：

$$a_{O_1B}^{n} = b\omega_{O_1B}^2 = b\left(\frac{v_A}{BP}\right)^2 = \frac{r^2\omega_0^2}{b\cos^2\beta}$$

将上式向 η 轴投影［图（b）］，得

$$a_{O_1}\cos\beta = a_{O_1B}^{n} + a_B\cos(90° - \beta)$$

或

$$a_{O_1}\cos\beta = \frac{r^2\omega_0^2}{b\cos^2\beta} - r\omega_0^2\sin\beta\cot\theta$$

故

$$a_{O_1} = \frac{r^2\omega_0^2}{b\cos^3\beta} - r\omega_0^2\tan\beta\cot\theta$$

圆轮的角加速度为

$$\alpha_{O_1} = \frac{a_{O_1}}{R} = \frac{r^2\omega_0^2}{Rb\cos^3\beta} - \frac{r\omega_0^2\tan\beta\cot\theta}{R}$$

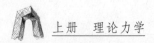

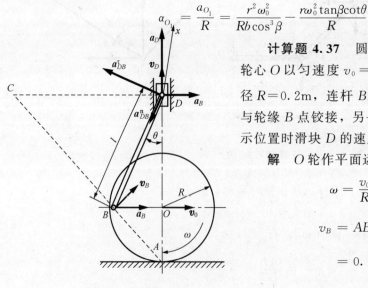

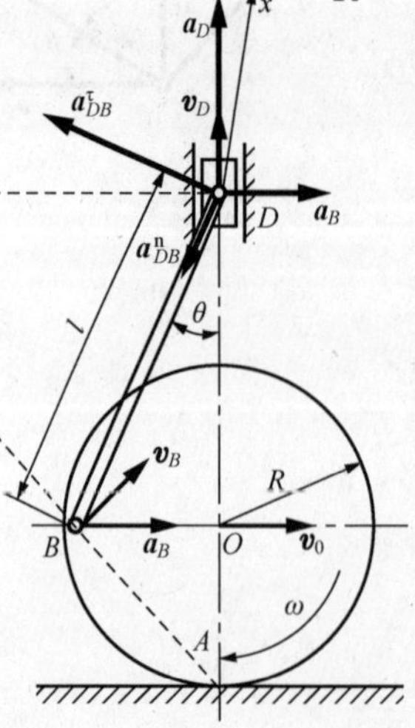

计算题 4.37 图

计算题 4.37 圆轮 O 在水平面上作纯滚动，轮心 O 以匀速度 $v_0=0.1\text{m/s}$ 向右运动，圆轮半径 $R=0.2\text{m}$，连杆 BD 长 $l=0.2\times\sqrt{26}\text{m}$，一端与轮缘 B 点铰接，另一端与滑块 D 铰接。试求图示位置时滑块 D 的速度和加速度。

解 O 轮作平面运动，有

$$\omega = \frac{v_0}{R} = 0.5\text{rad/s}$$

$$v_B = AB\cdot\omega = \sqrt{2}R\,\frac{v_0}{R}$$

$$= 0.1\times\sqrt{2}\text{m/s}$$

$$\alpha = \frac{a_0}{R} = 0$$

取 O 点为基点，应用加速度合成定理，有

$$\boldsymbol{a}_B=\boldsymbol{a}_O+\boldsymbol{a}_{BO}^{\tau}+\boldsymbol{a}_{BO}^{n}$$

式中：

$$a_O=0$$

$$a_{BO}^{\tau}=R\alpha=0$$

故

$$a_B=a_{BO}^{n}=R\omega^2=0.05\text{m/s}^2$$

杆 BD 作平面运动，速度瞬心为 C 点，由几何关系有

$$OD=1\text{m},\quad CD=AD=1.2\text{m},\quad BC=\sqrt{2}\text{m}$$

故

$$\omega_{BD}=\frac{v_B}{BC}=0.1\text{rad/s}$$

$$v_D=\frac{CD}{BC}\cdot v_B=0.12\text{m/s}$$

再取 B 点为基点，应用加速度合成定理，有

$$\boldsymbol{a}_D=\boldsymbol{a}_B+\boldsymbol{a}_{DB}^{\tau}+\boldsymbol{a}_{DB}^{n} \tag{a}$$

式中：

$$a_{DB}^{n}=BD\cdot\omega_{BD}^2=0.01\text{m/s}^2$$

将式（a）向 x 轴投影，得

$$a_D\cos\theta=a_B\sin\theta-a_{DB}^{n}$$

故

$$a_D=a_D\tan\theta-a_{DB}^{n}\frac{1}{\cos\theta}=-0.0004\text{m/s}^2\quad（方向向下）$$

计算题 4.38　图（a）所示开槽圆盘以匀角速度 ω_1 绕 O' 轴逆时针转动，曲柄 OA 长为 r，以匀角速度 ω_2 绕 O 轴逆时针转动，通过连杆 AB 带动滑块 B 沿槽运动。已知 $\omega_2>\omega_1$，O、O'、A、B 均为铰链，滑槽中线距转轴 O' 的距离 $h=r$，$AB=OO'=l$，试求图示位置时滑块 B 的速度与加速度。

解　（1）求 B 点的速度。杆 AB 作瞬时平移［图（b）］，有

$$\omega_{AB}=0$$

$$v_B=v_A=r\omega_2$$

取 B 点为动点，动系固结于圆盘，应用速度合成定理，有

$$\boldsymbol{v}_B=\boldsymbol{v}_e+\boldsymbol{v}_r$$

将上式向水平方向投影［图（c）］，得

$$r\omega_2=r\omega_1+v_r$$

故

$$v_r=r(\omega_2-\omega_1)\quad（方向向左）$$

（2）求 B 点的加速度。取 A 点为基点，应用加速度合成定理［图（d）］，有

$$\boldsymbol{a}_B=\boldsymbol{a}_A+\boldsymbol{a}_{BA}^{n}+\boldsymbol{a}_{BA}^{\tau}$$

式中：

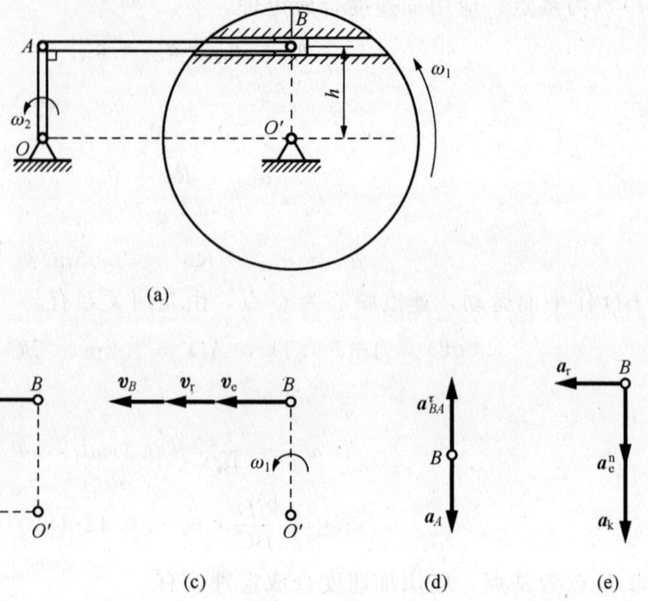

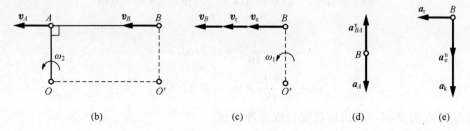

计算题 4.38 图

$$a_A = r\omega_2^2$$

$$a_{BA}^{n} = l \cdot \omega_{AB}^2 = 0$$

$$a_{BA}^{\tau} = l \cdot \alpha_{AB}$$

取 B 点为动点，动系固结于圆盘，B 点的加速度为［图（e）］

$$\boldsymbol{a}_B = \boldsymbol{a}_e^n + \boldsymbol{a}_e^\tau + \boldsymbol{a}_r + \boldsymbol{a}_k$$

式中：

$$a_e^\tau = 0$$

$$a_e = a_e^n = r\omega_1^2$$

a_r 大小未知，方向沿直槽

$$a_k = 2\omega_1 \cdot v_r = 2\omega_1 r(\omega_2 - \omega_1)$$

对比（d）、（e）两图，得

$$a_r = 0$$

故

$$a_B = a_e^n + a_k = r\omega_1^2 + 2r\omega_1(\omega_2 - \omega_1) = r\omega_1(2\omega_2 - \omega_1)\text{（方向向下）}$$

计算题 4.39 图（a）所示 V 型汽缸轴线夹角为 90°，曲柄长 $OA = r = 0.1\text{m}$，连杆 $AB = AC = l = 0.1\times\sqrt{5}\text{m}$。若曲柄以匀角速度 $\omega_0 = 10\text{rad/s}$ 转动，试求当曲柄 OA 转到与 AB 成一条直线时，活塞的速度与加速度，此时连杆 AB 和 AC 的角速度、角加速度各是多少？

解 （1）求速度、角速度。杆 AB 作平面运动，B 点为速度瞬心，杆 AC 作瞬时平移［图（b）］，有

$$v_B = 0$$

$$\omega_{AB} = \frac{v_A}{AB} = \frac{r\omega_0}{AB} = 2\sqrt{5}\text{rad/s}$$

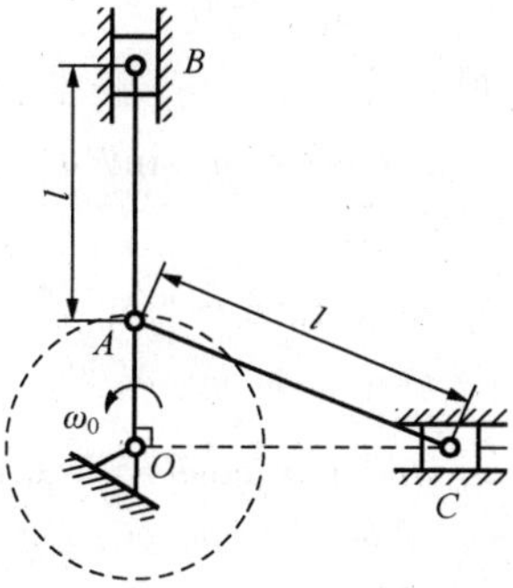

(a)

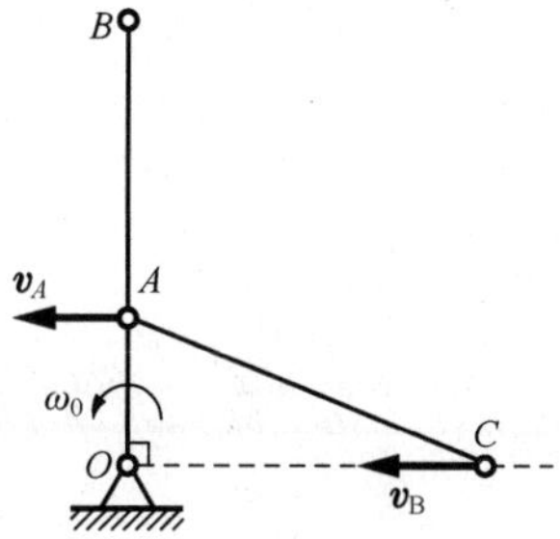

(b)

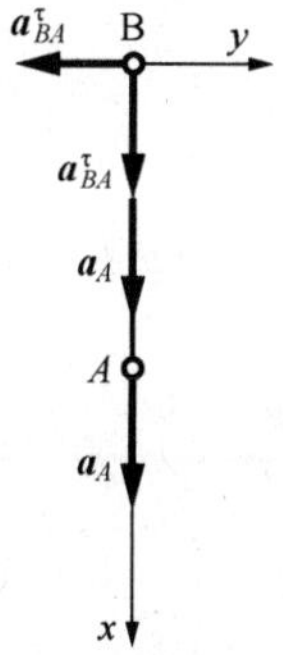

(c)

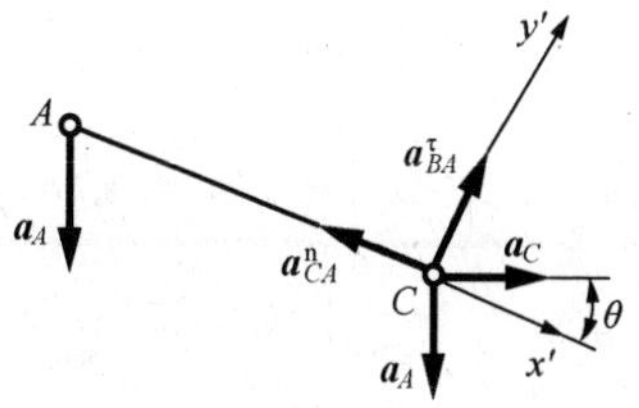

(d)

计算题 4.39 图

$$v_C = v_A = r\omega_0 = 1\text{m/s}$$

$$\omega_{AC} = 0$$

（2）求加速度、角加速度。取 A 点为基点，应用加速度合成定理［图（c）］，有

$$\boldsymbol{a}_B = \boldsymbol{a}_A + \boldsymbol{a}^{\tau}_{BA} + \boldsymbol{a}^{n}_{BA} \tag{a}$$

式中：

$$a_A = r\omega_0^2 = 10\text{m/s}^2$$

$$a^{n}_{DA} = AB \cdot \omega^2_{AD} = 2\sqrt{5}\text{m/s}^2$$

将式（a）向 y 轴投影［图（c）］，得

$$a^{\tau}_{BA} = 0$$

故

$$\alpha_{AB} = 0$$

再将式（a）向 x 轴投影，得

$$a_B = a_A + a^{n}_{BA} = 14.47\text{m/s}^2$$

仍取 A 点为基点，应用加速度合成定理［图（d）］，有

$$\boldsymbol{a}_C = \boldsymbol{a}_A + \boldsymbol{a}^{\tau}_{CA} + \boldsymbol{a}^{n}_{CA} \tag{b}$$

式中：

$$a_{CA}^{\mathrm{n}} = 0$$

将式（b）向 x'轴投影［图（d)］，得

$$a_C \cos\theta = a_A \sin\theta$$

故

$$a_C = a_A \tan\theta = 5\mathrm{m/s^2}$$

再将式（b）向 y'轴投影，得

$$a_{CA}^{\tau} = a_C \sin\theta + a_A \cos\theta = 5\sqrt{5}\mathrm{m/s^2}$$

故

$$\alpha_{AC} = \frac{a_{CA}^{\tau}}{CA} = 50\mathrm{rad/s^2}$$

第五章
质点与刚体的运动微分方程

内容提要

1. 质点的运动微分方程

（1）矢量形式。

$$m\boldsymbol{a} = m\frac{\mathrm{d}\boldsymbol{v}}{\mathrm{d}t} = m\frac{\mathrm{d}^2\boldsymbol{r}}{\mathrm{d}t^2} = \boldsymbol{F} \tag{5.1}$$

（2）直角坐标形式。

$$\left.\begin{aligned} ma_x &= m\frac{\mathrm{d}v_x}{\mathrm{d}t} = m\frac{\mathrm{d}^2x}{\mathrm{d}t^2} = X \\ ma_y &= m\frac{\mathrm{d}v_y}{\mathrm{d}t} = m\frac{\mathrm{d}^2y}{\mathrm{d}t^2} = Y \\ ma_z &= m\frac{\mathrm{d}v_z}{\mathrm{d}t} = m\frac{\mathrm{d}^2z}{\mathrm{d}t^2} = Z \end{aligned}\right\} \tag{5.2}$$

式中：x、y、z——质点的坐标；

X、Y、Z——各力在 x、y、z 轴上投影的代数和。

（3）自然坐标形式。当质点作平面曲线运动时，有

$$\left.\begin{aligned} ma_\tau &= m\frac{\mathrm{d}s^2}{\mathrm{d}t^2} = F_\tau \\ ma_\mathrm{n} &= m\frac{v^2}{\rho} = F_\mathrm{n} \end{aligned}\right\} \tag{5.3}$$

式中：s——质点的自然坐标；

v——质点的速度；

ρ——轨迹的曲率半径；

F_τ、F_n——各力在轨迹的切向、法向上投影的代数和。

2. 动量定理

（1）质点的动量定理。质点的动量对时间的一阶导数等于作用于质点上的力，即

$$\frac{\mathrm{d}}{\mathrm{d}t}(m\boldsymbol{v})=\boldsymbol{F} \tag{5.4}$$

（2）质点系的动量定理。质点系的动量对时间的一阶导数等于作用于质点系的外力的矢量和，即

$$\frac{\mathrm{d}\boldsymbol{K}}{\mathrm{d}t}=\sum\boldsymbol{F}_i^{(e)} \tag{5.5}$$

具体计算时常使用动量定理在直角坐标轴上的投影形式。

（3）质点系动量的计算。质点系内各质点动量的矢量和称为质点系的动量。它等于质点系的质量与质心速度的乘积，即

$$\boldsymbol{K}=m\boldsymbol{v}_C \tag{5.6}$$

3. 质心运动定理

（1）质心。设质心 C 的矢径为 r_C，则

$$\boldsymbol{r}_C=\frac{\sum m_i\boldsymbol{r}_i}{m} \tag{5.7}$$

式中：m_i、r_i——各质点的质量和矢径；

m——质点系的质量。

（2）质心运动定理。质点系的质量与质心加速度的乘积等于作用于质点系的外力的矢量和，即

$$m\boldsymbol{a}_C=m\frac{\mathrm{d}\boldsymbol{v}_c}{\mathrm{d}t}=m\frac{\mathrm{d}^2\boldsymbol{r}_c}{\mathrm{d}t^2}=\sum\boldsymbol{F}_i^{(e)} \tag{5.8}$$

具体计算时常使用上式在直角坐标轴上的投影形式。

4. 动量矩定理

（1）质点的动量矩定理。质点对某固定点 O 的动量矩对时间的一阶导数等于作用于质点上的力对同一点之矩的矢量和，即

$$\frac{\mathrm{d}}{\mathrm{d}t}\boldsymbol{M}_O(m\boldsymbol{v})=\boldsymbol{M}_O(\boldsymbol{F}) \tag{5.9}$$

将上式向直角坐标轴投影，可以得到动量对轴之矩与力对同一轴之矩的关系为

$$\left.\begin{aligned}\frac{\mathrm{d}}{\mathrm{d}t}M_x(m\boldsymbol{v})=M_x(\boldsymbol{F})\\\frac{\mathrm{d}}{\mathrm{d}t}M_y(m\boldsymbol{v})=M_y(\boldsymbol{F})\\\frac{\mathrm{d}}{\mathrm{d}t}M_z(m\boldsymbol{v})=M_z(\boldsymbol{F})\end{aligned}\right\} \tag{5.10}$$

即质点对某固定轴的动量矩对时间的一阶导数等于作用于质点系上的所有外力对于同一轴之矩的代数和。

（2）质点系的动量矩定理。质点系对某固定点 O 的动量矩对时间的一阶导数，等于作用于质点系上的外力对同一点之矩的矢量和，即

$$\frac{\mathrm{d}}{\mathrm{d}t}\boldsymbol{L}_O=\sum\boldsymbol{M}_O(\boldsymbol{F}_i^{(e)}) \tag{5.11}$$

将上式向直角坐标轴投影，可以得到动量对轴之矩与作用于质点系上的外力对同一轴之矩的关系为

$$\left.\begin{aligned}\frac{\mathrm{d}L_x}{\mathrm{d}t} &= \sum M_x(\boldsymbol{F}_i^{(\mathrm{e})})\\ \frac{\mathrm{d}L_y}{\mathrm{d}t} &= \sum M_y(\boldsymbol{F}_i^{(\mathrm{e})})\\ \frac{\mathrm{d}L_z}{\mathrm{d}t} &= \sum M_z(\boldsymbol{F}_i^{(\mathrm{e})})\end{aligned}\right\} \tag{5.12}$$

即质点系对某固定轴的动量矩对时间的一阶导数等于作用于质点系上的所有外力对于同一轴之矩的代数和。

5. 刚体定轴转动微分方程

（1）刚体对转轴的动量矩。定轴转动刚体对转轴的动量矩等于刚体对转轴的转动惯量与转动角速度的乘积，即

$$L_z = J_z\omega \tag{5.13}$$

（2）刚体定轴转动微分方程。定轴转动刚体对转轴的转动惯量与其角加速度的乘积，等于作用于刚体上的所有外力对转轴之矩的代数和，即

$$J_z\alpha = J_z\frac{\mathrm{d}\omega}{\mathrm{d}t} = J_z\frac{\mathrm{d}^2\varphi}{\mathrm{d}t^2} = M_z \tag{5.14}$$

（3）转动惯量。刚体对任一轴 z 的转动惯量定义为

$$J_z = \sum m_i r_i^2 \tag{5.15}$$

式中：r_i——质量为 m_i 的质点至 z 轴的距离。

工程中常将转动惯量写成为刚体的总质量 m 与某一长度平方的乘积，即

$$J_z = m\rho_z^2 \tag{5.16}$$

式中：ρ_z——刚体对 z 轴的回转半径或惯性半径。

6. 刚体平面运动微分方程

刚体的平面运动可看作平面图形随同质心的平移和绕通过质心 C 且垂直于图平面的轴（质心轴）的转动的合成。刚体平面运动的微分方程为

$$\left.\begin{aligned} m\frac{\mathrm{d}^2x_C}{\mathrm{d}t^2} &= \sum X_i\\ m\frac{\mathrm{d}^2y_C}{\mathrm{d}t^2} &= \sum Y_i\\ J_C\frac{\mathrm{d}^2\varphi}{\mathrm{d}t^2} &= \sum M_z\end{aligned}\right\} \tag{5.17}$$

式中：m——刚体的质量；

x_C、y_C——质心的坐标；

J_C——刚体对质心轴的转动惯量；

φ——刚体绕质心轴的转角；

X_i、Y_i——力 $\boldsymbol{F}_i$ 在 x、y 轴上的投影；

M_z——力 $\boldsymbol{F}_i$ 对质心轴之矩的代数和。

7. 动力学问题的解题步骤

（1）根据题意，适当选取质点或质点系作为研究对象。
（2）对研究对象进行受力分析并画出其受力图。
（3）对研究对象进行运动分析。
（4）选用合适的定理建立方程。
（5）解方程求解未知量。

概念题解

概念题 5.1～概念题 5.13 质点的运动微分方程

概念题 5.1 一质点在空中只受到重力的作用，为何质点运动的轨迹可能是直线，也可能是抛物线？

答 只受重力作用的质点，若有初速 $\boldsymbol{v}_0$ 为水平或倾斜方向，则其轨迹为抛物线，若 $\boldsymbol{v}_0$ 为铅垂方向，则其轨迹为直线。可见质点的运动轨迹不仅与所受力有关，还与初始运动情况有关。

概念题 5.2 正在光滑水平面上作匀速圆周运动的质点，只受向心力 $\boldsymbol{F}_n$ 作用，当 F_n 作下列不同情况变化时，质点运动稳定后将出现什么情况？（1）$\boldsymbol{F}_n$ 消失，即 $F_n=0$；（2）F_n 加倍；（3）F_n 减小至 $\frac{1}{3}F_n$

答 F_n 的变化会引起圆周运动圆周曲率半径的变化，而速度的值不变，由 $F_n=\frac{mv^2}{\rho}$ 得 $F_n\rho=mv^2=$常量。（1）$F_n=0$，$\rho\to\infty$，直线运动。（2）F_n 增大为原来的两倍，ρ 缩小为原来的二分之一。（3）F_n 减小为$\frac{1}{3}F_n$，ρ 增大为原来的三倍。

概念题 5.3 在同一高度，以不同仰角抛出初速度大小均为 v_0、质量都相等的质点。若不计空气阻力，当它们落到同一水平面时，其速度的大小是否相等？（ ）

答 是。

概念题 5.4 质点在常力作用下是否一定作匀加速直线运动？（ ）

答 否。

概念题 5.5 质点的运动方向（即速度方向）是否一定与该质点所受力的方向相同？（ ）

答 否。

概念题 5.6 质量相同的两个质点，在相同力的作用下运动，两个质点的速度是否一定相同？（ ）加速度是否一定相同？（ ）

答 否；是。

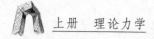

概念题 5.7 一质点只受重力作用在空中运动，则该质点运动轨迹可能是（ ）。

A. 直线　　B. 圆

C. 平面曲线　　D. 空间曲线

答 A、C。

概念题 5.8 质点的速度越大，则所受的力也越大。（ ）

答 错。

概念题 5.9 质点作匀速直线运动，作用于该质点上各力的合力是否为零？（ ）若质点作匀速圆周运动，作用于该质点上的合力是否为零？（ ）

答 是；否。

概念题 5.10 一个质量为 m 的质点，在车厢中相对车厢保持静止，当车厢作以下各运动时，试确定质点上是否有水平方向的作用力？(1) 匀速水平直线运动；（ ）(2) 水平面内匀速圆弧运动；（ ）(3) 匀加速水平直线运动。（ ）

答 (1) 否；(2) 是；(3) 是。

概念题 5.11 当你用 40N 的水平力推车子，该车子沿水平方向加速前进时，车子给你的反作用力一定比 40N 小，否则车子就不能加速前进了，对吗？为什么？

答 不对。由作用与反作用定律知，反作用力一定是 40N。

概念题 5.12 挂在钢索上的吊钩的质量为 m，以匀加速度 $\boldsymbol{a}$ 铅垂上升，不计钢索自重，则钢索所受拉力为______。

答 $m(a+g)$。

概念题 5.13 一人静止站在磅秤上，称上的指针在某数值上。当这人突然下蹲的瞬时，磅秤的读数（ ）。

A. 增大　　B. 减小　　C. 不变　　D. 不能判断

答 B。

概念题 5.14～概念题 5.30 动量定理和质心运动定理

概念题 5.14 动量是______量，它的大小为______；方向为______。

答 矢；$m\boldsymbol{v}$；$\boldsymbol{v}$ 的方向。

概念题 5.15 质点作匀速直线运动时，其动量是否有变化？（ ）

答 否。

概念题 5.16 质点作匀速圆周运动时，其动量是否有变化？（ ）

答 是。

概念题 5.17 当质点系中每一质点都作高速运动时，该系统的动量是否一定很大？为什么？

答 不一定。质点系的动量与质心的速度有关。

概念题 5.18 图示各均质物体重都为 W，物体尺寸与质心速度或绕轴转动的角速度如图所示。试计算各物体的动量。

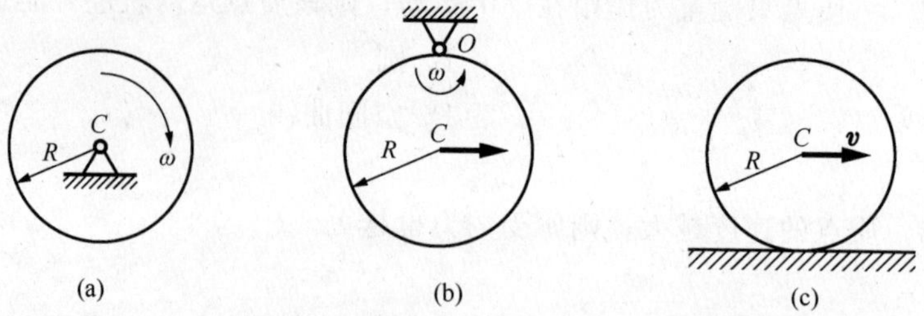

概念题 5.18 图

答 （a）$v_C=0$，$K=mv_C=0$；（b）$v_C=R\omega$，$K=mv_C=\frac{W}{g}R\omega$，方向水平向右；（c）$v_C=v$，$K=mv_C=\frac{W}{g}v$，方向同 $\boldsymbol{v}$。

概念题 5.19 冲量是______量。常力冲量的大小为______，方向是______。

答 矢；Ft；$\boldsymbol{F}$ 的方向。

概念题 5.20 动量是一个瞬时量，相应地冲量也是一个瞬时量。（ ）

答 错。

概念题 5.21 一物体受到常力 $F=10\text{N}$ 的作用，则在 $t=3\text{s}$ 的瞬时，该力的冲量大小 $I=Ft=30\text{N}\cdot\text{s}$。（ ）

答 错。

概念题 5.22 质量系动量定理的微分形式的数学表达式为______，积分形式表达式为______。

答 $\frac{\mathrm{d}\boldsymbol{K}}{\mathrm{d}t}=\sum\boldsymbol{F}^{\mathrm{e}}$；$\boldsymbol{K}_2-\boldsymbol{K}_1=\sum\boldsymbol{I}^{\mathrm{e}}$。

概念题 5.23 质点系的动量对于时间的导数等于（ ）。

A. 外力的矢量和　　B. 所有外力的元冲量的矢量和

C. 内力的矢量和　　D. 所有内力的元冲量的矢量和

答 A。

概念题 5.24 质点动量守恒的条件是______。

答 作用于质点上所有外力的矢量和等于零。

概念题 5.25 质点系动量守恒的条件是（ ）。

A. 作用于质点系的所有主动力的矢量和恒为零

B. 作用于质点系的所有内力的矢量和恒为零

C. 作用于质点系的所有约束力的矢量和恒为零

D. 作用于质点系的所有外力的矢量和恒为零

答 D。

概念题 5.26 质点系的质心坐标公式为______。

答 $x_C=\frac{\sum m_i x_i}{m}$，$y_C=\frac{\sum m_i y_i}{m}$，$z_C=\frac{\sum m_i z_i}{m}$。

概念题 5.27 质心运动定理的矢量表达式为______。

答　$m\boldsymbol{a}_C=\sum\boldsymbol{F}^e$。

概念题 5.28　若质点系只受到力偶的作用，则该质点系的动量不会改变。质心的运动也不会发生变化。此结论对吗？为什么？

答　对。因外力的矢量和等于零，质点系的动量守恒，质心运动守恒。

概念题 5.29　质点系的内力是否能改变质点系质心的运动？（　　）

答　否。

概念题 5.30　杆 AB 在光滑的水平面上由垂直位置无初速地倒下，其质心的轨迹为（　　）。

A. 圆　　B. 椭圆　　C. 抛物线　　D. 铅垂直线

答　D。

概念题 5.31～概念题 5.46　动量矩定理和刚体定轴转动微分方程

概念题 5.31　刚体的转动惯量是刚体转动时______的度量。

答　惯性。

概念题 5.32　图示偏心圆盘的质心 C 离圆心 O 的距离为 e，当圆盘绕圆心作定轴转动时，其对转轴的回转半径是否等于 e？（　　）对轴 O 的转动惯量是否为 $J_O=me^2$？（　　）

答　否；否。

概念题 5.33　图示刚体质心 C 到相互平行的 z、z'轴的距离分别为 a 和 b，刚体质量为 m，对 z 轴的转动惯量为 J_z，则对 z'的转动惯量为 $J_{z'}=J_z+m(a+b)^2$。（　　）

答　错。

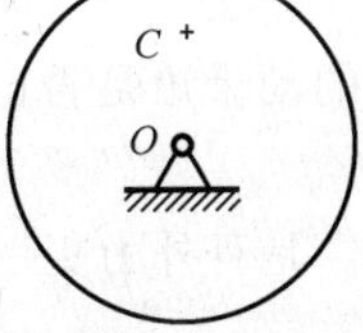

概念题 5.32 图

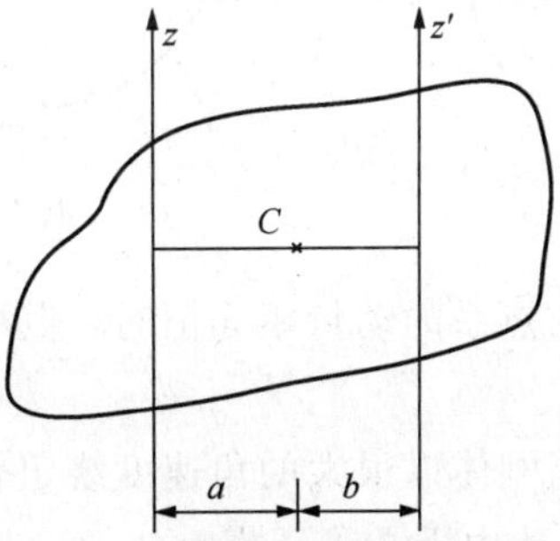

概念题 5.33 图

概念题 5.34　设 J_A、J_B 分别是物体对通过 A、B 任意两点且互相平行的二轴的转动惯量，设物体质量为 m，二轴相距为 l，则 $J_A=J_B+ml^2$，对吗？为什么？

答　当 B 为质心时对，其他情况不对。

概念题 5.35　质点的动量对某固定点 O 的矩，即质点对定点 O 的动量矩的表达式为 $\boldsymbol{L}_O=\boldsymbol{r}\times m\boldsymbol{v}$，其中 $\boldsymbol{r}$ 为______，m 为______，$\boldsymbol{v}$ 为______，$m\boldsymbol{v}$ 为______。

答　质点相对于固定点 O 的位置矢；质点的质量；质点的速度；质点的动量。

概念题 5.36　质点系对某轴的动量矩等于质点系质心的动量 $m\boldsymbol{v}_C$ 对该轴的矩。（　　）

答　错。

概念题 5.37　内力不能改变质点系的动量矩，也不能改变质点系中各质点的动量矩。

(　　)

答　错。

概念题 5.38　绕定轴转动的刚体对转轴的动量矩 $L_z=$______。

答　$J_z\omega$。

概念题 5.39　均质圆板的质量为 m，半径为 R，绕通过质心 C 并垂直于图面的轴转动，其角速度为 ω。因为圆盘的动量为零，所以它对 C 轴的动量矩也为零。(　　)

答　错。

概念题 5.40　图示两齿轮对各自转动轴的转动惯量分别为 J_1 和 J_2，半径分别为 r_1 和 r_2。某瞬时轮Ⅰ的角速度为 ω_1，此时系统对于轴 O_1 的动量矩是否等于 $\sum M_{O_1}(m\boldsymbol{v})=J_1\omega_1+J_2\omega_2=\left(J_1+\frac{r_1}{r_2}J_2\right)\omega_1$？(　　)

答　否。

概念题 5.41　图示均质直杆长为 l，重为 W，以角速度 ω 绕轴 O 转动，其对轴 O 的动量矩的大小 $L_O=$______。

答　$\frac{W}{3g}l^2\omega$（逆时针）。

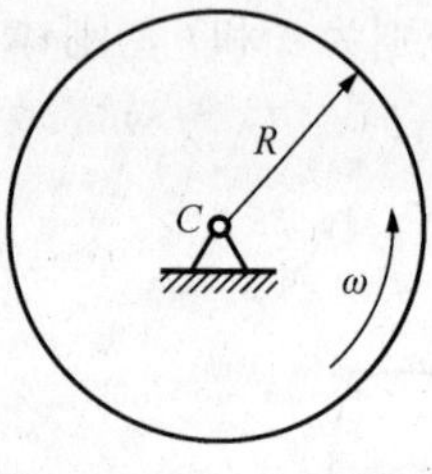

概念题 5.39 图

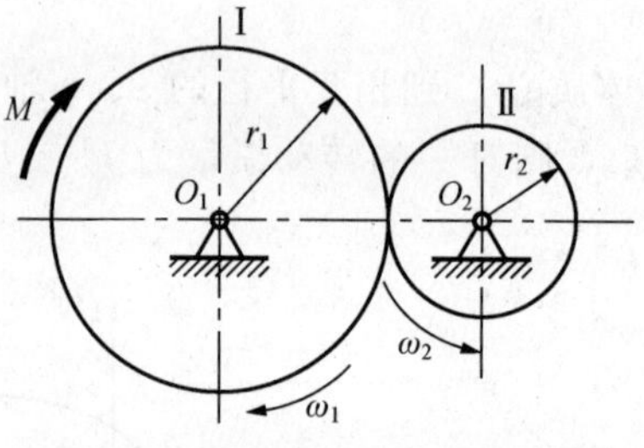

概念题 5.40 图

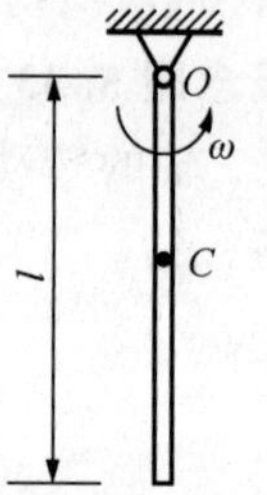

概念题 5.41 图

概念题 5.42　质点系的动量矩守恒时，其中各质点的动量矩是否也一定守恒？(　　)

答　否。

概念题 5.43　当刚体以很大的角速度绕定轴转动时，是否外力矩一定很大？(　　)当角速度为零时，是否外力矩必等于零？(　　)

答　否；否。

概念题 5.44　一圆环与一实心圆盘的材料和质量均相同，都绕其质心作定轴转动，某一瞬时有相同的角加速度，试问该瞬时作用于圆环和圆盘上的外力矩的大小是否相同？如不相同，哪个大？为什么？

答　质量相同的圆环的转动惯量大于圆盘的转动惯量，由 $M=J\alpha$，可知当角加速度相同时圆环的外力矩大于圆盘的外力矩。

概念题 5.45　均质圆盘绕通过质心的铅垂轴在定值转矩作用下转动，圆盘上有一质量为 m 的质点，沿圆盘半径自圆盘的边缘向盘心作相对的匀速直线运动，问圆盘的角加速度是否变化？为什么？

答　设质点离转轴的距离为 x，有 $J_O=J_C+mx^2$。若 x 减小，则 J_O 减小，由 $M=J\alpha$，

α 要相应增加，其值随 x 的变化而变化。

概念题 5.46　作定轴转动的复摆，在摆动过程中，各个不同瞬时的角加速度是否相等？在何位置时角加速度为零？又在何位置时角加速度为最大？

答　由于不同瞬时复摆重力 **W** 对转轴的力矩值 $M_O = Wl\sin\theta$ 不同，故不同瞬时有不同的角加速度 α。当复摆位于铅垂位置时，$\theta=0$，$M_O=0$，$\alpha=0$；当复摆角速度为零时，有 $\theta=\theta_{\max}$，$M_O=Wl\sin\theta_{\max}$，α 有最大值。

计算题解

计算题 5.1～计算题 5.6　质点的运动微分方程

计算题 5.1　图（a）所示桥式起重机上的小车吊着重为 W 的物体 A，沿桥架以速度 $v_0=5\text{m/s}$ 作匀速直线运动，因故急刹车后，重物由于惯性绕悬挂点 C 向前摆动，已知绳长 $l=3\text{m}$，试求急刹车后绳子的最大拉力。

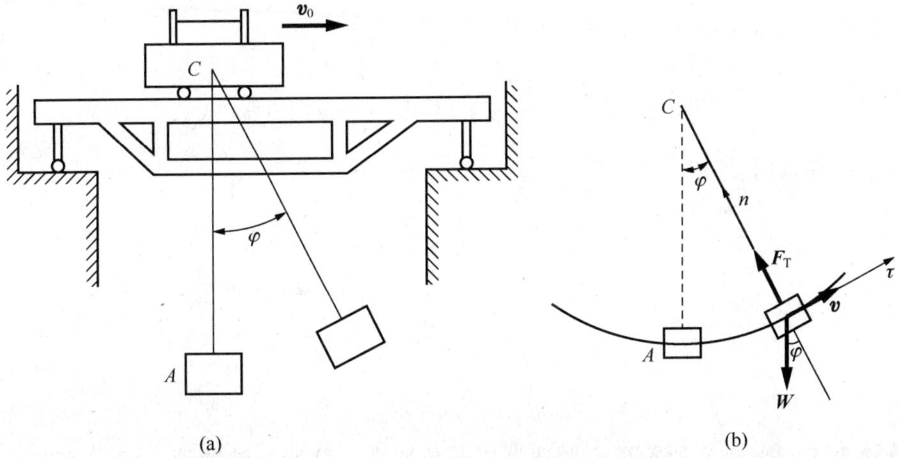

计算题 5.1 图

解　取重物为研究对象，受力如图（b）所示。

刹车后，小车不动，重物在以 C 为圆心、l 为半径的一段圆弧上运动。列质点运动微分方程

$$-W\sin\varphi = \frac{W}{g}a_\tau \tag{a}$$

$$F_T - W\cos\varphi = \frac{W}{g}\cdot\frac{v^2}{l} \tag{b}$$

由式（a）知重物作减速运动。初始时，即刚刹车的瞬时，钢绳拉力最大，此时 $\varphi=0$、$\cos\varphi=1$。

由式（b）解得

$$F_{\mathrm{Tmax}} = W + \frac{W}{g} \cdot \frac{v_0^2}{l} = 1.85W$$

计算题 5.2 图示单摆的摆长为 l，摆锤质量为 m，按 $\varphi=\varphi_0 \sin \sqrt{\frac{g}{l}}t$（$t$ 以 s 计，φ 以 rad 计）的规律作微幅摆动，式中 φ_0 为常量，g 为重力加速度。试求摆锤经过最高位置和最低位置的瞬时绳的张力。

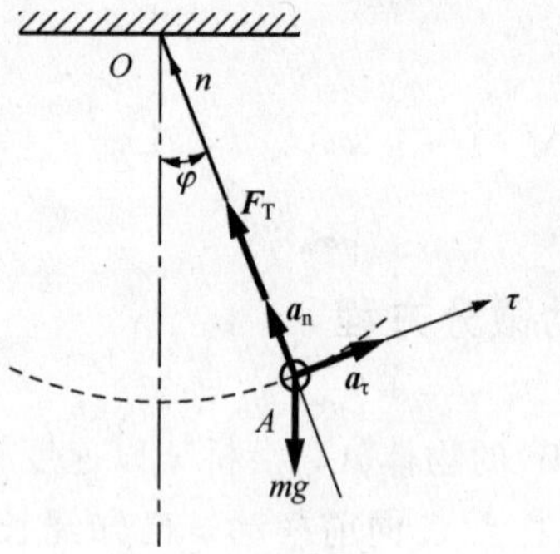

计算题 5.2 图

解 取摆锤为研究对象，受力如图所示。列质点运动微分方程

$$F_{\mathrm{T}} - mg\cos\varphi = ml\dot{\varphi}^2$$

或

$$F_{\mathrm{T}} = mg\cos\varphi + ml\dot{\varphi}^2$$

当摆锤经过最低点时：

$$\varphi = 0, \quad t = 0、\frac{\pi}{\sqrt{\frac{g}{l}}}、\frac{2\pi}{\sqrt{\frac{g}{l}}}、\cdots$$

$$\dot{\varphi} = \varphi_0 \sqrt{\frac{g}{l}} \cos \sqrt{\frac{g}{l}}t$$

得

$$F_{\mathrm{T1}} = mg + ml\left(\varphi_0 \sqrt{\frac{g}{l}}\right)^2 = mg(1+\varphi_0{}^2)$$

当摆锤经过最高点时：

$$\varphi = \pm\varphi_0, \quad t = \frac{1}{2}\frac{\pi}{\sqrt{\frac{g}{l}}}、\frac{3}{2}\frac{\pi}{\sqrt{\frac{g}{l}}}、\cdots$$

$$\dot{\varphi} = 0$$

得

$$F_{\mathrm{T2}} = mg\cos\varphi_0$$

计算题 5.3 图（a）所示离心调速器以等角速度 ω 绕铅垂轴转动。设球 A 与 B 的质量各为 m_1，各杆长为 l，套筒 C 的质量为 m_2。如不计各杆质量和 O 处及 C 处套筒的尺寸，试求臂 OA 和 OB 与铅垂轴的夹角 φ。

解 小球 A、B 受力相同，取球 A 为研究对象，受力如图（b）所示。列质点运动微分方程

$$F_{\mathrm{T1}}\cos\varphi - F_{\mathrm{T2}}\cos\varphi - m_1 g = 0 \tag{a}$$

$$m_1 a_{\mathrm{n}} = F_{\mathrm{T1}}\sin\varphi + F_{\mathrm{T2}}\sin\varphi$$

将 $a_{\mathrm{n}}=l\sin\varphi \cdot \omega^2$ 代入上式得

$$m_1 l\omega^2 = F_{\mathrm{T1}} + F_{\mathrm{T2}} \tag{b}$$

取套筒 C 为研究对象，受力如图（c）所示。列质点运动微分方程

$$2F_{\mathrm{T2}}\cos\varphi - m_2 g = 0 \tag{c}$$

联立求解式（a）、（b）、（c），得

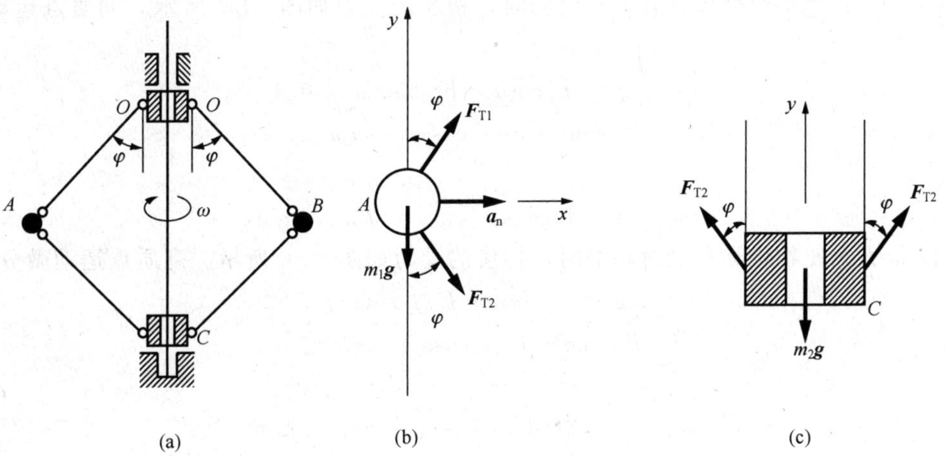

计算题 5.3 图

$$\cos\varphi = \frac{(m_2 + m_1)g}{m_1 l\omega^2}$$

$$\varphi = \arccos\frac{(m_2 + m_1)g}{m_1 l\omega^2}$$

计算题 5.4　图（a）所示重为 W 的物块 A 置于 $\theta=30°$ 锥形圆盘上，离转轴的距离 $r=200\text{mm}$，物块与锥面的静摩擦因数 $f_s=0.3$。欲使物体在圆锥面上保持平衡，试求锥形圆盘作匀速转动的转速。

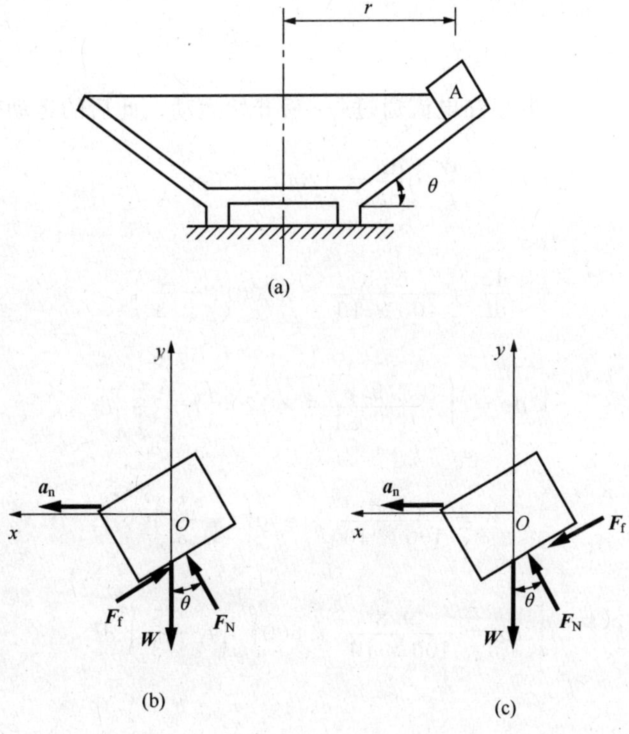

计算题 5.4 图

解　(1) ω 太小使物块具有下滑趋势时，物块的受力如图 (b) 所示。列质点运动微分方程

$$mg - F_{n}\cos\alpha - F_{N} f_{s}\sin\alpha = 0$$
$$F_{N}\sin\alpha - F_{N} f_{S}\cos\alpha = mr\omega_{\min}^{2}$$

得

$$\omega_{\min} = 3.4\text{rad/s}, \quad n_{\min} = 32.5\text{r/min}$$

(2) ω 太大使物块具有上滑趋势时，物块的受力如图 (c) 所示。列质点运动微分方程

$$mg - F_{N}\cos\alpha + F_{N} f_{s}\sin\alpha = 0$$
$$F_{N}\sin\alpha + F_{N} f_{s}\cos\alpha = mr\omega_{\max}^{2}$$

得

$$\omega_{\max} = 7.2\text{rad/s}, \quad n_{\max} = 68.9\text{r/min}$$

故

$$32.5 \leqslant n \leqslant 68.9\text{r/min}$$

计算题 5.5　电车司机借逐渐开启变阻器以增加电车发动机的动力，使拉力 F 由零起而与时间成正比地增加，在每秒内增加 1200N。试根据下列数据求电车的运动规律，电车重 $W=100\text{kN}$，常摩擦阻力 $F_R=2000\text{N}$，电车的初速度 $v_0=0$，作水平直线运动。

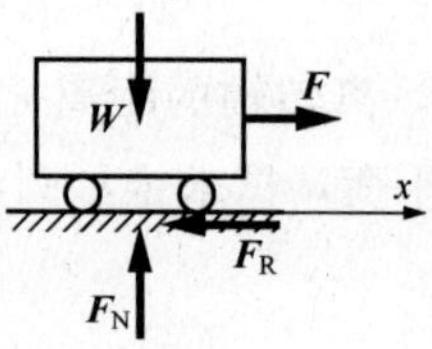

计算题 5.5 图

解　取电车为研究对象，受力如图所示。当 $F<F_R$ 时，电车不动。设 $t=t_1$ 时 $F=F_R$，电车开始运动，则有

$$1200t_1 = 2000$$

所以

$$t_1 = \frac{5}{3}\text{s}$$

电车在电流通过 $\frac{5}{3}$s 后开始运动，此后的运动微分方程为

$$\frac{W}{g}\cdot\frac{\mathrm{d}v}{\mathrm{d}t} = 1200t - 2000$$

或

$$\frac{\mathrm{d}v}{\mathrm{d}t} = \frac{9.8}{100\times10^3}\times1200\left(t-\frac{5}{3}\right)$$

将上式积分

$$\int_0^v \mathrm{d}v = \int_{\frac{5}{3}}^t \frac{9.8}{100\times10^3}\times1200\left(t-\frac{5}{3}\right)\mathrm{d}t$$

得

$$v = \frac{9.8}{100\times10^3}\times600\left(t-\frac{5}{3}\right)^2$$

再积分

$$\int_0^x \mathrm{d}x = \frac{9.8}{100\times10^3}\times600\int_{\frac{5}{3}}^t\left(t-\frac{5}{3}\right)^2\mathrm{d}t$$

得

$$x = 0.02\left(t-\frac{5}{3}\right)^3\text{m}$$

计算题 5.6　质量为 m 的质点受已知力作用沿直线运动，该力按规律 $F=F_0\cos\omega t$ 而变化，其中 F_0、ω 均为常量。当运动开始时，质点具有初速度 v_0，试求该质点的运动方程。

解　取质点为研究对象。以质点的轨迹为 x 轴，初始位置为原点。列质点运动微分方程

$$m\frac{\mathrm{d}^2x}{\mathrm{d}t^2}=F_0\cos\omega t$$

积分得

$$\frac{\mathrm{d}x}{\mathrm{d}t}=\frac{F_0}{m\omega}\sin\omega t+C_1$$

由于 $t=0$ 时，$\frac{\mathrm{d}x}{\mathrm{d}t}=v_0$，得

$$C_1=v_0$$

故

$$\frac{\mathrm{d}x}{\mathrm{d}t}=\frac{F_0}{m\omega}\sin\omega t+v_0$$

再积分得

$$x=v_0t-\frac{F_0}{m\omega}\cos\omega t+C_2$$

由于 $t=0$ 时，$x=0$，得

$$C_2=\frac{F_0}{m\omega^2}$$

故

$$x=v_0t+\frac{F_0}{m\omega^2}(1-\cos\omega t)$$

计算题 5.7～计算题 5.12　动量定理和质心运动定理

计算题 5.7　水管进口直径 $d_1=450\text{mm}$，出口直径 $d_2=250\text{mm}$，流量 $Q=0.28\text{m}^3/\text{s}$，试求其附加动反力。

解　取管内流体为研究对象，由动量定理，有

$$\boldsymbol{F}=\rho Q(\boldsymbol{v}_2-\boldsymbol{v}_1) \tag{a}$$

式中：

$$v_1=\frac{4Q}{\pi d_1^2},\quad v_2=\frac{4Q}{\pi d_2^2}$$

将式（a）向 x、y 轴上投影，得

$$F_x=\rho Q(v_{2x}-v_{1x})=637\text{N}\quad(\rightarrow)$$

$$F_y=\rho Q(v_{2y}-v_{1y})=1130\text{N}\quad(\uparrow)$$

计算题 5.8　图示均质杆 OA 长为 $2l$，绕 O 端的水平轴在铅垂平面内运动，当杆与水平成角 φ 时，角速度和角加速度分别为 ω 和 α，试求 O 端的反力。

解　取 OA 杆为研究对象，受力如图所示。质心 C 的加速度为

$$a_C^\tau = l\alpha,\quad a_C^n = l\omega^2$$

应用质心运动定理，有

$$\frac{W}{g}(l\omega^2\cos\varphi + l\alpha\sin\varphi) = F_{Ox}$$

得

$$F_{Ox} = \frac{Wl}{g}(\omega^2\cos\varphi + \alpha\sin\varphi)$$

$$\frac{W}{g}(l\omega^2\sin\varphi - l\alpha\cos\varphi) = F_{Oy} - W$$

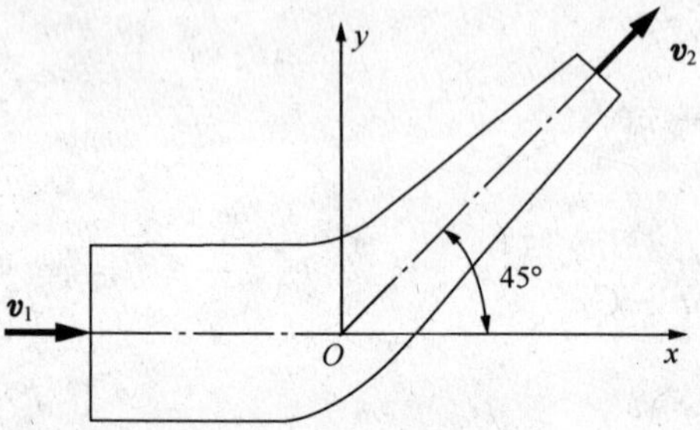

计算题 5.7 图

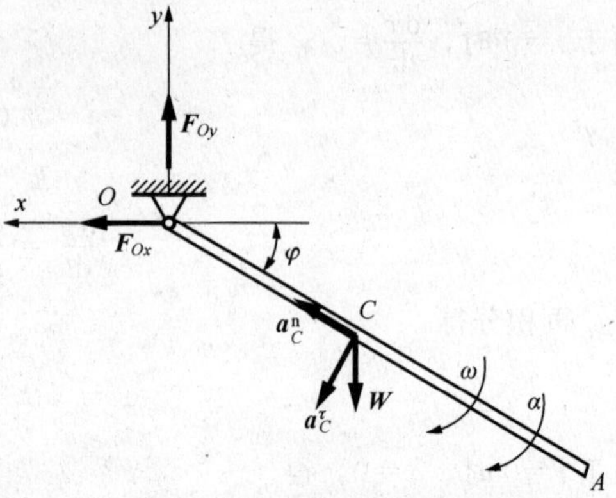

计算题 5.8 图

得

$$F_{Oy} = W + \frac{Wl}{g}(\omega^2\sin\varphi - \alpha\cos\varphi)$$

若取自然坐标系，则得

$$F_\tau = W\cos\varphi + \frac{Wl}{g}\alpha$$

$$F_n = W\sin\varphi - \frac{Wl}{g}\omega^2$$

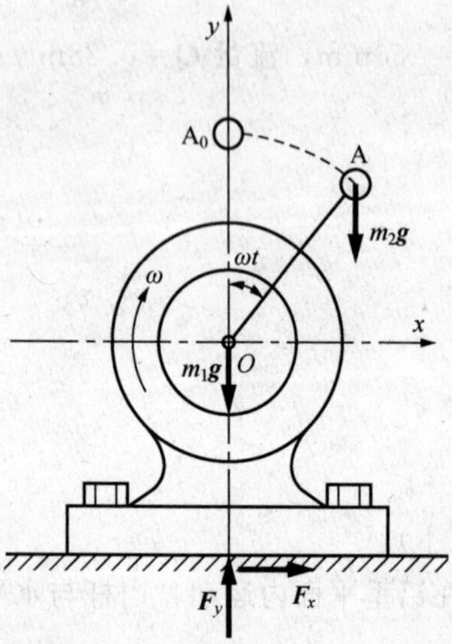

计算题 5.9 图

计算题 5.9　图示质量为 m_1 的电动机用螺栓固定在水平基础上。另有一长为 l，质量不计的直杆，一端与转轴垂直固结，另一端与质量为 m_2 的小球 A 固结。设电动机以匀角速度 ω 转动，试求作用于螺栓上的水平力与铅垂力的最大值。

解　取系统为研究对象，受力如图所示。质心坐标为

$$x_C = \frac{0 + m_2 l\sin\omega t}{m_1 + m_2} = \frac{m_2}{m_1 + m_2}l\sin\omega t$$

$$y_C = \frac{0 + m_2 l\cos\omega t}{m_1 + m_2} = \frac{m_2}{m_1 + m_2}l\cos\omega t$$

加速度为

$$a_{Cx} = \ddot{x} = -\frac{m_2}{m_1 + m_2}\omega^2 l\sin\omega t$$

$$a_{Cy} = \ddot{y} = -\frac{m_2}{m_1 + m_2}\omega^2 l\cos\omega t$$

应用质心运动定理，有

$$F_x = (m_1 + m_2)a_{Cx} = -m_2\omega^2 l\sin\omega t$$

$$F_y = (m_1 + m_2)a_{Cy} + m_1 g + m_2 g = -m_2\omega^2 l\cos\omega t + m_1 g + m_2 g$$

得最大值为

$$F_{x\max} = m_2\omega^2 l,\quad F_{y\max} = m_2\omega^2 l + m_1 g + m_2 g$$

计算题 5.10　在质量 $m_2 = 6000\text{kg}$ 的驳船上，用绞车拉动一质量 $m_1 = 1000\text{kg}$ 的箱子 A，如图所示。开始时，船与箱均为静止。(1) 当箱子在船上拉过 $l = 10\text{m}$ 时，试求船的水平位移 Δx；(2) 若箱的相对移动速度恒为 $v_r = 3\text{m/s}$，求船及箱的绝对速度，设水的阻力不计。

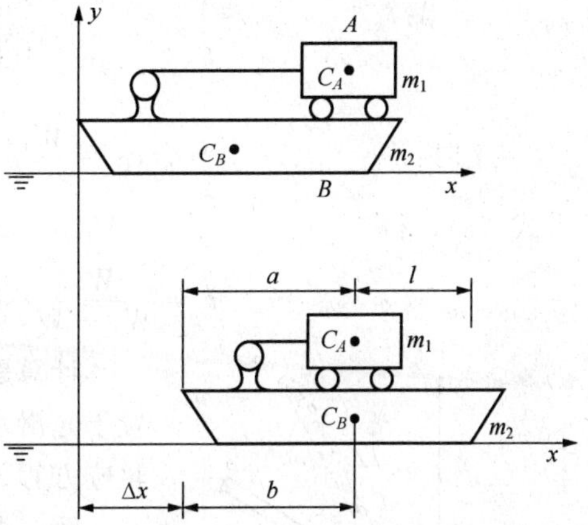

计算题 5.10 图

解　(1) 系统的质心运动守恒，有

$$x_{C_1} = x_{C_2}$$

式中：

$$x_{C_1} = \frac{m_1(l + a) + m_2 b}{m_1 + m_2}$$

$$x_{C_2} = \frac{m_1(a + \Delta x) + m_2(b + \Delta x)}{m_1 + m_2}$$

故

$$\Delta x = \frac{m_1}{m_1 + m_2}l = 1.43\text{m}$$

(2) 系统的动量守恒，有 $K_1 = K_2$，即

$$0 = m_2 v_2 + m_1(v_2 - v_r)$$

得

$$v_2 = 0.43\text{m/s}$$

所以

$$v_1 = v_2 - v_r = -2.57\text{m/s}$$

计算题 5.11　图 (a) 所示小车重为 W_1，下悬一摆，摆按规律 $\varphi = \varphi_0\cos kt$ 摆动。k 为常数，设摆锤 B 重为 W_2，摆长为 l，摆杆的重量及各处摩擦不计，试求系统从静止开始运动后小车的运动方程。

解　取小车与杆、锤一起为研究对象，受力如图 (b) 所示。

系统的水平方向动量守恒，有

$$x_{C_0} = x_C \tag{a}$$

$t = 0$ 时：
$$x_{C_0} = \frac{-W_2 l\sin\varphi_0}{W_1 + W_2}$$

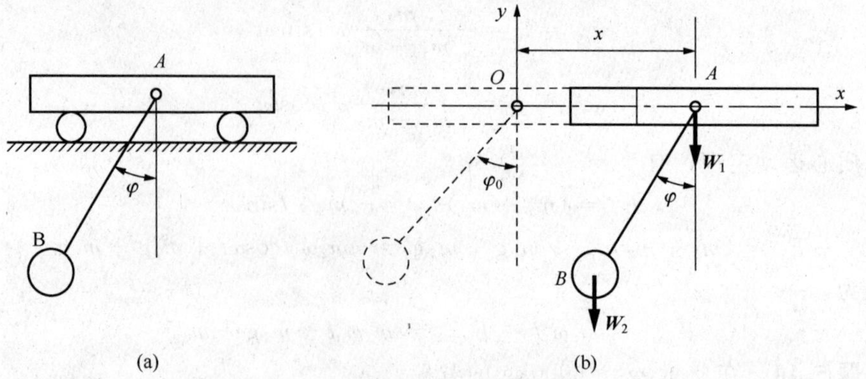

计算题 5.11 图

$t=t$ 时：　　$$x_C=\frac{W_1x+W_2(x-l\sin\varphi)}{W_1+W_2}$$

代入式（a），得

$$x=\frac{W_2l}{W_1+W_2}\sin(\varphi_0\cos kt)-\frac{W_2l\sin\varphi_0}{W_1+W_2}$$

计算题 5.12　如图所示，长为 $2l$ 的均质杆 AB，B 端置于光滑水平面上。试求从静止开始倒下的过程中，A 端的轨迹方程。

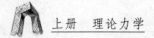

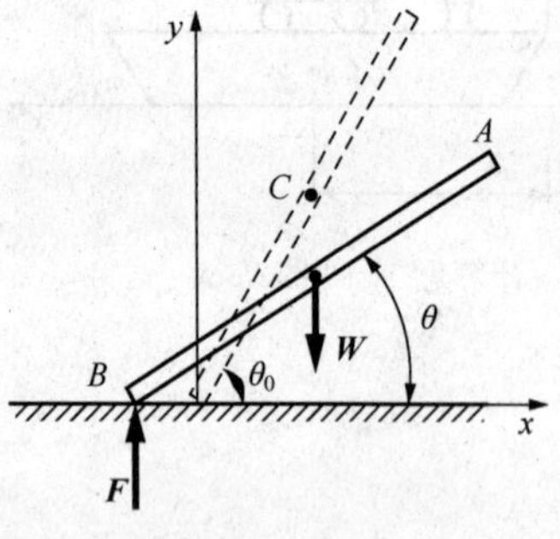

计算题 5.12 图

解　取杆 AB 为研究对象，受力如图所示。

水平方向质心运动守恒，$x_C=$常数，故质心 C 在铅垂方向移动。A 端的坐标为

$$x_A=l\cos\alpha_0+l\cos\alpha$$
$$y_A=2l\sin\alpha$$

轨迹方程为

$$\frac{(x_A-l\cos\alpha_0)^2}{l^2}+\frac{y_A^2}{4l^2}=1$$

计算题 5.13～计算题 5.21　动量矩定理和刚体定轴转动微分方程

计算题 5.13　图（a）所示为一求飞轮转动惯量的装置。飞轮半径 $R=500\text{mm}$，绕以细绳悬挂重 $W_1=80\text{N}$ 的重物，当重物从静止开始下落 $h=2\text{m}$ 时，测得下落的时间 $t_1=16\text{s}$；为了消去轴承摩擦，用 $W_2=40\text{N}$ 的重物作第二次测验，测得下落的时间 $t_2=25\text{s}$。试求飞轮对轴 O 的转动惯量 J_O（假定摩擦力矩 M_f 为常数且与悬重无关）。

解　由 $s=\frac{1}{2}at^2$ 得两种情况下的加速度和角加速度分别为

$$a_1=0.0156\text{m/s}^2,\quad \alpha_1=0.0312\text{s}^{-2}$$
$$a_2=0.0064\text{m/s}^2,\quad \alpha_2=0.0128\text{s}^{-2}$$

取重物为研究对象，受力如图（b）所示。列质点运动微分方程

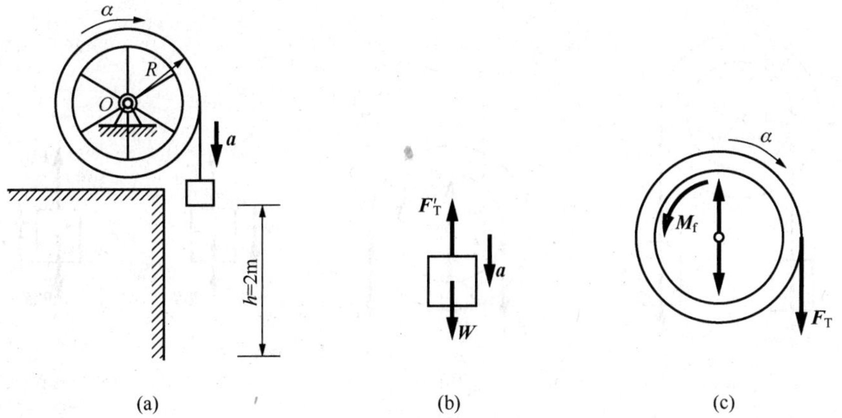

计算题 5.13 图

$$W_1 - F_{T1} = \frac{W_1}{g} a_1$$

得

$$F_{T1} = 79.87\text{N}$$

$$W_2 - F_{T2} = \frac{W_2}{g} a_2$$

得

$$F_{T2} = 39.97\text{N}$$

取飞轮为研究对象，受力如图（c）所示，列刚体定轴转动微分方程

$$F_{T1}R - M_f = J_O \alpha_1 \tag{a}$$

$$F_{T2}R - M_f = J_O \alpha_2 \tag{b}$$

由式（a)、(b)，有

$$(F_{T1} - F_{T2})R = J_O(\alpha_1 - \alpha_2)$$

得

$$J_O = \frac{(F_{T1} - F_{T2})R}{\alpha_1 - \alpha_2} = 1084\text{kg} \cdot \text{m}^2$$

计算题 5.14　如图（a）所示两重物的质量分别为 m_1 和 m_2，且 $m_1 > m_2$，两鼓轮同轴固结在一起，其对转轴 O 的转动惯量为 J_O。试求鼓轮的角加速度。

解　分别取鼓轮、两重物为研究对象，受力分别如图（b)、(c)、(d）所示。

对鼓轮列刚体定轴转动微分方程

$$F_{T1} r - F_{T2} R = J_O \alpha$$

对两重物列质点运动微分方程

$$m_1 g - F_{T1} = m_1 a_1$$

$$F_{T2} - m_2 g = m_2 a_2$$

式中：

$$a_1 = \alpha r, \quad a_2 = \alpha R$$

联立求解以上诸式，得

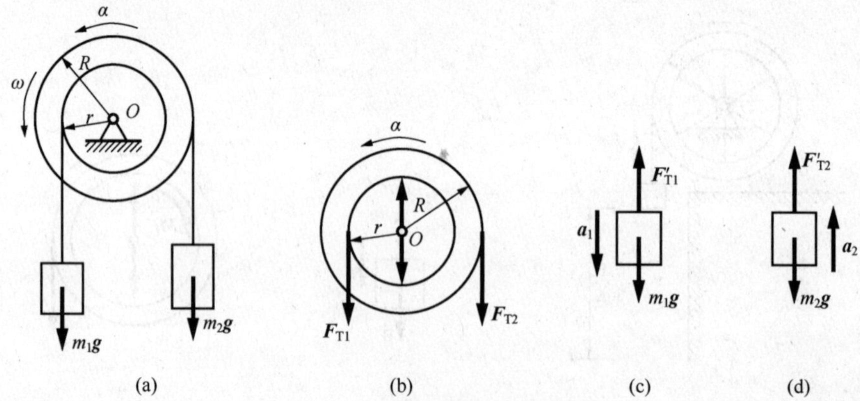

计算题 5.14 图

$$\alpha = \frac{m_1 gr - m_2 gR}{m_1 r^2 + m_2 R^2 + J_O}$$

计算题 5.15　均质直杆 OA、BC 的质量分别为 $m_1 = 50\text{kg}$ 和 $m_2 = 100\text{kg}$，长分别为 $l_1 = 1\text{m}$ 和 $l_2 = 2\text{m}$，两杆在 BC 杆的中点 A 处焊接。若构件在图示位置释放，试求刚释放时构件绕 O 轴转动的角加速度 α。

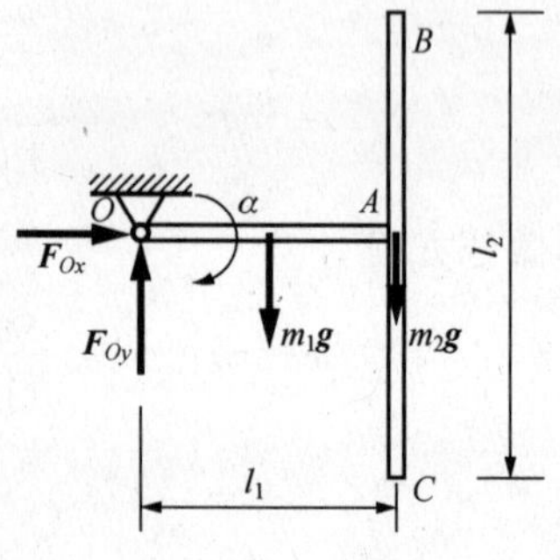

计算题 5.15 图

解　取构件为研究对象，受力如图所示。列刚体定轴转动微分方程

$$\sum M_O = J\alpha \tag{a}$$

式中：

$$\sum M_O = m_1 g \times \frac{l_1}{2} + m_2 g l_1 = 1225\text{N} \cdot \text{m}$$

$$J = J_1 + J_2 = \frac{1}{3} m_1 l_1^2 + \frac{1}{12} m_2 l_2^2 + m_2 l_1^2 = 150\text{kg} \cdot \text{m}^2$$

代入式（a），得

$$\alpha = 8.17\text{rad/s}^2$$

计算题 5.16　鼓轮由悬挂重物 A 带动沿固定水平面作只滚不滑运动，如图（a）所示。设重物 A 的质量为 m_1，鼓轮质量为 m_2，对其转轴 C 的回转半径为 ρ_C，不计定滑轮质量，BD 水平，试求重物 A 的加速度。

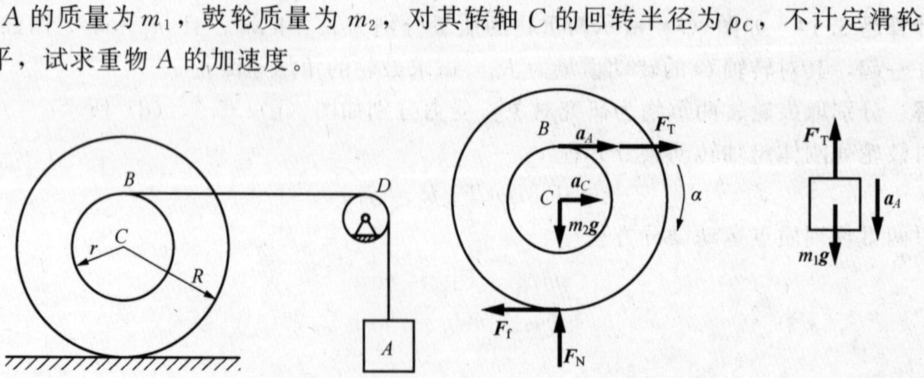

计算题 5.16 图

解　取鼓轮为研究对象，受力如图（b）所示。列刚体平面运动微分方程

$$F_{T} - F_{f} = m_2 a_C$$

$$F_{T} r + F_{f} R = (m_2 \rho_C^2)\alpha$$

式中：

$$a_C = \alpha R$$

再取重物 A 为研究对象，受力如图（c）所示。列质点运动微分方程

$$m_1 g - F_{T} = m_1 a_A$$

由运动学关系知

$$a_A = a_C + \alpha r$$

联立求解以上诸式，得

$$a_A = \frac{m_1 g (R + r)^2}{m_1 (R + r)^2 + m_2 (R^2 + \rho_C^2)}$$

计算题 5.17　轮 B 和轮 C 固结在一起，共重为 W_1，对其转轴的回转半径为 ρ，由悬挂重物 A 带动在固定水平轨道上作只滚不滑运动，如图（a）所示。已知重物 A 重为 W_2，滑轮 D 的质量不计，试求重物 A 的加速度。

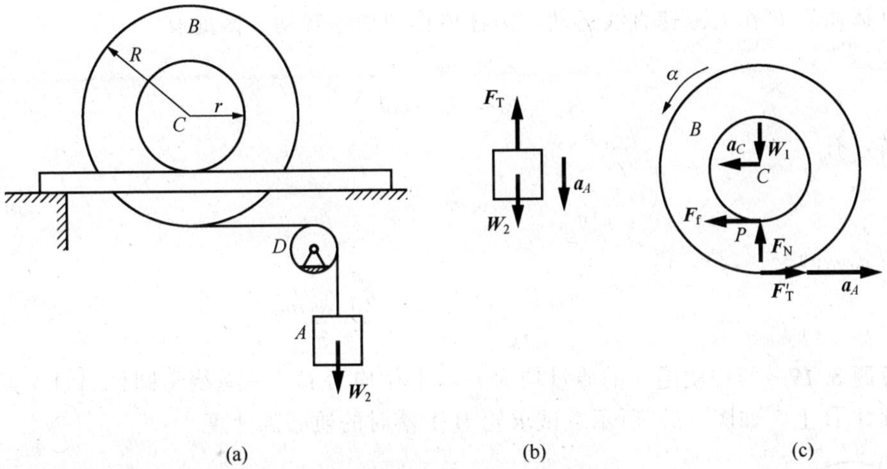

计算题 5.17 图

解　分别取重物 A、轮 B 和 C 为研究对象，受力分别如图（b）、（c）所示。

对重物列质点运动微分方程

$$W_2 - F_{T} = \frac{W_2}{g} a_A$$

对轮 B 和 C 列刚体平面运动微分方程

$$F_{f} - F_{T} = \frac{W_1}{g} a_C$$

$$F_{T} R - F_{f} r = \frac{W_1}{g} \rho^2 \alpha$$

由运动学关系知

$$a_A = -a_C + \alpha R, \quad a_C = \alpha r$$

联立求解以上诸式，得

$$a_A = \frac{W_2(R-r)^2 g}{W_1(\rho^2+r^2)+W_2(R-r)^2}$$

计算题 5.18　图示为一置于粗糙水平面上的均质圆柱体，半径为 r，质心 C 的初速度为 $\boldsymbol{v}_0$，圆柱的初角速度为 ω_0，且 $r\omega_0 < v_0$。设动摩擦因数为 f，试求经过多少时间圆柱才能作只滚不滑运动，并求该瞬时质心 C 的速度。

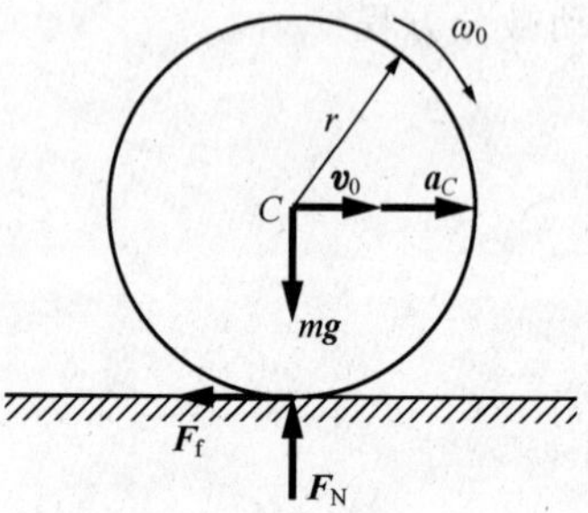

计算题 5.18 图

解　取圆柱体为研究对象，受力如图所示。列刚体平面运动微分方程

$$ma_C = -F_f = -mgf$$

得

$$a_C = -fg \tag{a}$$

$$\frac{1}{2}mr^2\alpha = F_f r = mgf$$

得

$$\alpha = \frac{2fg}{r} \tag{b}$$

可见圆柱体质心 C 作匀减速直线运动，圆柱体作匀加速转动。因此有

$$\omega = \omega_0 + \alpha t \tag{c}$$

$$v = v_0 - at \tag{d}$$

纯滚动时，有

$$\omega = \frac{v}{r} \tag{e}$$

联立求解式（a）～（e），得

$$t = \frac{v_0 - r\omega_0}{3fg}, \quad v = \frac{2v_0 + r\omega_0}{3}$$

计算题 5.19　两均质圆柱的质量均为 m，半径均为 R，一绳绕于圆柱 A 上，绳的另一端绕在圆柱 B 上，如图（a）所示。试求轮 B 下落时的质心加速度。

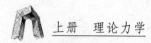

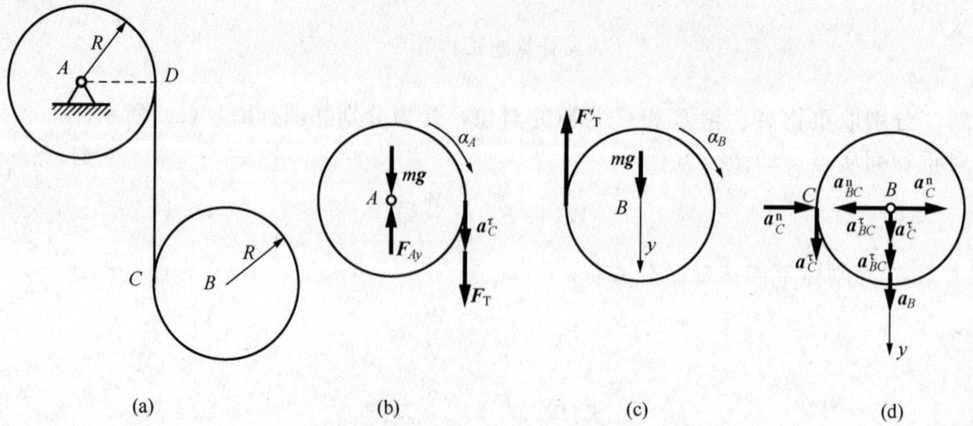

计算题 5.19 图

解　分别取圆柱 A、B 为研究对象，受力分别如图（b）、（c）所示。

对圆柱 A 列刚体定轴转动微分方程

$$F_{T}R = J_{A}\alpha_{A}$$

对圆柱 B 列刚体平面运动微分方程

$$ma_{B} = mg - F'_{T}$$

$$J_{B}\alpha_{B} = F'_{T}R$$

由运动分析［图（d）］，有

$$a_{B} = a_{C}^{\tau} + a_{C}^{n} + a_{BC}^{\tau} + a_{BC}^{n}$$

将上式在 y 轴上投影得

$$a_{B} = a_{C}^{\tau} + a_{BC}^{\tau}$$

式中：

$$a_{C}^{\tau} = R\alpha_{A},\quad a_{BC}^{\tau} = R\alpha_{B}$$

联立求解以上诸式，得

$$a_{B} = \frac{4}{5}g$$

计算题 5.20　两均质圆柱的质量均为 m，半径均为 R，一绳绕于圆柱 A 上，绳的另一端绕在圆柱 B 上，轮 A 上作用一逆时针方向的转矩 M，如图（a）所示。试问 M 满足什么条件时，圆柱 B 的质心将有向上的加速度。

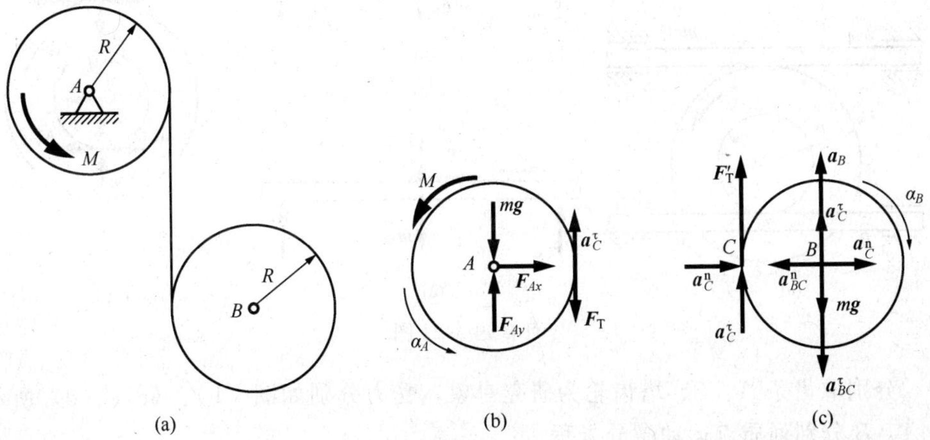

计算题 5.20 图

解　分别取圆柱 A、B 为研究对象，受力分别如图（b）、（c）所示。

对圆柱 A 列刚体定轴转动微分方程

$$M - F_{T}R = J_{A}\alpha_{A}$$

式中：

$$a_{C}^{\tau} = R\alpha_{A},\quad J_{A} = \frac{1}{2}mR^{2}$$

对圆柱 B 列刚体平面运动微分方程

$$F_{T} - mg = ma_{B}$$

$$F_T R = J_B \alpha_B$$

式中：

$$J_B = \frac{1}{2} m R^2$$

圆柱 B 作平面运动，取点 C 为基点，则轮心 B 的加速度在 y 轴上投影为

$$a_B = a_C^\tau - a_{BC}^\tau$$

式中：

$$a_C^\tau = R\alpha_A ,\quad a_{BC}^\tau = R\alpha_B$$

联立求解以上诸式，得

$$M - 2mRg = \frac{5}{2} m a_B R$$

要求 $a_B > 0$，则 $M - 2mRg > 0$，故得

$$M > 2mRg$$

计算题 5.21　在质量为 m，回转半径为 ρ 的塔齿轮上作用一转矩 M，带动质量分别为 m_1 及 m_2 的齿条 A 和 B 在水平槽内滑动，如图（a）所示。若不计摩擦，试求塔齿轮质心 C 的加速度。

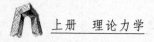

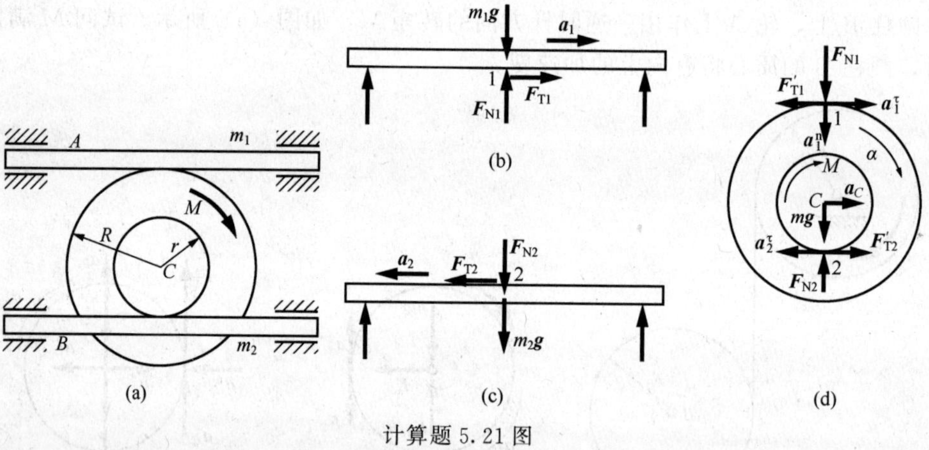

计算题 5.21 图

解　分别取齿条 A、B、塔齿轮为研究对象，受力分别如图（b）、（c）、（d）所示。对于齿条 A、B 分别列质点运动微分方程

$$F_{T1} = m_1 a_1$$

$$F_{T2} = m_2 a_2$$

对塔齿轮列刚体平面运动微分方程

$$F'_{T2} - F'_{T1} = m a_C$$

$$J_C \alpha = M - F_{T1} R - F_{T2} r$$

式中：

$$J_C = m\rho^2$$

由运动分析［图（d）］，有

$$a_1^\tau = a_C + \alpha R$$

$$a_2^\tau = -a_C + \alpha r$$

$$a_1^\tau = a_1, \quad a_2^\tau = a_2$$

联立求解以上诸式，得

$$a_C = \frac{M(m_2 r - m_1 R)}{(m_1 + m_2 + m)(m\rho^2 + m_1 R^2 + m_2 r^2) - (m_2 r - m_1 R)^2}$$

第六章 动能定理

内容提要

1. 功

（1）功的概念。力的功是力对物体的作用在路程上累积效应的度量。

力 $\boldsymbol{F}$ 在路程$\overset{\frown}{M_1M_2}$上所作的功 W 等于力 $\boldsymbol{F}$ 在这段路程上所有元功之和。即

$$W=\int_{M_1}^{M_2}\boldsymbol{F}\cdot\mathrm{d}\boldsymbol{r} \tag{6.1}$$

或

$$W=\int_{M_1}^{M_2}(F_x\mathrm{d}x+F_y\mathrm{d}y+F_z\mathrm{d}z) \tag{6.2}$$

式中：X、Y、Z——力 $\boldsymbol{F}$ 在 x、y、z 轴上的投影；

$\mathrm{d}x$、$\mathrm{d}y$、$\mathrm{d}z$——微小位移 $\mathrm{d}\boldsymbol{r}$ 在 x、y、z 轴上的投影。

（2）几种常见力的功。

1）重力的功。重力的功等于质点或质点系的重量与其重心始末位置高度差的乘积，即

$$W=\pm mgh \tag{6.3}$$

重心下降时功为正，重心上升时功为负。

2）弹性力的功。弹性力的功等于弹簧刚度系数与弹簧在始末位置上变形量的平方之差的乘积的一半，即

$$W=\frac{1}{2}k(\delta_1^2-\delta_2^2) \tag{6.4}$$

3）作用于转动刚体上的力的功。作用于转动刚体上的力的功，等于该力对转轴之矩 M_z 对刚体转角的积分，即

$$W=\int_{\varphi_1}^{\varphi_2}M_z\mathrm{d}\varphi \tag{6.5}$$

如果作用于刚体上的是力偶，且力偶作用在垂直于转轴的平面内，此时力偶的功仍可按上式计算，只是式中的力对轴之矩应为力偶矩。

4）摩擦力的功。摩擦力的功等于摩擦力与其作用点滑动距离的乘积。当摩擦力方向与

其作用点的运动方向相反时，摩擦力作负功，反之作正功。

刚体沿固定面作纯滚动运动时，滑动摩擦力不作功。

5）约束力的功。理想约束的约束力的功等于零。常见的理想约束有光滑面约束、光滑铰链支座与光滑铰链约束、不可伸长的柔索约束和刚性杆约束等。

6）内力的功。质点系内力的功之和一般不等于零。但刚体内力的功之和等于零。

2. 动能

（1）质点的动能。质点的动能 T 等于质点的质量 m 与质点在某一瞬时的速度 v 的平方的乘积之半，即

$$T=\frac{1}{2}mv^2 \tag{6.6}$$

（2）质点系的动能。质点系的动能等于质点系中各质点动能之和，即

$$T=\sum\frac{1}{2}m_iv_i^2 \tag{6.7}$$

（3）刚体的动能。

1）平移刚体的动能。平移刚体的动能等于刚体的质量与其质心速度平方乘积的一半，即

$$T=\frac{1}{2}mv_C^2 \tag{6.8}$$

2）定轴转动刚体的动能。定轴转动刚体的动能，等于刚体对转动轴的转动惯量与角速度平方乘积的一半，即

$$T=\frac{1}{2}J_z\omega^2 \tag{6.9}$$

3）平面运动刚体的动能。平面运动刚体的动能等于刚体随质心平移的动能与绕质心转动的动能之和，即

$$T=\frac{1}{2}mv_C^2+\frac{1}{2}J_C\,\omega^2 \tag{6.10}$$

3. 动能定理

（1）质点的动能定理。在某一段路程上质点动能的改变，等于作用于质点上的力在同一段路程上所作的功。这就是质点动能定理的积分形式，即

$$T_2-T_1=W \tag{6.11}$$

（2）质点系的动能定理。在某一段路程上质点系动能的改变，等于作用于质点系的所有力在同一段路程上所作的功之和，即

$$T_2-T_1=\sum W_i \tag{6.12}$$

4. 普遍定理的综合应用

动量定理、质心运动定理、动量矩定理和动能定理统称为动力学普遍定理。在求解动力学问题时，应根据具体问题的已知量和待求量，以及各定理的特点，选用合适的定理来求解。

(1) 已知运动求力的问题。

1) 求约束力。一般可考虑使用动量定理、质心运动定理或下一章的达朗贝尔原理。对于定轴转动或平面运动刚体，还可考虑使用定轴转动或平面运动刚体的微分方程。

2) 求流体的动压力问题。可考虑使用动量定理或动量矩定理。

(2) 已知力求运动问题。

1) 求速度（角速度）问题。如果是力作用了一段路程问题，可考虑使用动能定理、质心运动定理（或动量定理）、动量矩定理。如果是力作用了一段时间问题，可考虑使用动量定理或动量矩定理的积分形式。

2) 求加速度（角加速度）问题。对质点系可考虑使用质心运动定理（或动量定理）；对定轴转动刚体可考虑使用刚体定轴转动微分方程；对平面运动刚体可考虑使用刚体平面运动微分方程。

欲求速度，可先求加速度再积分；欲求加速度，可先求速度再微分。

3) 对于比较复杂的动力学问题，仅应用某个定理是不能求解的，需要综合应用几个定理才能求解。可根据具体问题的已知量和待求量以及各定理的特点，经过分析比较选用合适的定理。

概念题解

概念题 6.1～概念题 6.17　功和动能的计算

概念题 6.1　弹性力的功等于______。

答　弹簧刚度系数与其在始末位置上变形的平方之差的乘积的一半。

概念题 6.2　弹性力的功与弹簧刚度系数有关，还与______有关；当______功为正，当______功为负。

答　弹簧的初变形和末变形；初变形大于末变形时；初变形小于末变形时。

概念题 6.3　在弹性范围内，若弹簧的伸长加倍，则弹性力的功也加倍。（　　）

答　错。

概念题 6.4　在某有势力作用下，质点沿一封闭曲线运动一周，则该有势力所作的功为______。

答　零。

概念题 6.5　摩擦力总是作负功。（　　）

答　错。

概念题 6.6　机器运转时，凡摩擦力的功是否一定是无用功？（　　）研磨机运动工作时，作用于工件上起研磨作用的摩擦力的功是否为有用功？（　　）

答　否。是。

概念题 6.7　作用于在固定面上作只滚不滑运动的轮子上的摩擦力的功等于______。

答　零。

概念题 6.8　木块在力作用下沿粗糙的平台上移动了距离 s 后，再沿原路程返回初始位置，在此过程中，平台作用于木块上的动摩擦力 $\boldsymbol{F}$ 的功等于______。

答　$-2Fs$。

概念题 6.9　力偶的功的正负号决定于力偶的转向，逆时针为正，顺时针为负。（　　）

答　错。

概念题 6.10　图示皮带轮的直径为 500mm，皮带的拉力分别为 1800N 和 600N，若皮带轮的转速为 240π rad/min，一分钟内皮带拉力所作的总功等于______。

答　$W=(F_1-F_2)\dfrac{D}{2}\varphi=226080\text{J}$。

概念题 6.11　图示一质点 M 与弹簧相连，在铅垂平面内的粗糙圆槽内滑动，若质点获得一初速度 $\boldsymbol{v}_0$，恰好使其在圆槽内滑动一周，则下列说法中不对的是（　　）。

A. 弹性力的功为零　　　　B. 重力的功为零

C. 法向反力的功为零　　　D. 摩擦力的功为零

答　D。

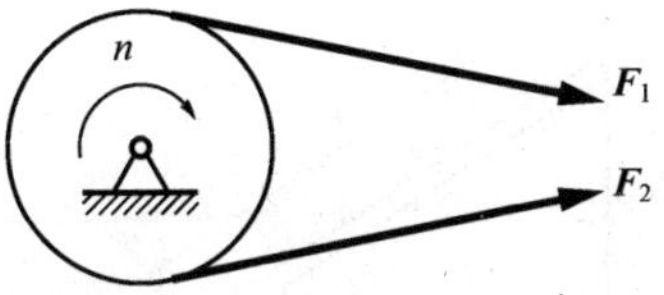

概念题 6.10 图

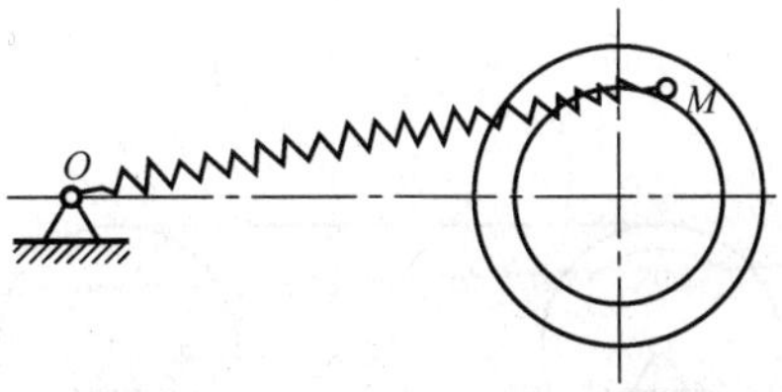

概念题 6.11 图

概念题 6.12　下列说法中正确的是（　　）。

A. 质点系内力作功之和恒等于零　　　B. 刚体系统内力作功之和恒等于零

C. 弹性体内力作功之和恒等于零　　　D. 刚体内力作功之和恒等于零

答　D。

概念题 6.13　图示均质圆盘重为 W，半径为 r，绕偏离质心 C 的轴 O 作定轴转动，$OC=\dfrac{r}{4}$，质心的速度为 $\boldsymbol{v}_C$，则该圆盘的动能等于（　　）。

A. $\dfrac{1}{2}\left(\dfrac{W}{g}\boldsymbol{v}_C^2\right)$　　B. $\dfrac{1}{4}\left(\dfrac{W}{g}\boldsymbol{v}_C^2\right)$　　C. $\dfrac{9}{2}\left(\dfrac{W}{g}\boldsymbol{v}_C^2\right)$　　D. $\dfrac{9}{8}\left(\dfrac{W}{g}\boldsymbol{v}_C^2\right)$

答　C。

概念题 6.14　图示两轮的质量相同，半径相同，以相同的角速度绕中心 O 轴转动，其中 A 轮的质量均匀分布，B 轮质心 C 偏离几何中心 O，则它们的动能是否相等？为什么？

答　不相等。因为两轮对 O 轴的转动惯量不同。

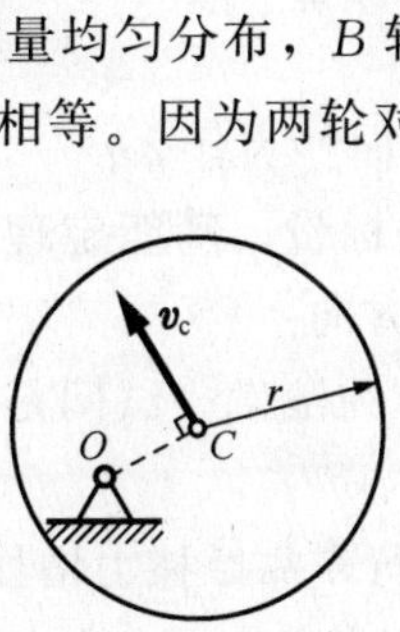

概念题 6.13 图

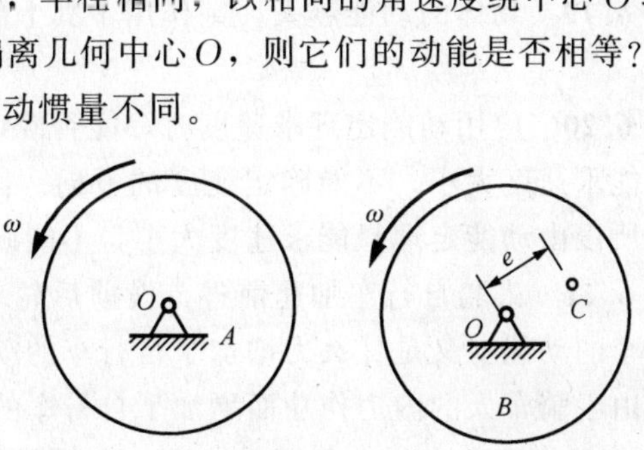

概念题 6.14 图

概念题 6.15　图示两个半径均为 R 的轮子，对其转轴的转动惯量分别为 J_1、J_2，皮带单位长度质量为 γ，轮心距 $O_1O_2=l$，轮子转动的角速度为 ω，则系统的动能为（　）。

A. $T=\dfrac{1}{2}J_1\omega^2+\dfrac{1}{2}J_2\omega^2+\gamma(l+\pi R)R^2\omega^2$

B. $T=\dfrac{1}{2}J_1\omega^2+\dfrac{1}{2}J_2\omega^2+\dfrac{\gamma}{2}(l+\pi R)R^2\omega^2$

C. $T=\dfrac{1}{2}(J_1+\pi R^3\gamma)\omega^2+\dfrac{1}{2}(J_2+\pi R^3\gamma)\omega^2$

D. $T=\dfrac{1}{2}(J_1+\pi R^3\gamma)\omega^2+\dfrac{1}{2}(J_2+\pi R^3\gamma)\omega^2+\gamma l v^2$

答　A。

概念题 6.16　图示均质杆 AB 长为 l，质量为 m，A 端靠墙，B 端沿地面运动。在图示瞬时，B 端的速度为 $\boldsymbol{v}$，则此时杆的动能为（　　）。

A. $\dfrac{1}{3}mv^2$　　B. $\dfrac{1}{2}mv^2$　　C. $\dfrac{2}{3}mv^2$　　D. $\dfrac{4}{2}mv^2$

答　C。

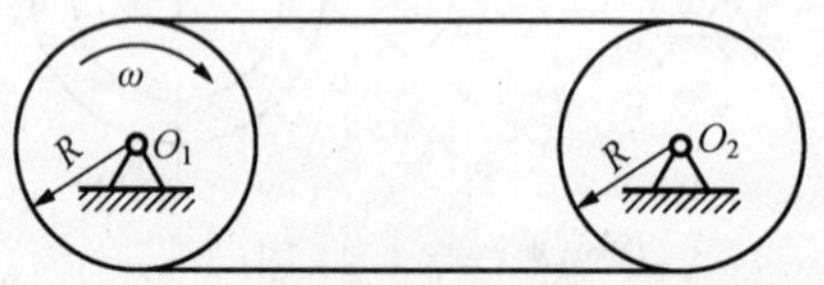

概念题 6.15 图

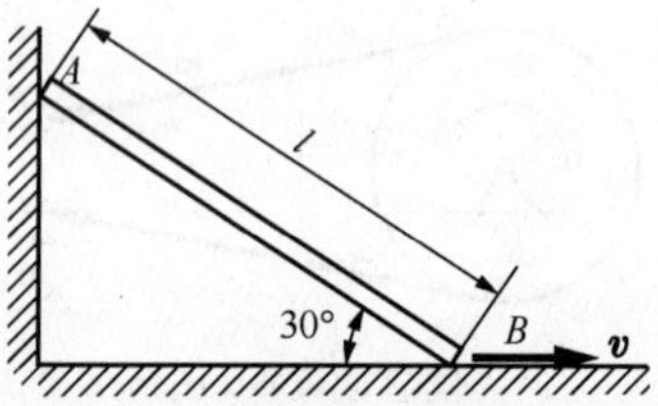

概念题 6.16 图

概念题 6.17　质点以匀速率作曲线运动时，其动能是否保持不变？（　　）

答　是。

概念题 6.18～概念题 6.25　动能定理

概念题 6.18　质点系的动能定理可叙述为：在质点系运动的任一过程中，质点系动能的变化，等于______。

答　作用于质点系上所有的力在这个过程中所作的功的总和。

概念题 6.19　物体的动能越大，则作用于其上的力所作的功也一定越大。（　　）

答　错。

概念题 6.20　应用动能定理求速度时，能否确定速度的方向？为什么？

答　只能求速度大小，不能确定速度的方向。因为动能是标量，动能定理的表达式是标量方程，所以由动能定理只能求速度大小，不能确定速度的方向。

概念题 6.21　人骑自行车加速前进，设前后轮均沿地面作纯滚动。试问是什么力作功增加了自行车的动能？又是什么力增加了自行车的动量？

答　是由于骑车人的内力作功而增加了自行车的动能。自行车靠摩擦力增加其动量。

概念题 6.22　在高度为 h 处同时抛出三个质量相同的小球，第一个自由落下，初速度为零；第二个水平抛出，初速度为 v_2；第三个倾斜向上抛出，初速度为 v_3，$v_1<v_2<v_3$。若忽略空气阻力，当这三个小球落到同一水平面上时，哪个小球的速度最大？为什么？

答　第三个小球速度最大。三个小球各自重力作的功相等，根据动能定理，初速度大的，末速度也大。

概念题 6.23　图示一质点在空中作抛物线运动，不计空气阻力。设 A 和 B 是抛物线上任意两个等高度的点，质点经过 A、B 时的速度分别为 $\boldsymbol{v}_A$ 和 $\boldsymbol{v}_B$，问速度大小 $\boldsymbol{v}_A$ 与 $\boldsymbol{v}_B$ 是否相等？为什么？

答　由于质点途经抛物线 AB 的过程中，重力作功为零，且无其他力作功，故动能保持不变，$v_A=v_B$，但 v_A、v_B 的方向不同。

概念题 6.24　图示两个半径相同，质量也相同的均质圆柱 A、B，分别放在两个倾角为 θ 的斜面上，自相同的高度 h 处无初速地沿斜面向下运动。若 A 轮只滑不滚（不计摩擦），而 B 轮只滚不滑，则它们到达斜面最低点时那一个质心的速度大？为什么？

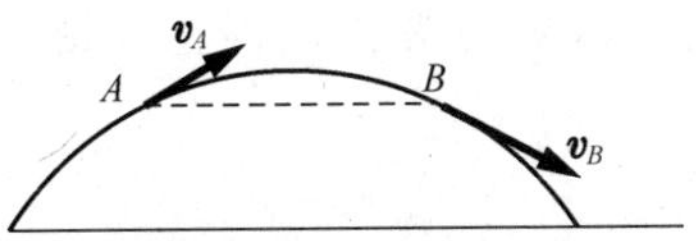

概念题 6.23 图

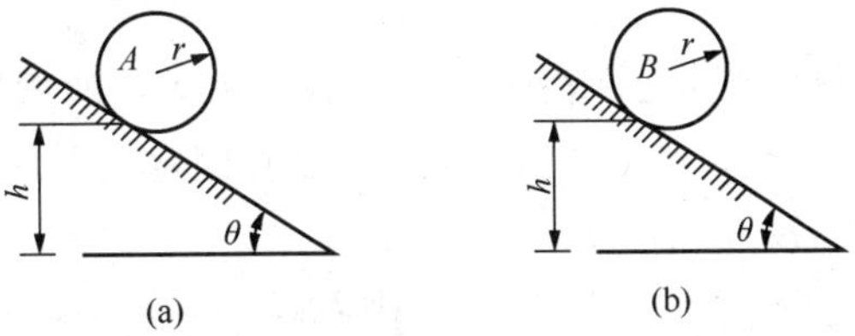

概念题 6.24 图

答　圆柱 A 的质心速度大。作用于两圆柱上的力的功相等，初位置两圆柱的动能相等（为零），根据动能定理，末位置两圆柱的动能也相等。在末位置，圆柱 A 的动能为质心平移动能，圆柱 B 的动能为质心平移动能与绕质心转动动能之和，故圆柱 A 的质心速度大。

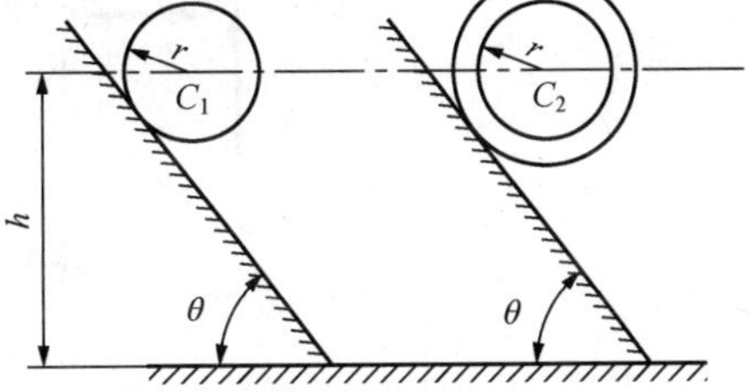

概念题 6.25 图

概念题 6.25　图示均质圆盘 C_1 和细圆环 C_2 的质量均为 m，半径均为 r，两者沿相同的斜面自同一高度无初速的向下作纯滚动。则（　　）。

A. 两者到达地面时角速度相同　　B. 两者到达地面时质心速度相同

C. 两者到达地面时动能相同　　D. 两者同时到达地面

答　C。

计算题解

计算题 6.1～计算题 6.9　动能定理

计算题 6.1　图示小球从光滑半圆柱的顶点 A 无初速地下滑，试求小球脱离半圆柱时的位置角 φ。

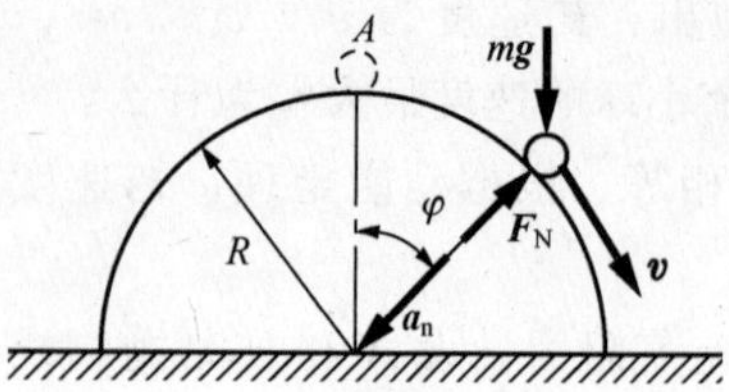

计算题 6.1 图

解　取小球为研究对象，受力如图所示。由动能定理，有

$$\frac{1}{2}mv^2 = mgR(1-\cos\varphi)$$

得

$$v^2 = 2gR(1-\cos\varphi)$$

列质点运动微分方程

$$mg\cos\varphi = ma_n$$

或

$$g\cos\varphi = \frac{v^2}{R} = 2g(1-\cos\varphi)$$

得

$$\cos\varphi = \frac{2}{3}, \quad \varphi = 48.2°$$

计算题 6.2　在图示系统中，物块 A 的质量为 m_1，滑轮 B 和滚子 C 都是均质圆盘，质量均为 m_2，半径均为 r，滚子 C 在固定水平面上作纯滚动。试求物块 A 由静止开始下降 h 时的速度和加速度。

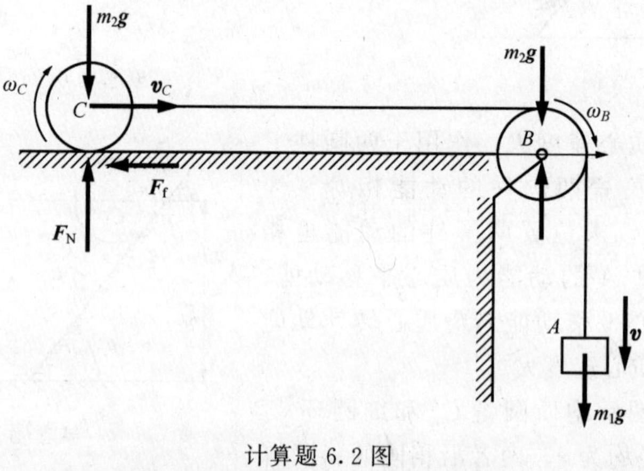

计算题 6.2 图

解　取系统为研究对象，受力如图所示。由动能定理，有

$$\frac{1}{2}m_1v^2+\frac{1}{2}J_B\omega_B^2+\frac{1}{2}m_Cv_C^2+\frac{1}{2}J_C\omega_C^2-0=m_1gh$$

或

$$\frac{1}{2}m_1v^2+\frac{1}{2}\times\frac{1}{2}m_2r^2\frac{v^2}{r^2}+\frac{1}{2}m_2v^2+\frac{1}{2}\times\frac{1}{2}m_2r^2\frac{v^2}{r^2}=m_1gh$$

即

$$\left(\frac{1}{2}m_1+m_2\right)v^2=m_1gh$$

得

$$v=\sqrt{\frac{2m_1gh}{m_1+2m_2}}$$

$$a = \frac{dv}{dt} = \frac{m_1 g}{m_1 + 2m_2}$$

计算题 6.3　图（a）所示均质圆柱体的质量为 m，其上绕以细绳。试用动能定理求圆柱降落 h 时，其质心的速度和加速度。

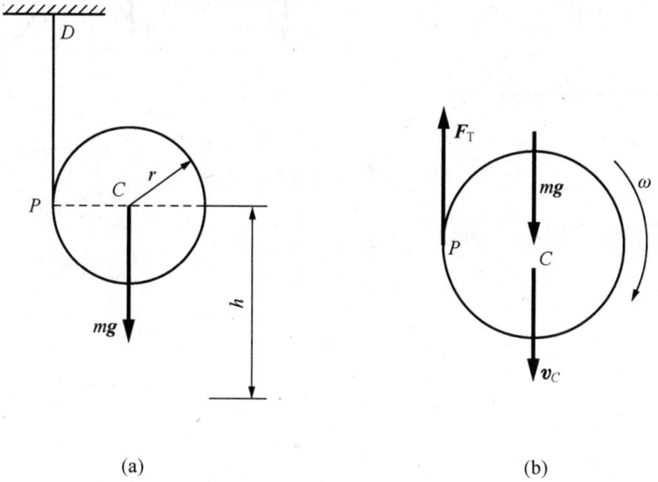

计算题 6.3 图

解　取系统为研究对象，受力如图（b）所示。由动能定理，有

$$\frac{1}{2}mv_C^2 + \frac{1}{2}J\omega^2 - 0 = mgh$$

或

$$\frac{1}{2}mv_C^2 + \frac{1}{2} \times \frac{1}{2}mr^2 \frac{v_C^2}{r^2} = mgh$$

即

$$\frac{3}{4}mv_C^2 = mgh \tag{a}$$

得

$$v_C = 2\sqrt{\frac{gh}{3}}$$

将式（a）求导后，得

$$a_C = \frac{2}{3}g$$

计算题 6.4　质量为 m_1，长为 l 的均质杆 AB 的 A 端与滑块 A 铰接于 A 点，B 端与质量为 m_2，半径为 R 的均质圆盘铰接于 B 点，滑块 A 可在铅垂导槽中滑动，不计滑块质量以及滑块与导槽的摩擦，圆盘可沿固定水平面作无滑动的滚动，如图（a）所示。设系统由图示位置释放，试求杆 AB 到达水平位置时的角速度和圆盘中心 B 的速度。

解　取系统为研究对象，受力如图（b）所示。由动能定理，有

$$\frac{1}{2}m_1 v_C^2 + \frac{1}{2}J_C\omega_{AB}^2 + \frac{1}{2}m_2 v_B^2 + \frac{1}{2}J_B\omega_B^2 - 0 = m_1 g \times \frac{l}{2}\sin 30° \tag{a}$$

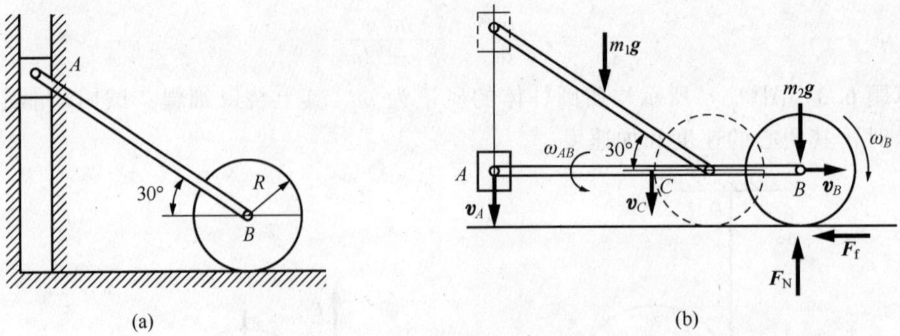

计算题 6.4 图

因为 B 点为 AB 杆的速度瞬心，所以

$$v_B = 0$$

$$\omega_B = \frac{v_B}{R} = 0$$

$$v_C = \frac{l}{2}\omega_{AB}$$

代入式（a），得

$$\omega_{AB} = \sqrt{\frac{3g}{2l}}$$

计算题 6.5 图（a）所示两相同的均质杆 AB、AC 长均为 l，质量均为 m，杆 AC 放在光滑的水平面上，杆 AB 铅垂，两杆在 A 端铰接。由于微小的干扰，使 AB 杆由静止开始向右倒下，试求 AB 杆接触地面时的角速度。

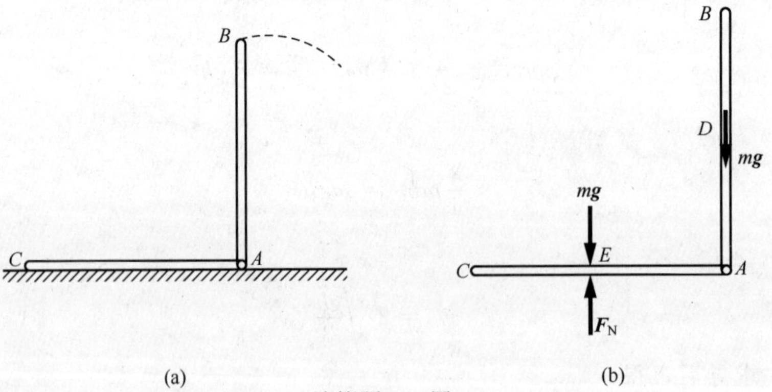

计算题 6.5 图

解 取系统为研究对象，受力如图（b）所示。

杆 AB 在倒下过程中作平面运动，在接触地面的瞬时，A 点为其速度瞬心。设此时杆 AB 的角速度为 ω，则由动能定理，有

$$\frac{1}{2}J_A\omega^2 - 0 = mg\frac{l}{2}$$

式中：

$$J_A = \frac{1}{3}ml^2$$

得

$$\omega = \sqrt{\frac{3g}{l}}$$

计算题 6.6　质量为 m，长为 l 的均质细杆 AB，由离 B 端 $\frac{l}{4}$ 处的光滑铰链 O 支承，如图（a）所示。若从水平位置无初速释放，试求杆转过 θ 角度时的角速度和角加速度。

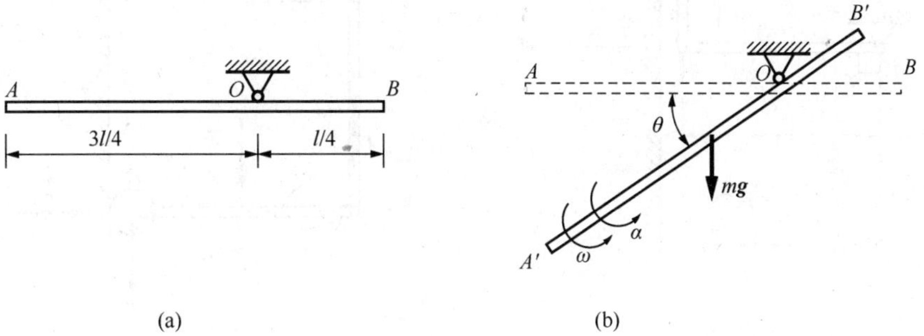

计算题 6.6 图

解　取杆为研究对象，受力如图（b）所示。由动能定理，有

$$T_2 - T_1 = \sum W \tag{a}$$

式中：

$$T_1 = 0$$

$$T_2 = \frac{1}{2}J_O\omega^2 = \frac{1}{2}\omega^2\left(J_C + m\frac{l^2}{16}\right) = \frac{7}{96}\omega^2 ml^2$$

$$\sum W = mg \times \frac{l}{4}\sin\theta$$

代入式（a），得

$$\frac{7}{96}\omega^2 ml^2 = mg \times \frac{l}{4}\sin\theta \tag{b}$$

故

$$\omega = \sqrt{\frac{6g}{7l}\sin\theta}$$

对式（b）求导，得

$$\alpha = \frac{12g}{7l}\cos\theta$$

计算题 6.7　均质细杆 AB 和 BC 的长均为 l，质量均为 m，用铰链 B 连接，C 端有小轮可沿铅垂壁下滑，如图（a）所示。不计摩擦及小轮质量、大小，从图示位置静止释放，试求当 AB 杆绕铰链 A 转到铅垂位置，BC 杆正好为水平位置时，小轮中心 C 的速度。

解　取系统为研究对象，受力如图（b）所示。

当杆 BC 运动到水平位置时，B 为速度瞬心，$v_B = 0$，故有

$$v_{C_1} = \frac{1}{2}v_C,\quad \omega_{BC} = \frac{v_C}{l},\quad \omega_{AB} = 0$$

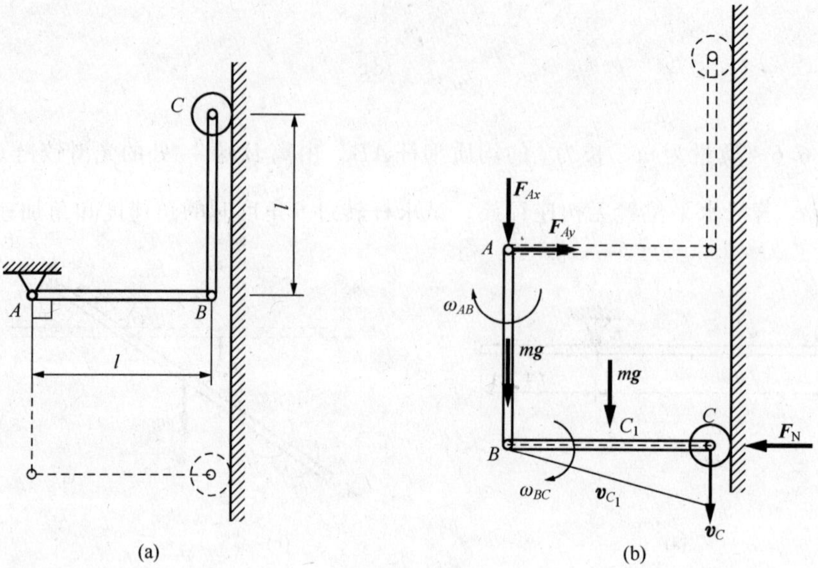

计算题 6.7 图

因而

$$T_1 = 0$$

$$T_2 = \frac{1}{2}mv_{C_1}^2 + \frac{1}{2}J_{C_1}\omega_{BC}^2 = \frac{1}{2}m\left(\frac{1}{2}v_C\right)^2 + \frac{1}{2}\left(\frac{1}{12}ml^2\right)\frac{v_C}{l}$$

$$\sum W = mg \times \frac{l}{2} + mg \times \frac{3}{2}l$$

由动能定理，有

$$T_2 - T_1 = \sum W$$

得

$$v_C = 2\sqrt{3gl}$$

计算题 6.8 小球用绳悬挂如图所示，在位置 A 由静止释放，当运动至铅垂位置时绳的中点被钉子 C 所阻，试求当小球达到最右的位置 B 时，下半段绳与铅垂线所成的角度。

解 小球从 A 至最低点过程中，由动能定理，有

$$T - 0 = W(l - l\cos 30°) \tag{a}$$

小球从最低点至 B 的过程中，由动能定理，有

$$0 - T = -W\left(\frac{l}{2} - \frac{l}{2}\cos\theta\right) \tag{b}$$

由式（a）与式（b），得

$$1 - \cos 30° = \frac{1}{2} - \frac{1}{2}\cos\theta$$

因此

$$\cos\theta = 0.732, \quad \theta = 42°56'$$

计算题 6.9 胶带输送机如图所示，胶带的速度 $v=1\text{m/s}$，每分钟输送货物的质量 $m=2600\text{kg}$，高度 $h=5\text{m}$，机械效率 $\eta=0.6$。试求输送机所需电动机的功率。

解 输送机所需电动机的功率为

$$P = \frac{mgh + \frac{1}{2}mv^2}{\eta t} = \frac{m\left(gh + \frac{1}{2}v^2\right)}{\eta \times 60} = 3575\text{W}$$

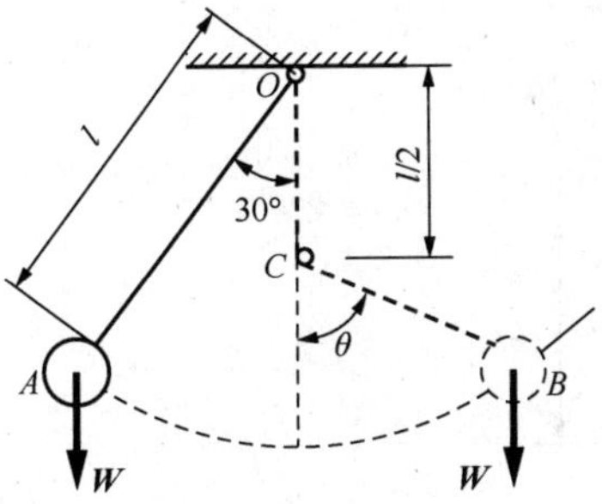

计算题 6.8 图

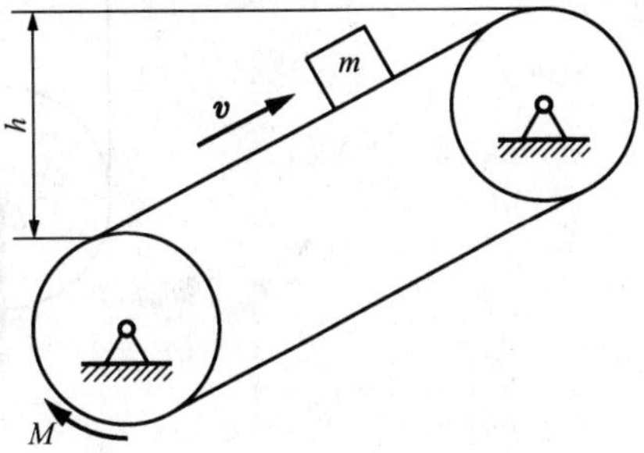

计算题 6.9 图

计算题 6.10～计算题 6.19 普遍定理的综合应用

计算题 6.10 两个半径相同的均质滑轮 A、B 重均为 W，其上缠绕细绳，连接如图 (a) 所示。设 B 轮由静止下落，试求其质心速度 v_C 与下落距离 h 的关系。

解 取系统为研究对象，受力如图 (b) 所示。由动能定理，有

$$T_2 - T_1 = \sum W$$

式中：

$$T_1 = 0$$

$$T_2 = \frac{1}{2}J_0\omega_0^2 + \frac{1}{2}\frac{W}{g}v_C^2 + \frac{1}{2}J_C\omega_C^2$$

$$\sum W = Wh$$

下面求 ω_0、ω_C 与 v_C 之间的关系。

分别取轮 A 与轮 B 为研究对象，受力分别如图 (c)、(d) 所示。列刚体定轴转动微分方程

轮 A：

$$\frac{Wr^2}{2g}\alpha_0 = Fr$$

轮 B：

$$\frac{Wr^2}{2g}\alpha_C = Fr$$

由上两式知，$\alpha_0 = \alpha_C$，所以 $\omega_0 = \omega_C$。

将动系固结于绳上［图 (b)］，由速度合成定理，有

$$\boldsymbol{v}_C = \boldsymbol{v}_e + \boldsymbol{v}_r$$

式中：

$$v_e = r\omega_0$$

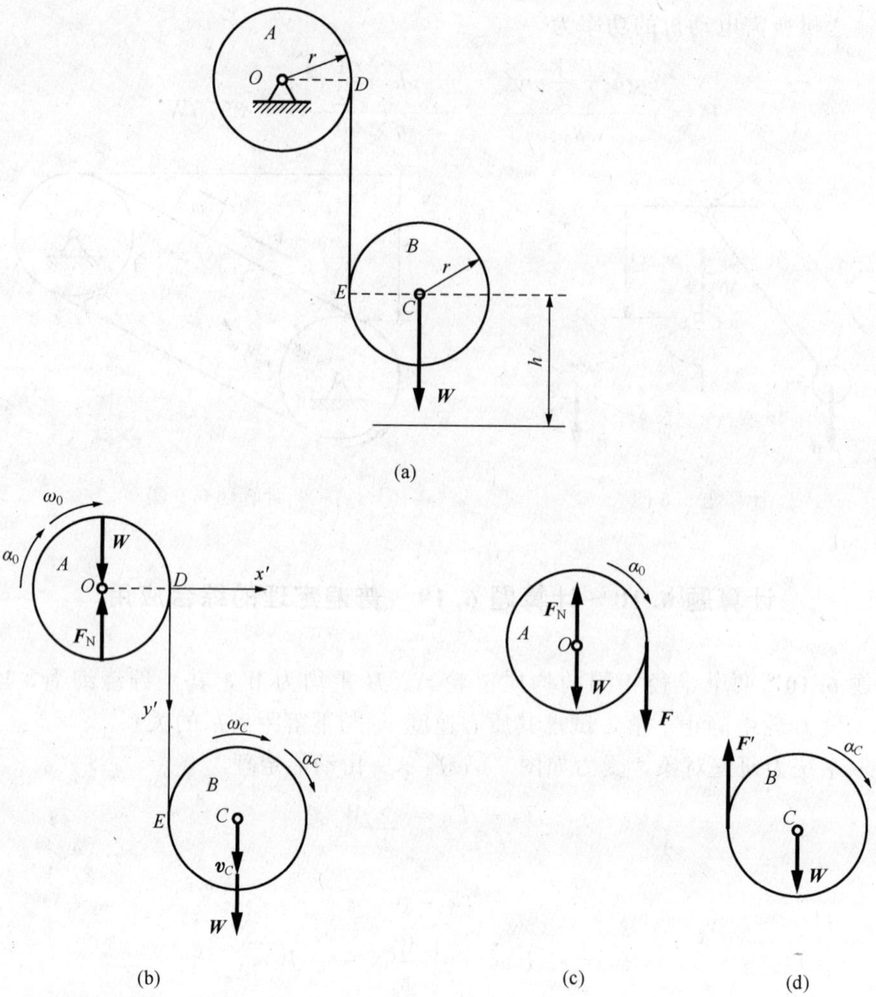

计算题 6.10 图

$$v_r = r\omega_C$$

得

$$v_C = 2r\omega_C$$

由动能定理得

$$v_C = \sqrt{\frac{8gh}{5}}$$

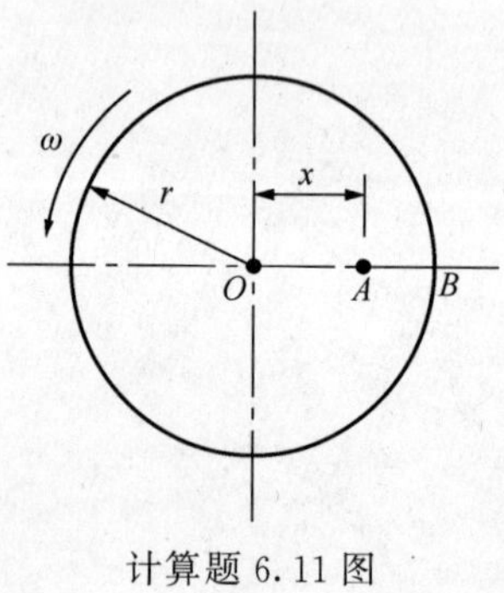

计算题 6.11 图

计算题 6.11　一水平圆台，半径为 r，重为 W_1，可绕通过中心 O 的铅垂固定轴转动，如图所示。一重为 W_2 的人沿半径 OB 以等相对速率 v_r 向外行走，在开始时人在圆台的中心，圆台的角速度为 ω_0，圆台可视为均质圆盘，不计轴承摩擦，试求以 x 表示的人用于改变系统（圆台和人）动能的功。

解　由动能定理，有

$$\sum W = T_2 - T_1 = \left(\frac{1}{2}J_O\,\omega^2 + \frac{1}{2}\times\frac{W_2}{g}v_a^2\right) - \frac{1}{2}J_O\,\omega_0^2$$

$$= \frac{W_1 r^2}{4g}\omega^2 + \frac{W_2}{2g}[(x\omega)^2 + v_r^2] - \frac{W_1 r^2}{4g}\omega_0^2 \tag{a}$$

由动量矩守恒定理，有

$$J_0\omega_0 = J_0\omega + \frac{W_2}{g}x\omega \cdot x$$

或

$$\frac{1}{2} \times \frac{W_1}{g}r^2\omega_0 = \frac{W_1}{2g}r^2\omega + \frac{W_2}{g}\omega x^2$$

得

$$\omega = \frac{W_1 r^2 \omega_0}{W_1 r^2 + 2W_2 x^2} \tag{b}$$

将式（b）代入式（a），得

$$\sum W = \frac{W_2(v_r^2 W_1 r^2 + 2W_2 x^2 v_r^2 - x^2 W_1 r^2 \omega_0^2)}{2g(W_1 r^2 + 2W_2 x^2)}$$

计算题 6.12　图（a）所示圆环以角速度 ω_0 绕铅垂轴 z 自由转动，圆环半径为 R，对轴 z 的转动惯量为 J。在圆环中的最高处 A 点上放一质量为 m 的小球，设由于微小的干扰使小球离开 A 点。试求当小球到达 B 点时圆环的角速度和小球的速度。圆环的摩擦忽略不计。

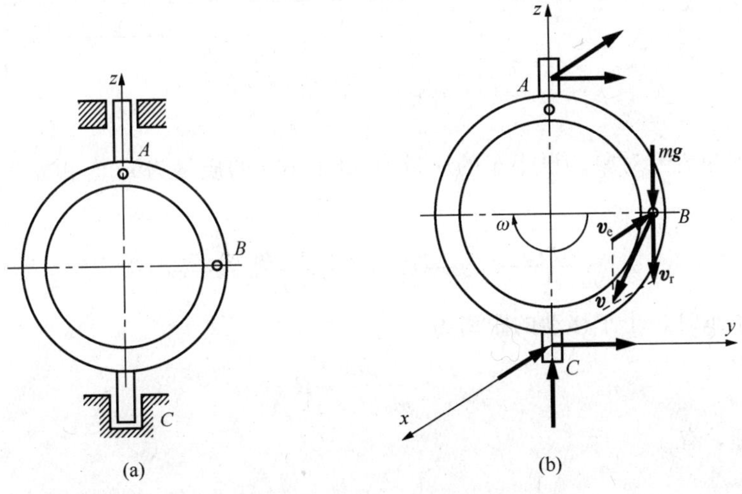

计算题 6.12 图

解　取整个系统为研究对象，受力如图（b）所示。因为该系统的所有外力对转轴 z 的矩都等于零，由对 z 轴的动力矩守恒定理，有

$$J\omega_0 = J\omega + mv_e R$$

式中：

$$v_e = R\omega$$

得

$$\omega = \frac{J\omega_0}{J + mR^2} \tag{a}$$

由动能定理，有

$$\frac{1}{2}J\omega^2 + \frac{1}{2}mv^2 - \frac{1}{2}J\omega_0^2 = mgR \tag{b}$$

将式（a）代入式（b），得

$$v = 2gR - \frac{J^2\omega_0^2}{m(J + mR^2)^2} + \frac{J}{m}\omega_0^2$$

计算题 6.13　图（a）所示小球 A（可视为质点）在小车 B 上沿光滑的四分之一圆弧面由静止开始落下，试求小球落到地面时离开其初始位置的水平距离。设小车重 $W_1 = 2\text{kN}$，小球重 $W_2 = 1\text{kN}$，小车在地面上运动时的水平阻力不计，$R = 0.5\text{m}$，$h = 0.6\text{m}$。

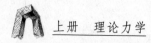

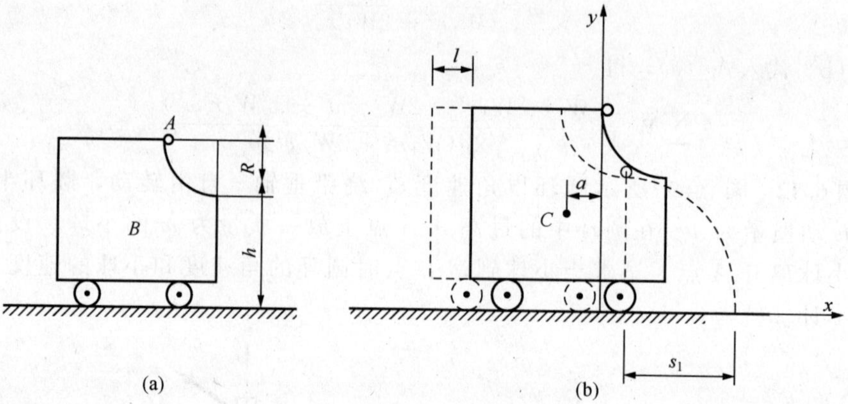

计算题 6.13 图

解　取系统为研究对象。设小车的质量为 m_1，小球的质量为 m_2，由水平方向质心运动守恒，有

$$\frac{-m_1 a}{m_1 + m_2} = \frac{-m_1(a + l) + m_2(R - l)}{m_1 + m_2}$$

解得小球离开小车时，小车移动的距离为

$$l = \frac{m_2}{m_1 + m_2}R$$

由动能定理，有

$$\frac{1}{2}m_1 v_1^2 + \frac{1}{2}m_2 v_2^2 - 0 = W_2 R \tag{a}$$

由水平方向动量守恒，有

$$0 = -m_1 v_1 + m_2 v_2 \tag{b}$$

联立求解式（a）、式（b），得小球离开小车时的速度为

$$v_2^2 = \frac{2Rgm_1}{m_1 + m_2}$$

由 $h = \frac{1}{2}gt^2$，得小球离开小车后运动的最大水平距离为

$$s_1 = v_2 t = \sqrt{\frac{2Rm_1}{m_1 + m_2}2h}$$

因此，小球落到地面时离开其初始位置的水平距离为

$$s = s_1 + R - l = 1.23\text{m}$$

计算题 6.14　长 $l=4$m，质量 $m=10$kg 的均质细杆为 O 处的光滑铰链以及弹簧所支承。弹簧的刚度系数 $k=50$N/m，原长 $l_0=5$m，连接于图示的 A 点和 B 点。若该杆从铅垂位置无初速下落，试问当杆到达水平位置时杆的角速度和角加速度各为多少？

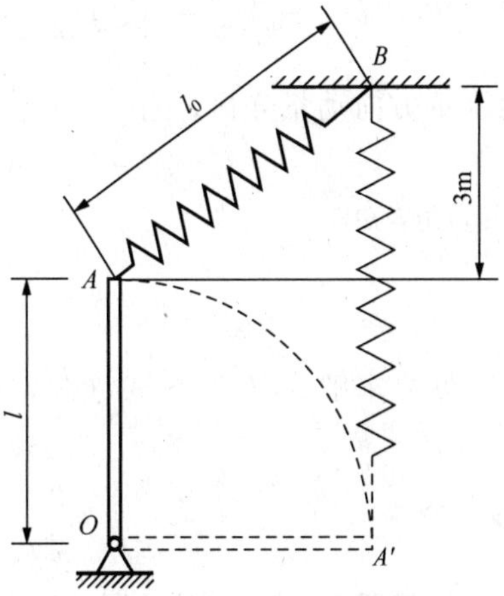

计算题 6.14 图

解　(1) 用动能定理求 ω。由动能定理，有

$$T_2 - T_1 = \sum W$$

式中：

$$T_1 = 0$$

$$T_2 = \frac{1}{2}J_O\,\omega^2 = \frac{1}{2}\left(\frac{1}{3}m \times l^2\right)\omega^2 = 26.67\omega^2$$

$$\sum W = mg\,\frac{l}{2} + \frac{1}{2}k(\delta_0^2 - \delta_1^2) = 2mg + \frac{1}{2}k(0 - 2^2) = 96\text{J}$$

得

$$\omega = 1.9\text{rad/s}$$

(2) 用动量矩定理求 α。由动量矩定理，有

$$J_O\,\alpha = mg\,\frac{l}{2} - Fl$$

式中：

$$F = k\delta_1 = 100\text{N},\quad J_O = \frac{1}{3}ml^2$$

得

$$\alpha = -3.83\text{rad/s}^2$$

计算题 6.15　在图 (a) 所示系统中，滑块 A 和小球 B 的质量均为 m_1，小球可视为质点，均质杆 AB 的质量为 m_2，长为 $2l$，它的一端与小球固结，另一端与滑块铰接，滑块可在固定水平滑槽内自由滑动。设初始时系统静止 $\varphi=0$，试求在重力作用下，当 $\varphi=90°$ 时 [图 (b)] 滑块和小球的绝对速度。

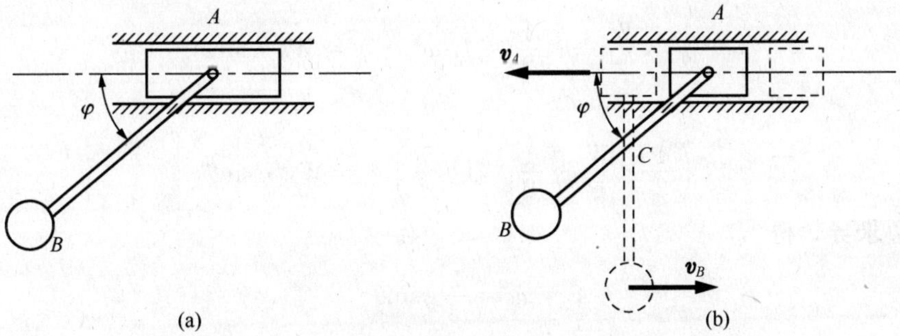

计算题 6.15 图

解　由动能定理，有

$$\frac{1}{2}m_1 v_A^2 + \frac{1}{2}m_1 v_B^2 + \frac{1}{2}J_C\omega^2 + \frac{1}{2}m_2 v_C^2 - 0 = m_1 2lg + m_2 lg \tag{a}$$

由水平方向动量守恒，有

$$0 = -v_A m_1 + m_1 v_B - m_2 v_C \tag{b}$$

由运动学知

$$v_B = -v_A + 2l\omega \tag{c}$$

$$v_C = -v_A + l\omega \tag{d}$$

联立求解式（a）～式（d），得

$$v_C = 0$$

$$v_A = v_B = \sqrt{\frac{6(2m_1 + m)}{6m_1 + m}lg}$$

计算题 6.16　一均质圆柱体重为 W，无滑动地沿倾角为 θ 的固定斜板由静止自 O 点开始滚动，O 为固定端，B 端悬空，如图所示。试求 $OA=s$ 时斜板对圆柱体约束力。板重略去不计。

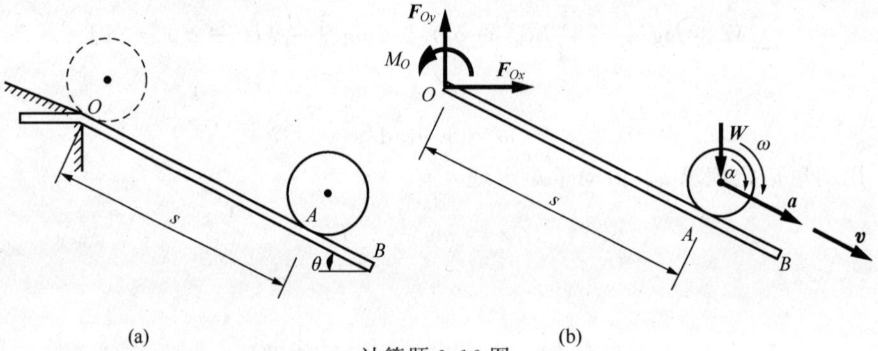

计算题 6.16 图

解　(1) 应用动能定理求运动

$$T_1 = 0$$

$$T_2 = \frac{1}{2} \times \frac{W}{g}v^2 + \frac{1}{2}J_C\omega^2$$

$$\sum W = Ws \cdot \sin\theta$$

由 $T_2 - T_1 = \sum W$，有

$$\frac{1}{2} \times \frac{W}{g}v^2 + \frac{1}{2} \times J_C\omega^2 - 0 = Ws \cdot \sin\theta$$

或

$$\left(\frac{1}{2} \times \frac{W}{g} + \frac{1}{2} \times J_C\frac{1}{r^2}\right)v^2 = Ws \cdot \sin\theta$$

对上式两边求导，得

$$a = \frac{2}{3}g\sin\theta$$

$$\alpha = \frac{2g}{3r}\sin\theta$$

(2) 用质心运动定理和动量矩定理求约束力

$$F_{Ox}\cos\theta - F_{Oy}\sin\theta + W\sin\theta = \frac{W}{g}a$$

$$F_{Ox}\sin\theta + F_{Oy}\cos\theta - W\cos\theta = 0$$

$$W\cos\theta \cdot s + W\sin\theta \cdot r - M_O = J_C\alpha + \frac{W}{g}ar$$

由以上方程解得

$$F_{Ox} = \frac{W}{3}\sin 2\theta$$

$$F_{Oy} = W - \frac{2}{3}W\sin^2\theta$$

$$M_O = Ws\cos\theta$$

计算题 6.17　质量为 m_1 与 m_2 的两滑块分别套在两根平行的光滑水平导杆上，用刚度系数为 k 的弹簧连接两滑块，如图所示。弹簧原长为 l，两平行杆的距离也为 l，现将两滑块拉开，使其水平距离为 s，且在初速度为零时释放，当两滑块运动到位于同一铅垂线时，试求此时两滑块的速度各为多少？

解　由动能定理，有

$$\frac{1}{2}m_1v_1^2 + \frac{1}{2}m_2v_2^2 - 0 = \frac{k}{2}(\sqrt{s^2+l^2} - l)^2 \quad (a)$$

由水平方向动量守恒，有

$$0 = m_1v_1 - m_2v_2 \quad (b)$$

联立求解式 (a)、(b)，得

$$v_1 = (\sqrt{s^2+l^2} - l)\sqrt{\frac{km_2}{m_1^2 + m_1m_2}}$$

$$v_2 = (\sqrt{s^2+l^2} - l)\sqrt{\frac{km_1}{m_2^2 + m_1m_2}}$$

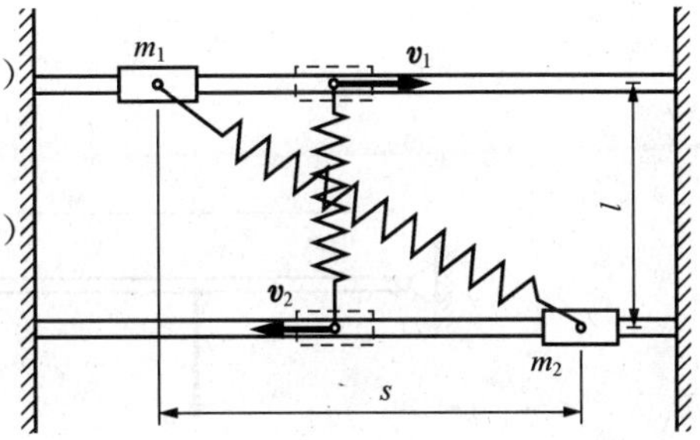

计算题 6.17 图

计算题 6.18　图 (a) 所示重为 W，半径为 r 的均质圆盘可绕固定水平轴 O 转动。从图示 OC 处于水平位置静止释放，试求旋转 90°后圆盘的角速度、角加速度及支座处的反力。

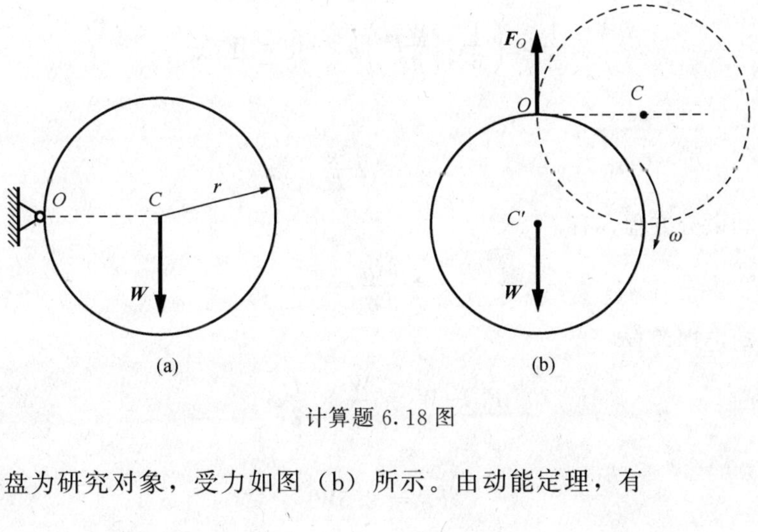

计算题 6.18 图

解　取圆盘为研究对象，受力如图 (b) 所示。由动能定理，有

$$\frac{1}{2}\times\left(1.5\,\frac{W}{g}r^{2}\right)\omega^{2}-0=Wr$$

得

$$\omega=\sqrt{\frac{4g}{3r}}$$

由刚体定轴转动微分方程，有

$$\alpha=\frac{M_O}{J_O}=0$$

由质心运动定理，有

$$F_O-W=\frac{W}{g}r\omega^{2}$$

得

$$F_O=\frac{7}{3}W$$

计算题 6.19　图（a）所示重为W，长为l的均质细杆OA可绕固定水平轴O转动。现将杆从水平位置由静止释放，试求转到铅垂位置时杆的角速度、角加速度及支座O处的反力。

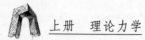

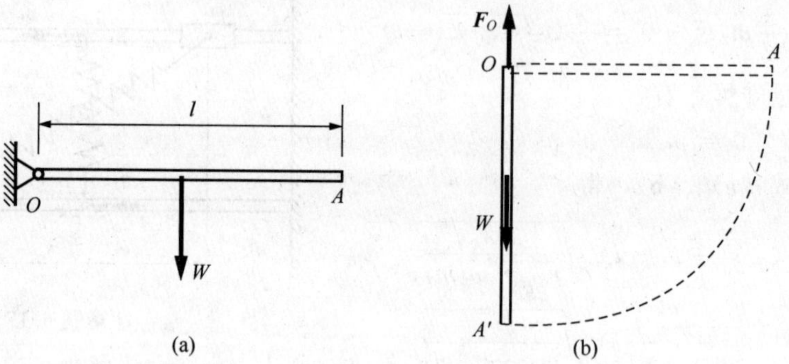

计算题 6.19 图

解　取杆为研究对象，受力如图（b）所示。由动能定理，有

$$\frac{1}{2}\times\left(\frac{1}{3}\times\frac{W}{g}l^{2}\right)\omega^{2}-0=W\,\frac{l}{2}$$

得

$$\omega=\sqrt{\frac{3g}{l}}$$

由刚体定轴转动微分方程，有

$$\alpha=\frac{M_O}{J_O}=0$$

由质心运动定理，有

$$F_O-W=\frac{W}{g}\times\frac{l}{2}\omega^{2}$$

得

$$F_O=2.5W$$

第七章 达朗贝尔原理与虚位移原理

内容提要

1. 达朗贝尔原理

(1) 质点的惯性力。设质点的质量为 m，加速度为 $\boldsymbol{a}$，则把力

$$\boldsymbol{F}_{\mathrm{I}}=-m\boldsymbol{a} \tag{7.1}$$

定义为质点的惯性力，而不管其是否存在或作用于质点以外的其他任何物体上。

(2) 质点的达朗贝尔原理。如果在运动的质点上加上惯性力，则作用于质点上的主动力、约束力与质点的惯性力组成一平衡力系。这就是质点的达朗贝尔原理，即

$$\boldsymbol{F}+\boldsymbol{F}_{\mathrm{N}}+\boldsymbol{F}_{\mathrm{I}}=0 \tag{7.2}$$

根据达朗贝尔原理，可将动力学问题从形式上转化为静力学平衡问题，使我们能够用静力学的方法来研究动力学问题。因此，这种方法称为动静法。

(3) 质点系的达朗贝尔原理。在质点系的每一个质点上都加上相应的惯性力，则作用于质点系的所有主动力、约束力与所有质点的惯性力组成一平衡力系。

(4) 刚体惯性力系的简化。

1) 平移刚体。对于平移刚体，其惯性力系可简化为一个通过质心的合力，此力的大小等于刚体的质量与加速度的乘积，方向与加速度的方向相反，即

$$\boldsymbol{F}_{\mathrm{I}}=-m\boldsymbol{a} \tag{7.3}$$

2) 定轴转动刚体。对于具有垂直于转轴的质量对称面的转动刚体，其惯性力系可简化为作用于对称面内的一个惯性力和一个惯性力偶。惯性力通过转轴与对称面的交点，大小等于刚体的质量与质心加速度的乘积，方向与质心加速度的方向相反；惯性力偶矩的大小等于刚体对转轴的转动惯量与角加速度的乘积，转向与角加速度相反，即

$$\left.\begin{aligned}\boldsymbol{F}_{\mathrm{I}}&=-m\boldsymbol{a}_{C}\\ M_{\mathrm{I}}&=-J_{z}\alpha\end{aligned}\right\} \tag{7.4}$$

3) 平面运动刚体。对于具有质量对称面，且对称面位于运动平面内的平面运动刚体，其惯性力系可简化为作用于对称面内的一个惯性力和一个惯性力偶。惯性力通过质心，大小等于刚体的质量与质心加速度的乘积，方向与质心加速度的方向相反；惯性力偶矩的大

小等于刚体对通过质心且垂直于对称面的轴的转动惯量与角加速度的乘积，转向与角加速度相反，即

$$\left.\begin{aligned} \boldsymbol{F}_I &= -m\boldsymbol{a}_C \\ M_I &= -J_C\alpha \end{aligned}\right\} \tag{7.5}$$

（5）动静法的解题步骤。

1）选取研究对象。根据问题的已知条件和待求量，选择合适的研究对象。

2）受力分析。用静力学方法对选取的研究对象进行受力分析，画出作用在研究对象上的主动力和约束力。

3）运动分析，加惯性力（惯性力偶）。根据选取的研究对象及其运动情况，计算惯性力（惯性力偶）的大小，并画出惯性力（惯性力偶）。

4）列方程。用静力学的方法，选取适当的投影轴和矩心（矩轴），列出平衡方程。

5）解方程求解未知量。

2. 虚位移原理

（1）约束。

1）几何约束与运动约束。只限制质点或质点系在空间的几何位置的约束称为几何约束。

能限制质点系中质点速度的约束称为运动约束。

2）定常约束与非定常约束。不随时间变化的约束称为定常约束（或稳定约束）。

约束条件随时间变化的约束称为非定常约束（或不稳定约束）。

3）单面约束与双面约束。只能限制质点某一方向的运动，而不能限制相反方向的运动的约束称为单面约束。

如果约束既能限制质点沿某一方向的运动，又能同时限制它相反方向的运动，则称为双面约束。

（2）虚位移。在某瞬时，质点或质点系可能发生的、为约束所容许的任何微小位移称为该质点或质点系的虚位移。

（3）虚位移的计算。

1）几何法。如果质点系为刚体或刚体系，由于质点的虚位移与点的速度相似，可以根据运动学中求刚体内点的速度的方法，得出各质点虚位移之间的关系。

2）解析法。把质点的坐标表示为某些参数的函数，再对坐标作变分运算，则可求得该质点虚位移的投影，这就是解析法。它是求质点系虚位移的普遍方法。

（4）虚功。作用于质点上的力在其虚位移上所作的功称为虚功。

（5）理想约束。如果质点系所受的约束力在系统的任何虚位移上所作虚功之和为零，则这种约束称为理想约束。

常见的光滑接触面约束、光滑铰链支座、光滑铰链约束、连接两质点的无重刚杆、连接两质点的不可伸长且受拉的柔索等均为理想约束。

（6）虚位移原理。具有双面定常、理想约束的质点系在给定位置处于平衡的必要与充分条件是所有作用于质点系上的主动力在质点系处于该位置时的任何虚位移上所作虚功之

和等于零，即

$$\sum \boldsymbol{F}_i \cdot \delta \boldsymbol{r}_i = 0 \tag{7.6}$$

式中：$\boldsymbol{F}_i$——作用于质点系中任一质点 M_i 上的主动力的合力；

$\delta \boldsymbol{r}_i$ ——该质点的虚位移。或用解析形式表示为

$$\sum (X_i \delta x_i + Y_i \delta y_i + Z_i \delta z_i) = 0 \tag{7.7}$$

式中：X_i、Y_i、Z_i——主动力的合力 $\boldsymbol{F}_i$ 在直角坐标轴 x、y、z 上的投影；

δx_i、δy_i、δz_i——虚位移 $\delta \boldsymbol{r}_i$ 在 x、y、z 轴上的投影。

(7) 虚位移原理的应用。

应用虚位移原理解决具有理想约束的质点系的平衡问题时，可以不必考虑约束力，只需考虑主动力，这样问题的求解过程就大为简化了。因此，对于受理想约束的复杂刚体系的平衡问题，应用虚位移原理求解比用静力学方法更为方便。

应用虚位移原理解题的步骤：

1) 判断系统是否具有理想约束。

2) 对理想约束情况，画出系统所受的主动力（包括按主动力处理的约束力）。

3) 求出主动力作用点处的虚位移，或找出各虚位移之间的关系。

4) 应用虚位移原理列出方程求解未知量。

概念题解

概念题 7.1～概念题 7.25　达朗贝尔原理

概念题 7.1　什么叫质点的惯性力？它的大小等于什么？它的方向如何确定？

答　质点受外力作用，其运动状态发生改变时，由于质点的惯性产生的对施力物体的反作用力叫惯性力。它的大小等于质点的质量与其加速度的乘积。它的方向与质点的加速度的方向相反。

概念题 7.2　质点作匀速直线运动时是否有惯性力？（　　）质点作匀速圆周运动时是否有惯性力？（　　）

答　否；是。

概念题 7.3　以下几种说法正确的是（　　）。

A. 凡是运动着的质点都有惯性力

B. 凡是作匀速率运动的质点都没有惯性力

C. 凡是质点的运动状态发生改变时，都会产生惯性力

D. 凡是作直线运动的质点都没有惯性力

答　C。

概念题 7.4　质点的惯性力作用于______上，它是该质点对______的反作用力。

答　使该质点产生加速度的施力物体；使它运动状态发生改变的施力物体。

概念题 7.5　列车转弯时，列车的离心惯性力作用于（　　）。

A. 钢轨上　　B. 列车的动力机车上

C. 列车的车轮上　　D. 列车的所有车厢上

答　A。

概念题 7.6　汽车刹车时，汽车的惯性力作用于地面。（　　）

答　对。

概念题 7.7　飞行在空中作抛物线运动的炮弹，其惯性力的作用对象是______。

答　地球。

概念题 7.8　人用手推动小车沿光滑的水平直线轨道加速前进，小车的惯性力的作用对象是______。

答　人手。

概念题 7.9　用绳子系住一个小球，使它在水平面内作匀速圆周运动，小球的惯性力是否作用于绳子？（　　）

答　是。

概念题 7.10　当旋转雨伞时，使伞上的雨滴以速度 v_0 沿伞边切向脱离雨伞飞向空中，雨滴的惯性力的作用对象是（　　）。

A. 雨伞　　B. 人手　　C. 雨滴　　D. 地球

答　D。

概念题 7.11　“根据达朗贝尔原理，作用于质点上的主动力、约束力与质点的惯性力组成一个平衡力系。因此，该质点处于平衡状态。”这种说法对吗？为什么？

答　不对。因为质点的惯性力是假想地加在质点上的，质点并非处于平衡状态，而是在作变速运动，否则也就不存在惯性力了。

概念题 7.12　以下说法中，正确的说法是（　　）。

A. 质量相同的两物体，其惯性力也相同

B. 两物体质量相同，加速度大小相同，其惯性力相同

C. 加速度相等的两物体，其惯性力也相等

D. 加速度相等的两物体，其质量大的物体的惯性力大

答　D。

概念题 7.13　设质量为 m 的质点在真空中仅受重力作用而运动，试确定在三种情况下质点惯性力的大小和方向：(1) 铅垂下落；(2) 铅垂上升；(3) 沿抛物线运动。

答　三种情况惯性力的大小均为 mg，方向均与 $\boldsymbol{g}$ 方向相反，即均铅垂向上。

概念题 7.14　质量为 m 的质点在真空中仅受重力作用而运动，其惯性力 $\boldsymbol{F}_1=-m\boldsymbol{g}$，则质点（　　）。

A. 铅垂下落　　B. 铅垂上升

C. 沿抛物线运动　　D. 可作以上所有运动

答　D。

概念题 7.15　火车在直线轨道上作加速行驶时，各节车厢的挂钩的受力是否相同？如受力不同，请指明哪节车厢挂钩受力最大？

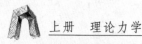

答　不同。第一节车厢的挂钩受力最大。

概念题 7.16　刚体作平移时，其上惯性力系的简化结果是一个通过质心的合力，合力大小等于______，方向与______。

答　刚体质量与其质心加速度的乘积；质心加速度的方向相反。

概念题 7.17　具有质量对称面的刚体绕垂直于该对称平面的轴转动时，惯性力系向转轴与对称平面的交点 O 简化，可得到什么结果？其大小及方向如何？

答　可得一个力和一个力偶。这个力的大小等于刚体质量与质心加速度的乘积，方向与质心加速度的方向相反；这个力偶的力偶矩的大小等于刚体对转轴的转动惯量与角加速度的乘积，转向与角加速度的转向相反。

概念题 7.18　若作平面运动的刚体，具有一质量对称平面，且该对称面在质心运动平面内时，则刚体惯性力系可简化成什么结果？其大小及方向如何？

答　可简化为在对称平面内的一个力和一个力偶。这个力通过质心，其大小等于刚体的质量与质心加速度的乘积，方向与质心加速度的方向相反；这个力偶的力偶矩的大小等于对通过质心且垂直于对称平面的轴的转动惯量与角加速度的乘积，转向与角加速度的转向相反。

概念题 7.19　刚体惯性力系的主矢与简化中心的选择是否有关？（　　）惯性力系的主矩与简化中心的选择是否有关？（　　）

答　否；是。

概念题 7.20　应用动静法求解动力学问题，下面说法中错误的是（　　）。

A. 动力学问题真的变成了静力学问题

B. 动力学问题在形式上成了静力学问题

C. 动力学问题可以用静力学方法求解

D. 问题的动力学性质不变

答　A。

概念题 7.21　试用动静法说明，摩托车在有摩擦力的水平平面上急拐弯时，为何必须将车身倾斜一个角度？

答　摩托车的惯性力（离心力）与地面摩擦力构成一个力偶，因此必须有另一个力偶与之平衡。此力偶由车身倾斜后的重力与地面的法向反力组成。

概念题 7.22　一个人蹲在磅秤上，在他迅速站起来的过程中，指针所指的刻度先大于他的体重，后小于他的体重，最后又等于他的体重，这是为什么？

答　当人迅速站起来时有一个向上的加速度，随后减速，加速度向下，当他站稳后，加速度为零。用动静法来分析，一开始有一个向下的惯性力，磅秤指数等于 $W+\frac{W}{g}a$；后来加速度向下，磅秤指数等于 $W-\frac{W}{g}a$；最后加速度为零，磅秤指数等于 W。

概念题 7.23　具有质量对称面且转轴垂直于质量对称面的刚体绕定轴转动时，刚体上各点惯性力系的主矢能使转轴产生附加动反力。（　　）惯性力系的主矩也能使转轴产生附加动反力。（　　）

答　对；错。

概念题 7.24　均质刚体作定轴转动时，附加动反力为零的条件是（　　）。

A. 刚体质心位于转轴上

B. 刚体有质量对称面，转轴与对称面垂直

C. 转轴是形心惯性主轴

D. 刚体有质量对称轴，转轴过质心并与该对称轴垂直

答　C。

概念题 7.25　无偏心的飞轮匀速转动时，不会在转轴处产生附加动反力。（　　）

答　对。

概念题 7.26～概念题 7.41　虚位移原理

概念题 7.26　______称为约束；______称为约束方程。

答　物体所受来自周围与它相联系的其它物体对它运动的限制；表示物体所受限制条件的数学方程。

概念题 7.27　何谓理想约束？

答　在质点系的任何虚位移中，约束力所做的元功之和为零的约束。

概念题 7.28　按加于质点系的约束是限制质点的位置还是速度来分，约束可分为______；按约束方程中是否显含时间来分，约束可分为______；按约束方程中是否含不可积分运动约束来分，约束可分为______。

答　几何约束与运动约束；定常约束与非定常约束；完整约束与非完整约束。

概念题 7.29　只限制质点或质点系在空间几何位置的约束称为______约束；不但能限制质点或质点系的位置，而且还能限制质点或质点系速度的约束称为______约束；不随时间变化的约束称为______约束；随时间变化的约束称为非定常约束。

答　几何；运动；定常。

概念题 7.30　如果约束在任何瞬时都不允许质点从任何方向脱离，这种约束称为______约束。如果约束允许质点从某一方向脱离则这种约束称为______约束。如果约束方程中不包含坐标对时间的导数，或者能通过积分消除约束方程中的坐标对时间的导数，得到几何约束的约束方程，则这种约束称为______约束。如果约束方程中包含坐标对时间的导数，而且通过积分不能消除约束方程中的坐标对时间的导数，则这种约束称为______约束。

答　固执（或双面）；非固执（或单面）；完整；非完整。

概念题 7.31　______称为质点系的广义坐标。______称为质点系的自由度。

答　凡是可用来确定质点系位置的独立的参变量；用来确定质点系位置的独立坐标参变量的数目。

概念题 7.32　具有理想约束的质点系在给定位置平衡的必要与充分条件是（　　）。

A. 作用于质点系上的所有主动力在该位置处的一组虚位移中的元功之和为零

B. 作用于质点系上的所有主动力在该位置处的任何虚位移中的元功之和为零

C. 该质系的所有约束力在质点系的一组虚位移中的元功之和为零

D. 该质点系的所有约束力在质点系的任何虚位移中的元功之和为零

答　B。

概念题 7.33　在球摆中，点 M 的位置被限制在以 O 为中心，l 为半径的球面上，则系统的约束方程为______；自由度为______。

答　$x^2+y^2+z^2=l^2$；2。

概念题 7.34　图示平面机构的自由度为（　　）。

A. 一个　　B. 两个　　C. 三个　　D. 四个

答　B。

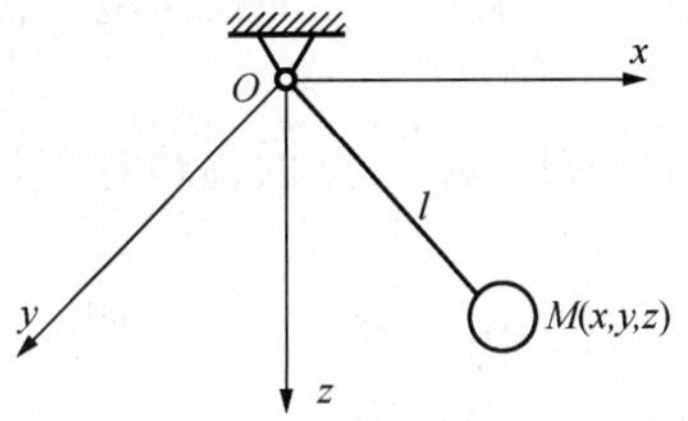

概念题 7.33 图

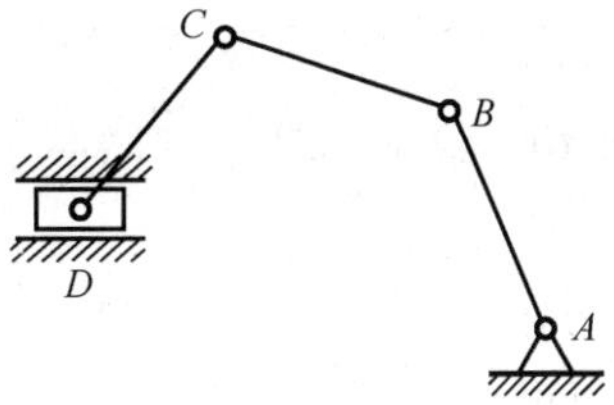

概念题 7.34 图

概念题 7.35　图示平面机构的自由度为（　　）。

A. 一个　　B. 两个　　C. 三个　　D. 四个

答　A。

概念题 7.36　一根不可伸长的细绳跨过定滑轮Ⅰ，绳的两端分别缠绕在滑轮Ⅱ、Ⅲ上，它们可沿绳子铅垂滚下。设绳与轮间无滑动，轴承处光滑，如图所示。系统的自由度为（　　）。

A. 一个　　B. 两个　　C. 三个　　D. 四个

答　C。

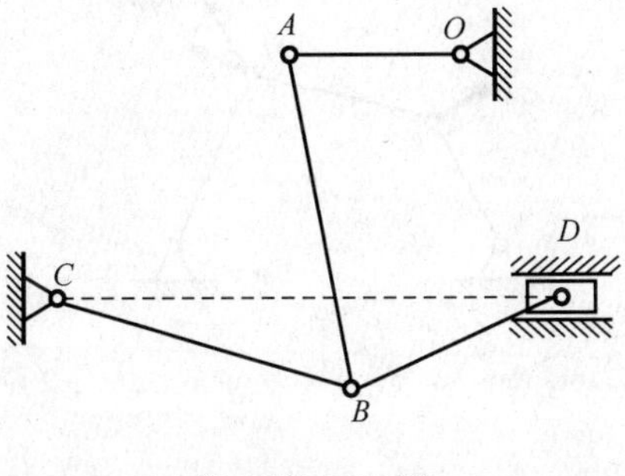

概念题 7.35 图

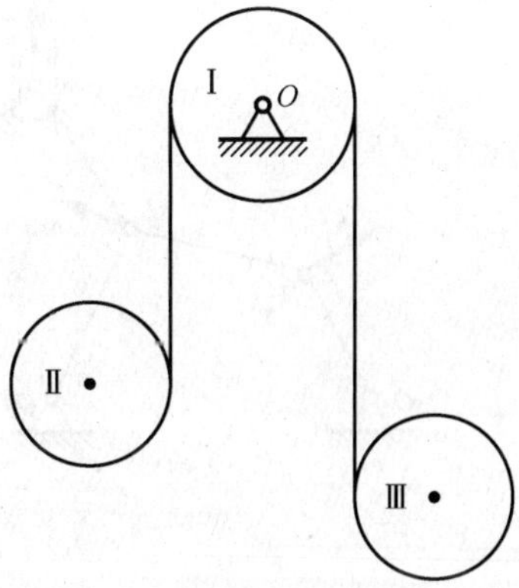

概念题 7.36 图

概念题 7.37　虚位移原理可陈述为具有______约束的质点系处于______的必要与充分条件是所有作用于质点系上______在质点系处于该位置时的______。

答　固执定常的理想；平衡位置；主动力；任何虚位移中所作元功之和为零。

概念题 7.38　以下说法中错误的是（　　）。

A. 质点系的虚位移是约束所允许的任何微小位移

B. 质点系的虚位移是与力的作用及质点系的运动的初始条件有关

C. 受定常约束的质点系的微小实位移是该质点系所有虚位移中的一个

D. 质点系的虚位移视约束情况可能有几种不同方向

答　B。

概念题 7.39　质点系的虚位移是（　　）。

A. 为约束所容许的微小位移　　B. 为约束所容许的有限位移

C. 为约束所容许的指定微小位移　　D. 为约束所容许的任何微小位移

答　D。

概念题 7.40　以下四种表示同一平面机构上 E、H、K 三点的虚位移的图示中，正确的为（　　）。

A.（a）图正确　　B.（b）图正确

C.（c）图正确　　D.（d）图正确

答　B。

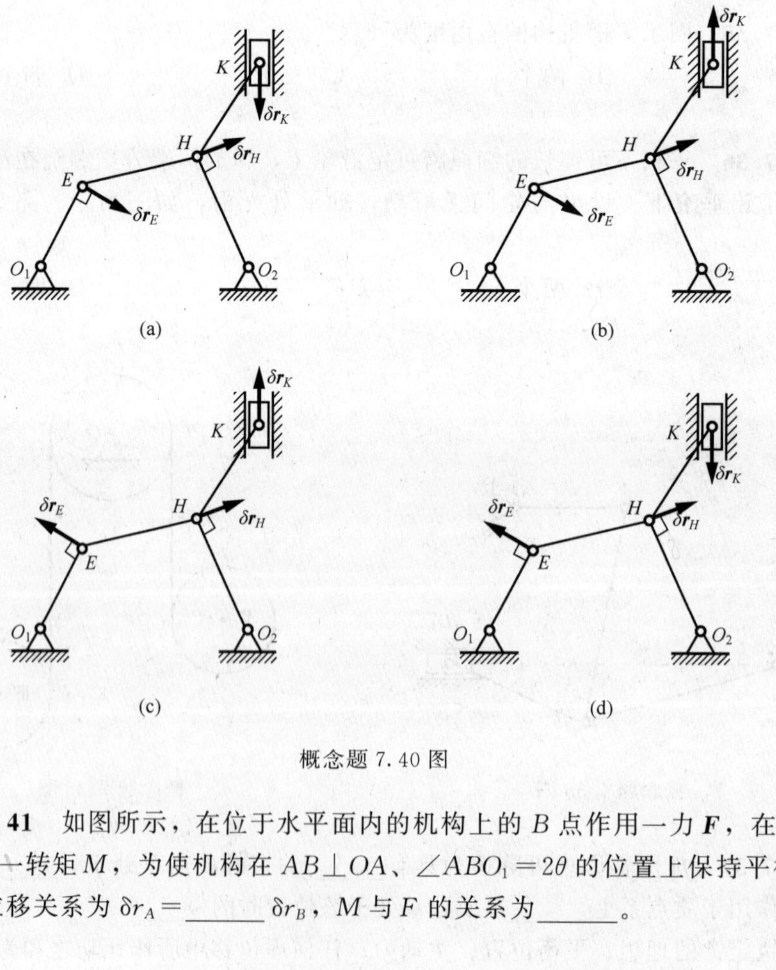

概念题 7.40 图

概念题 7.41　如图所示，在位于水平面内的机构上的 B 点作用一力 $\boldsymbol{F}$，在长为 a 的曲柄 OA 上加了一转矩 M，为使机构在 $AB \perp OA$、$\angle ABO_1 = 2\theta$ 的位置上保持平衡，则 A 点与 B 点的虚位移关系为 $\delta r_A =$______δr_B，M 与 F 的关系为______。

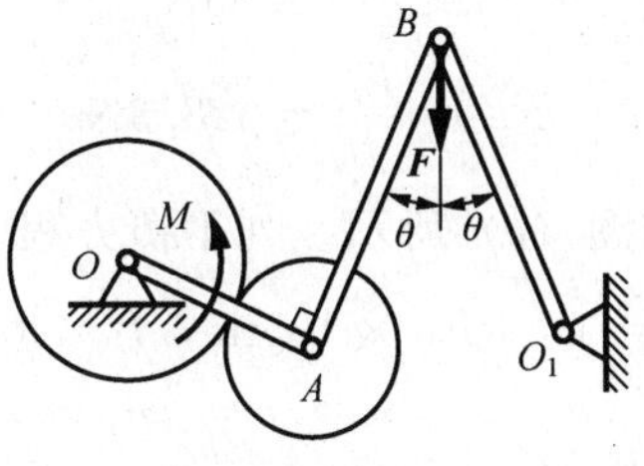

概念题 7.41 图

答　sin2θ；$M=\dfrac{Fa}{2\cos\theta}$。

计算题解

计算题 7.1～计算题 7.21　达朗贝尔原理

计算题 7.1　质量为 100kg，半径 $R=1$m 的均质制动轮以转速 $n=120$r/min 绕 O 轴转动，设有一常力 $\boldsymbol{F}$ 作用于闸杆上，使制动轮经过 10s 后停止转动，如图（a）所示。已知滑动摩擦因数 $f=0.1$，试用动静法求力 $\boldsymbol{F}$ 的大小。

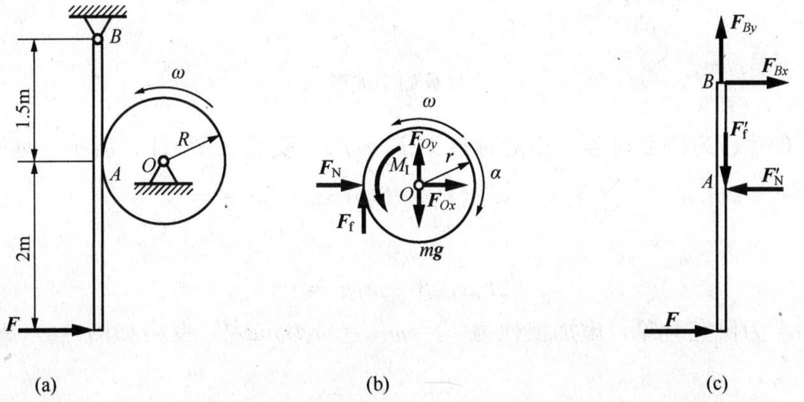

计算题 7.1 图

解　取制动轮为研究对象，虚加惯性力偶矩 $M_I=J\alpha=\dfrac{1}{2}mR^2\alpha$，受力如图（b）所示。制动轮过 10s 停止转动，角加速度的大小为

$$\alpha=\frac{\omega}{t}=\frac{2\pi n}{60t}=0.4\pi\text{rad/s}^2$$

列平衡方程

$$\sum M_O=0,\quad M_I-F_fR=0$$

得

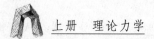

$$F_f = 62.83\text{N}$$

$$F_N = \frac{F_f}{f} = 628.3\text{N}$$

取闸杆为研究对象，受力如图（c）所示。列平衡方程

$$\sum M_B = 0,\quad F'_N \times 1.5\text{m} - F \times 3.5\text{m} = 0$$

得

$$F = 269.3\text{N}$$

计算题 7.2 图（a）所示离心调速器的主轴以匀角速度 ω 转动，重锤 C 的质量为 m_1，小球 A、B 的质量均为 m_2，杆的质量不计，各杆长均为 l。试求杆 OA、OB 的张角 β。

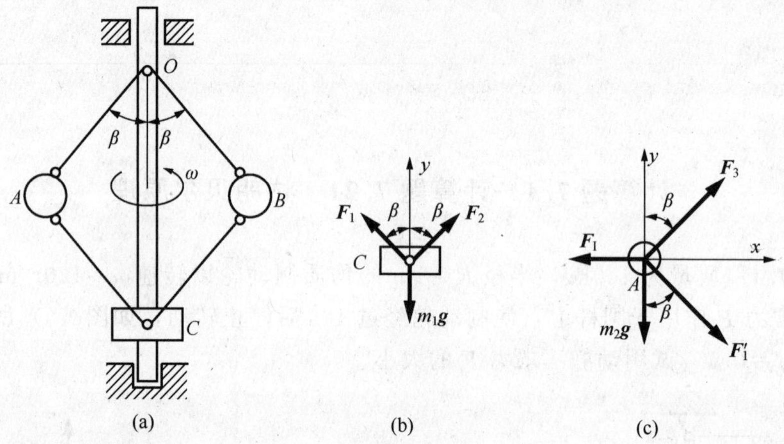

计算题 7.2 图

解 取重锤 C 为研究对象，由对称性知 $F_1 = F_2$，受力如图（b）所示。列平衡方程

$$\sum Y = 0,\quad (F_1 + F_2)\cos\beta - m_1 g = 0$$

或

$$2F_1\cos\beta - m_1 g = 0 \tag{a}$$

取小球 A 为研究对象，虚加惯性力 $F_I = m_2 a = m_2 l\sin\beta\omega^2$，受力如图（c）所示。列平衡方程

$$\sum X = 0,\quad F_3\sin\beta + F'_1\sin\beta - F_I = 0$$

$$\sum Y = 0,\quad F_3\cos\beta - F'_1\cos\beta - m_2 g = 0$$

由上两式消去 F_3，并注意到 $F_1 = F'_1$，得

$$2F_1\cos\beta\sin\beta - F_I\cos\beta + m_2 g\sin\beta = 0 \tag{b}$$

联立求解式（a）、（b），得

$$\cos\beta = \frac{m_1 + m_2}{m_2 l\omega^2}g$$

$$\beta = \arccos\frac{m_1 + m_2}{m_2 l\omega^2}g$$

计算题 7.3 质量 $m = 100\text{kg}$ 的均质矩形平板用两根钢丝绳悬挂，如图（a）所示。已

知 $O_1O_2=AB$，两钢丝绳等长，质量不计。试求在图示位置释放平板的瞬时，平板中心 C 的加速度及两钢丝绳的拉力。

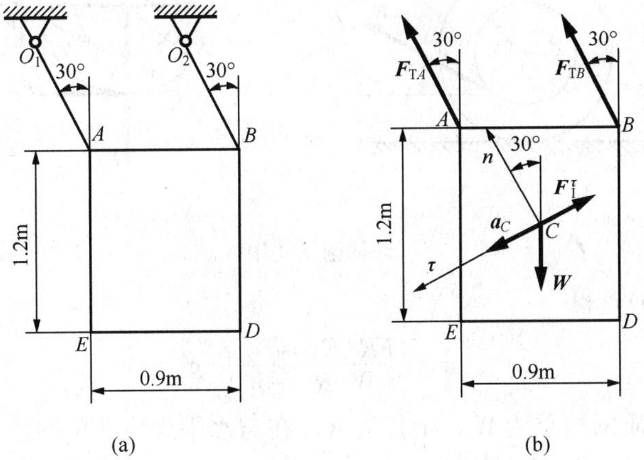

计算题 7.3 图

解 取平板为研究对象，平板作曲线平动。虚加惯性力 $F_I^\tau=ma_C$，受力如图（b）所示。列平衡方程

$$\sum F_\tau=0,\quad -F_I^\tau+W\cos60^\circ=0$$

得

$$a_C=g\cos60^\circ=4.9\text{m/s}^2$$

$$\sum M_A=0,$$

$$F_{TB}\cos30^\circ\cdot AB-W\times\frac{AB}{2}+F_I^\tau\sin60^\circ\times\frac{AE}{2}+F_I^\tau\cos60^\circ\times\frac{AB}{2}=0$$

得

$$F_{TB}=99\text{N}$$

$$\sum F_n=0,\quad F_{TA}+F_{TB}-W\sin60^\circ=0$$

得

$$F_{TA}=749\text{N}$$

计算题 7.4 轮子半径为 R，重为 W，对其中心轴 O 的回转半径为 ρ，轮轴的半径为 r，其上缠绕细绳，绳端作用着与水平面成 θ 角的常力 $\boldsymbol{F}$，如图（a）所示。设轮子在固定水平面上作只滚不滑运动，试用动静法求轮心 O 的加速度。

解 设轮心 O 的加速度 $\boldsymbol{a}$ 向右。虚加惯性力 $F_I=\dfrac{W}{g}a$，惯性力偶矩 $M_I=\dfrac{W}{g}\rho^2\alpha=\dfrac{W\rho^2}{gR}a$，受力如图（b)所示。列平衡方程

$$\sum X=0,\quad F\cos\theta-F_f-F_I=0 \tag{a}$$

$$\sum M_O=0,\quad Fr-F_fR+M_I=0 \tag{b}$$

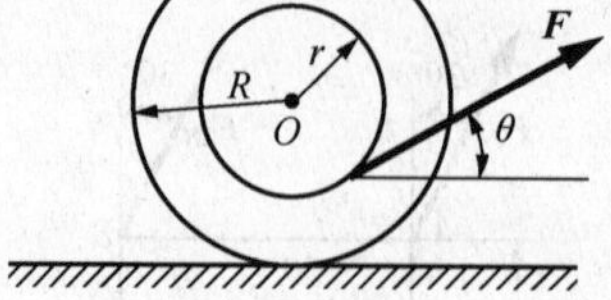

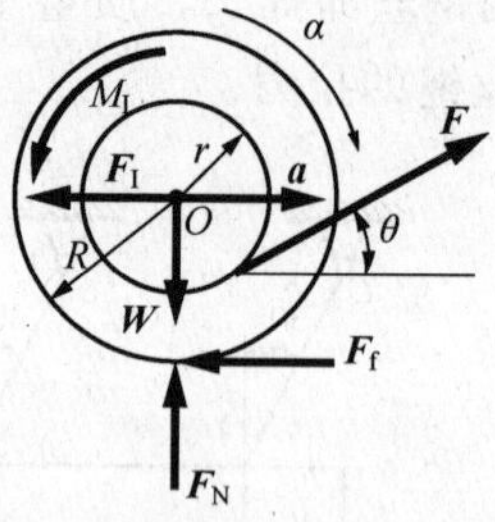

计算题 7.4 图

联立求解式（a）、（b），得

$$a=\frac{FR(R\cos\theta-r)}{W(R^2+\rho^2)}g$$

计算题 7.5 均质圆柱重为 W，半径为 R，在与水平面成 θ 角的常力 $\boldsymbol{F}$ 作用下，沿固定水平直线轨道作纯滚动。试用动静法求轮心的加速度及地面对圆柱的约束反力。

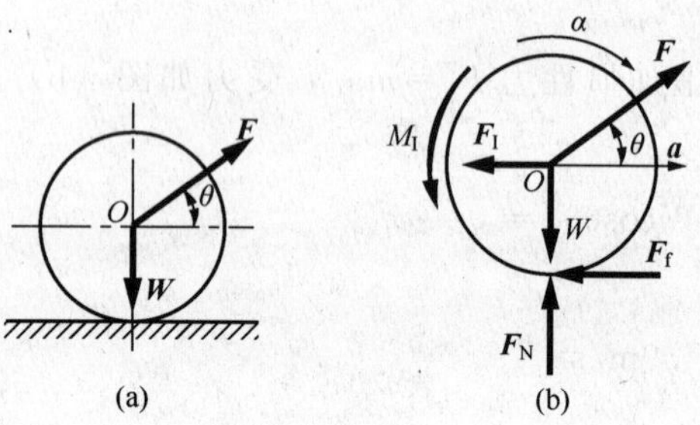

计算题 7.5 图

解 取圆柱体为研究对象，虚加惯性力 $F_I=\frac{W}{g}a$，惯性力偶矩 $M_I=J_O\alpha=\frac{W}{2g}Ra$，受力如图（b）所示。列平衡方程

$$\sum M_O=0,\quad F_fR-M_I=0$$

得

$$F_f=\frac{W}{2g}a \tag{a}$$

$$\sum X=0,\quad F\cos\theta-F_f-F_I=0$$

得

$$F_f=F\cos\theta-\frac{W}{g}a \tag{b}$$

令式（a）等于式（b），得

$$a=\frac{2Fg\cos\theta}{3W}g \tag{c}$$

将式（c）代入式（a），得

$$F_f=\frac{1}{3}F\cos\theta$$

$$\sum Y=0,\quad F\sin\theta+F_N-W=0$$

得

$$F_N=W-F\sin\theta$$

计算题 7.6 在图（a）所示系统中，均质滚子质量 $m_1=20\text{kg}$，在固定水平面上作纯滚动，重物 A 的质量 $m_2=10\text{kg}$，试用动静法求滚子中心 C 的加速度。

解 取滚子为研究对象，设滚子中心 C 的加速度为 $\boldsymbol{a}$，水平向右，滚子的角加速度 $\alpha=\frac{a}{R}$，虚加惯性力 $F_{I1}=m_1a$，惯性力偶矩 $M_I=\frac{1}{2}m_1R^2\alpha$，受力如图（b）所示。列平衡方程

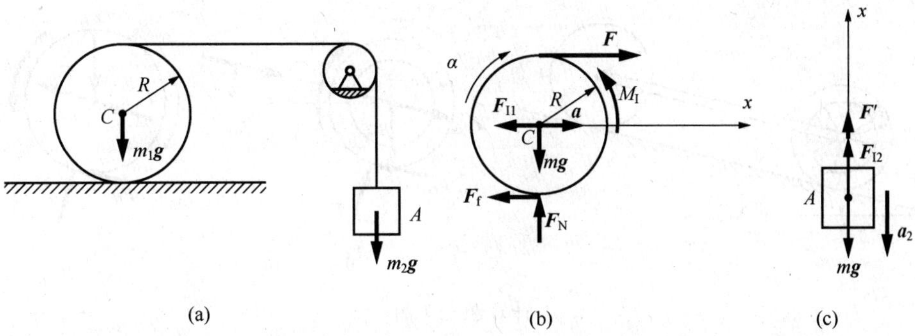

计算题 7.6 图

$$\sum X = 0, \quad F - F_f - F_{I1} = 0$$

$$\sum M_C = 0, \quad M_I - FR - F_f R = 0$$

由上两式消去 F_f，得

$$2FR - M_I - F_I R = 0$$

故

$$F = \frac{3}{4} m_1 R\alpha = \frac{3}{4} m_1 a$$

取重物为研究对象，虚加惯性力 $F_{I2} = 2m_2 R\,\alpha = 2m_2 a$，受力如图（c）所示。列平衡方程

$$\sum Y = 0, \quad F' + F_{I2} - m_2 g = 0$$

得

$$F' = m_2 g - 2m_2 a$$

由于 $F=F'$，则有

$$m_2 g - 2m_2 a = \frac{3}{4} m_1 a$$

得

$$a = \frac{2}{7} g$$

计算题 7.7　均质圆盘及均质薄圆环质量均为 m，半径均为 r，用细杆 AB 铰接于中心，沿倾角为 θ 的固定斜面作纯滚动，如图（a）所示。试用动静法求杆 AB 的加速度及其内力。设细杆及圆环辐条的质量不计。

解　杆 AB 作平移，其上各点的加速度相同，设为 $\boldsymbol{a}$，惯性力 $F_{IA}=ma$，$F_{IB}=ma$，圆盘及圆环的角加速度均为 $\alpha=\dfrac{a}{r}$。取圆环 A 为研究对象，虚加惯性力 $F_{IA}=ma$，惯性力偶矩 $M_{IA}=mr^2\alpha=mra$，受力如图（b）所示。列平衡方程

$$\sum M_{C_1} = 0, \quad F_{AB} r - F_{IA} r - M_{IA} + mg\sin\theta \cdot r = 0 \qquad \text{(a)}$$

取圆盘为研究对象，虚加惯性力 $F_{IB}=ma$，惯性力偶矩 $M_{IB}=\dfrac{1}{2}mr2\alpha=\dfrac{1}{2}mra$，受力如

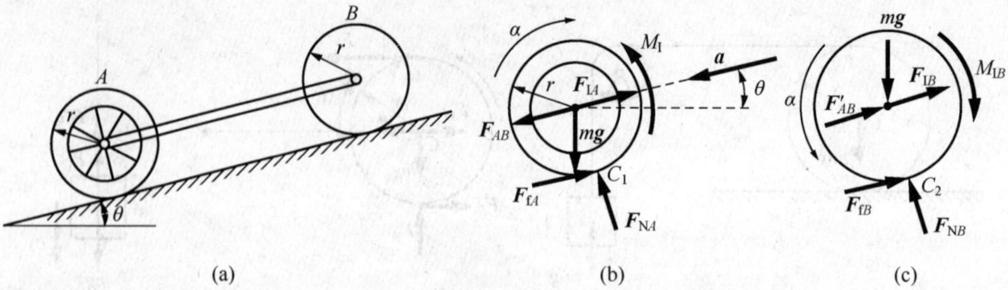

计算题 7.7 图

图（c）所示。列平衡方程

$$\sum M_{C_2} = 0, -F'_{AB}r - F_{IB}r - M_{IB} + mg\sin\theta \cdot r = 0 \tag{b}$$

联立求解式（a）、（b），得

$$a = \frac{4}{7}g\sin\theta$$

$$F_{AB} = \frac{1}{7}mg\sin\theta \quad (压力)$$

计算题 7.8　均质细杆 AB 长 l，其上端由铰链 A 与小滑块连接，滑块自图（a）所示位置由静止开始沿倾角 $\theta=45°$ 的光滑斜面滑下。如细杆与小滑块的质量均为 m，并略去铰链摩擦，试求细杆的质心 C 在初瞬时的加速度。

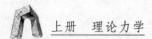

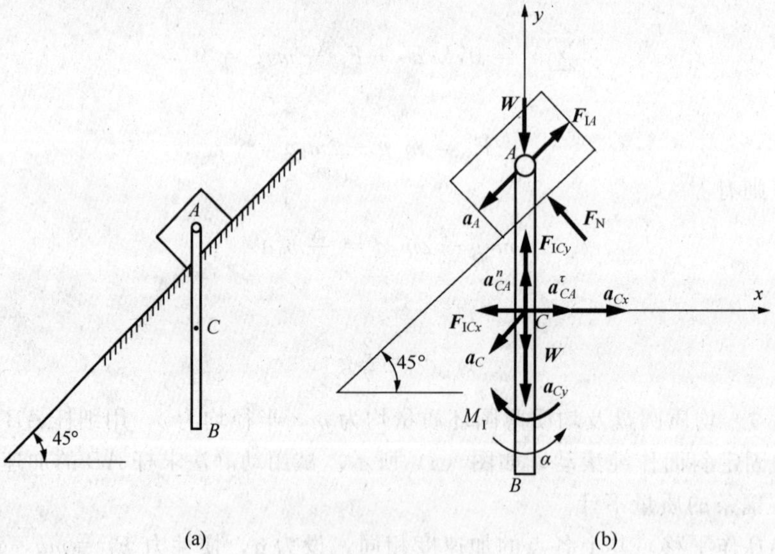

计算题 7.8 图

解　取系统为研究对象，虚加惯性力 $F_{IA}=ma_A$，$F_{ICx}=ma_{Cx}$，$F_{ICy}=ma_{Cy}$，惯性力偶矩 $M_I=J_C\alpha$，受力如图（b）所示。列平衡方程

$$\sum X = 0, \quad F_{IA}\cos\theta - F_N\cos\theta - F_{ICx} = 0 \tag{a}$$

$$\sum Y = 0,\quad -W - W + F_{\mathrm{IA}}\sin\theta + F_{\mathrm{IC}y} + F_{\mathrm{N}}\cos\theta = 0 \tag{b}$$

$$\sum M_A = 0,\quad -F_{\mathrm{IC}x}\frac{l}{2} - M_{\mathrm{I}} = 0 \tag{c}$$

杆 AB 作平面运动，由运动学知识，有

$$\boldsymbol{a}_C = \boldsymbol{a}_A + \boldsymbol{a}_{CA}^{\tau} + \boldsymbol{a}_{CA}^{\mathrm{n}}$$

将上式在 x、y 轴上投影，得

$$a_{Cx} = -a_A\cos45^\circ + a_{CA}^{\tau} \tag{d}$$

$$a_{Cy} = -a_A\sin45^\circ \tag{e}$$

联立求解式（a）、（b）、（c）、（d）、（e），得

$$a_{Cx} = -\frac{2}{13}g$$

$$a_{Cy} = \frac{8}{13}g$$

计算题 7.9　图（a）所示两轮用绳相绕，两轮半径均为 R，质量均为 m，均可视为均质圆盘。当轮 C 由静止下落 h 时，试用动静法求质心 C 的加速度 a_C，速度 v_C 及绳的拉力。

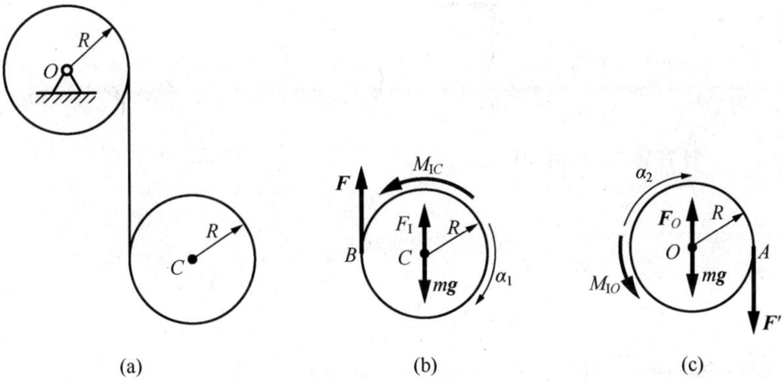

计算题 7.9 图

解　取轮 C 为研究对象，虚加惯性力 $F_{\mathrm{I}} = ma_C$，惯性力偶矩 $M_{\mathrm{IC}} = J_C\alpha_1 = \frac{1}{2}mR^2\alpha_1$，受力如图（b）所示。列平衡方程

$$\sum M_B = 0,\quad M_{\mathrm{IC}} + F_{\mathrm{I}}R - mgR = 0 \tag{a}$$

取轮 O 为研究对象，虚加惯性力偶矩 $M_{\mathrm{IO}} = \frac{1}{2}mR^2\alpha_2$，受力如图（c）所示。列平衡方程

$$\sum M_O = 0,\quad M_{\mathrm{IO}} - F'R = 0 \tag{b}$$

由运动分析可知

$$\alpha_1 = \alpha_2 \tag{c}$$

$$a_C = R\alpha_1 + R\alpha_2 = 2R\alpha_1 = 2R\alpha_2 \tag{d}$$

联立求解式（a）～式（d），得

$$a_C = \frac{4}{5}g$$

$$F = F' = \frac{1}{5}mg$$

由运动学公式，有

$$v^2 = 2a_C h$$

得

$$v = \sqrt{\frac{8}{5}gh}$$

计算题 7.10　质量为 m 的物体 A 放在匀速转动的平台上，如图（a）所示。设物体与平台间的静摩擦因数为 f_s，已知尺寸 r，试用动静法求使物体不致滑动的最大转速。

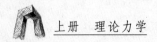

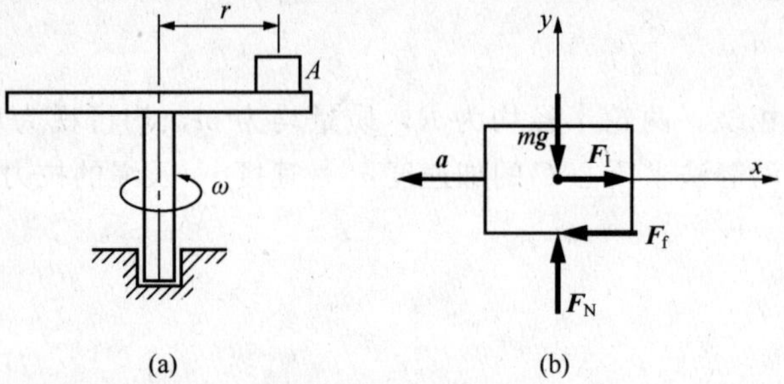

计算题 7.10 图

解　取物体 A 为研究对象，加速度 $a = r\omega^2$，虚加惯性力 $F_I = ma = mr\omega^2$，受力如图（b）所示。列平衡方程

$$\sum Y = 0,\quad mg - F_N = 0$$

得

$$F_N = mg \tag{a}$$

$$\sum X = 0,\quad F_I - F_f = 0$$

得

$$F_I = F_f \tag{b}$$

另有

$$F_f = f_s F_N \tag{c}$$

联立求解式（a）～式（c），得

$$\omega_{max} = \sqrt{\frac{fg}{r}}$$

或

$$n_{max} = \frac{30}{\pi}\sqrt{\frac{fg}{r}}\,\mathrm{r/min}$$

计算题 7.11　矩形物体质量 $m_1 = 100\mathrm{kg}$，置于质量为 $m_2 = 50\mathrm{kg}$ 的平台车上，另一质量为 m_3 的重物 A 以细绳与物体连接如图（a）所示。现使平台车沿光滑水平面运动，设物体与平台车间的摩擦力足够阻止相互滑动，试求物体不致倾倒时，m_3 的最大值及车的相应加速度。

解　取物块与平台车为研究对象，虚加惯性力 $F_{I1} = m_1 a$，$F_{I2} = m_2 a$，受力如图（b）所示。列平衡方程

$$\sum X = 0,\quad F_{I1} + F_{I2} - F = 0$$

得

$$F = (m_1 + m_2)a \tag{a}$$

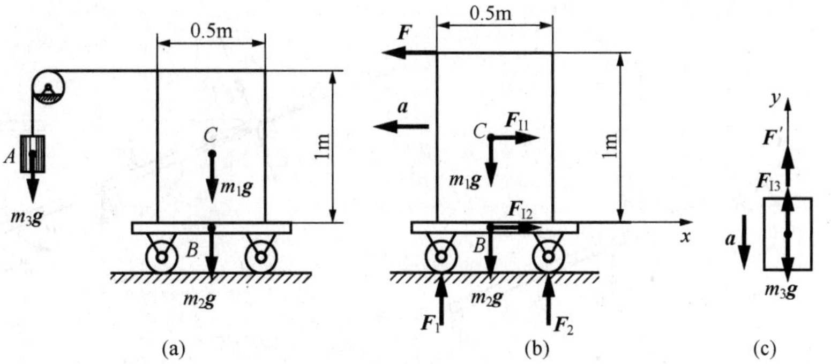

计算题 7.11 图

由物块不倾倒，有

$$F \times 0.1\text{m} \leqslant F_{I1} \times 0.5\text{m} + m_1 g \times 0.25\text{m} \tag{b}$$

将式（a）代入式（b），得

$$a \leqslant \frac{m_1 g}{2m_1 + 4m_2} = 0.25g$$

故

$$a_{\max} = 0.25g = 2.45\text{m/s}^2$$
$$F = (m_1 + m_2)a = 37.5g$$

取重物为研究对象，虚加惯性力 $F_{I3} = m_3 a_{\max}$，受力如图（c）所示。列平衡方程

$$\sum Y = 0, \quad F' + F_{I3} - m_3 g = 0$$

将 $F' = F$ 代入上式，解得 m_3 的最大值为

$$m_{3\max} = \frac{F}{g - a_{\max}} = 50\text{kg}$$

计算题 7.12 图示电动机安装在水平基础上，其质量为 m_1（包括转子质量），转子的质心 C 偏离转轴 O 的距离为 e，设转子的质量为 m_2，并以匀角速度 ω 转动。试用动静法求电机对基础的铅垂压力的最大值和最小值。

解 取电机为研究对象，虚加惯性力 $F_I = m_2 e\omega^2$，受力如图所示。列平衡方程

$$\sum Y = 0, \quad F_{Ny} - m_1 g + m_2 e\,\omega^2 \cos\omega t = 0$$

得

$$F_{Ny} = m_1 g - m_2 e\,\omega^2 \cos\omega t$$

当 $\cos\omega t = -1$ 时，则有

$$F_{N y\max} = m_1 g + m_2 e\,\omega^2$$

当 $\cos\omega t = 1$ 时，则有

$$F_{N y\min} = m_1 g - m_2 e\,\omega^2$$

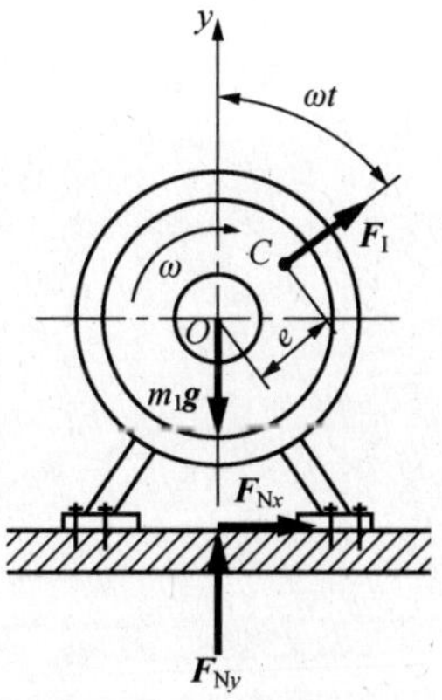

计算题 7.12 图

计算题 7.13 均质杆 OA 长为 l，重为 W，从图示虚线水平位置由静止开始绕轴 O 转动，试求杆转到与水平线成 θ 角时的角速度，角加速度及 O 处的反力。

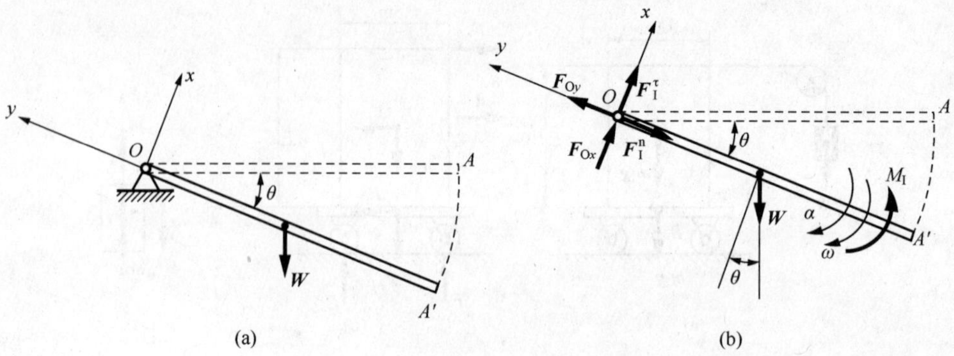

计算题 7.13 图

解 取 OA 杆为研究对象，虚加惯性力 $F_I^\tau=\dfrac{W}{g}\times\dfrac{l}{2}\alpha$，$F_I^n=\dfrac{W}{g}\times\dfrac{l}{2}\omega^2$，惯性力偶矩 $M_I=\dfrac{Wl^2}{3g}\alpha$，受力如图（b）所示。

由动能定理，有

$$\frac{1}{2}\times\frac{Wl^2}{3g}\omega^2=W\times\frac{l}{2}\sin\theta$$

得

$$\omega=\sqrt{\frac{3g}{l}\sin\theta}$$

应用动静法，列平衡方程

$$\sum M_O=0,\quad M_I-W\times\frac{l}{2}\cos\theta=0$$

得

$$\alpha=\frac{3g}{2l}\cos\theta$$

$$\sum X=0,\quad F_{Ox}+F_I^\tau-W\cos\theta=0$$

得

$$F_{Ox}=W\cos\theta-F_I^\tau=\frac{W}{4}\cos\theta$$

$$\sum Y=0,\quad -F_I^n+F_{Oy}-W\sin\theta=0$$

得

$$F_{Oy}=W\sin\theta+F_I^n=\frac{5W}{2}\sin\theta$$

计算题 7.14 均质杆重为 W，长为 l，在 A、B 两点用绳子悬挂如图（a）所示，试求其中一绳突然断开的瞬时，杆的质心 C 的加速度及另一绳内的张力。

解 取杆为研究对象，当右边的绳子刚断开瞬时，在重力 $\boldsymbol{W}$ 作用下杆 AB 绕 B 点转动。设杆的角加速度为 α，因角速度 $\omega=0$，故质心加速度 $a_C=\dfrac{l}{4}\alpha$。虚加惯性力 $F_I=\dfrac{W}{g}a_C$，

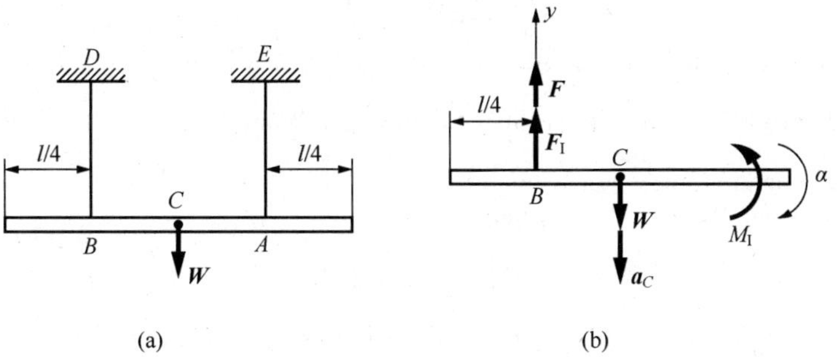

计算题 7.14 图

惯性力偶矩 $M_I=\dfrac{7Wl}{12g}a_C$。受力如图（b）所示。列平衡方程

$$\sum M_B=0,\quad M_I-W\times\frac{l}{4}=0$$

得

$$a_C=\frac{3}{7}g$$

$$\sum Y=0,\quad F_I+F-W=0$$

得

$$F=\frac{4}{7}W$$

计算题 7.15 图（a）所示支架 ABO 上有一单摆，小球重 $W=98\text{N}$，绳长 $l=1\text{m}$。当 $\theta=0$ 时，给小球初速度 $v_0=5\text{m/s}$，若不计支架和摆绳的质量，试求当 $\theta=30°$ 的瞬时支座 A、B 处的反力。

解 取小球为研究对象，虚加惯性力 $F_I^\tau=\dfrac{W}{g}l\alpha$，$F_I^n=\dfrac{W}{g}l\omega^2$，受力如图（b）所示。列平衡方程

$$\sum M_O=0,\quad -F_I^\tau l+Wl\sin 30°=0$$

得

$$\alpha=4.9\text{rad/s}^2$$

由动能定理，有

$$\frac{1}{2}\times\frac{W}{g}v_0^2-\frac{1}{2}\times\frac{W}{g}v^2=Wl(1-\cos\theta)$$

把 $v=l\omega$，$\theta=30°$代入上式，解得

$$\omega=4.73\text{rad/s}$$

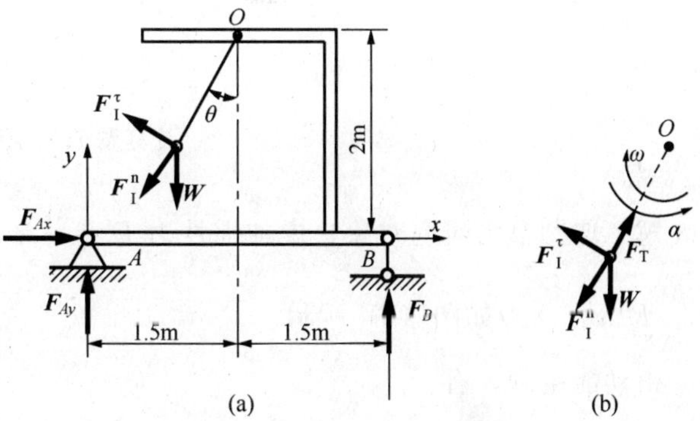

计算题 7.15 图

取整体为研究对象，虚加惯性力 $F_I^\tau=\dfrac{W}{g}l\alpha$，$F_I^n=\dfrac{W}{g}l\omega^2$，受力如图（a）所示。列平衡方程

$$\sum M_B = 0,$$

$$-F_{Ay} \times 3\text{m} + W(1.5\text{m} + 1\text{m} \times \sin 30°) + F_I^n \cos 30° \times 1.5\text{m} +$$
$$F_I^n \sin 30° \times 2\text{m} - F_I^\tau \sin 30°(1.5\text{m} + 1\text{m} \times \sin 30°) +$$
$$F_I^\tau \cos 30°(2\text{m} - 1\text{m} \times \cos 30°) = 0$$

得

$$F_{Ay} = 236.49\text{N}$$

$$\sum Y = 0, \quad F_{Ay} + F_B - W - F_I^n \cos 30° + F_I^\tau \sin 30° = 0$$

得

$$F_B = 30.76\text{N}$$

$$\sum X = 0, \quad F_{Ax} - F_I^n \sin 30° - F_I^\tau \cos 30° = 0$$

得

$$F_{Ax} = 154.3\text{N}$$

计算题 7.16 重为 W，半径为 R 的均质圆盘可绕垂直于盘面的水平轴 O 转动，O 轴正好通过圆盘的边缘，如图（a）所示。试求当圆盘从位置 1 无初速度地转到位置 2 时，轴 O 处的反力。

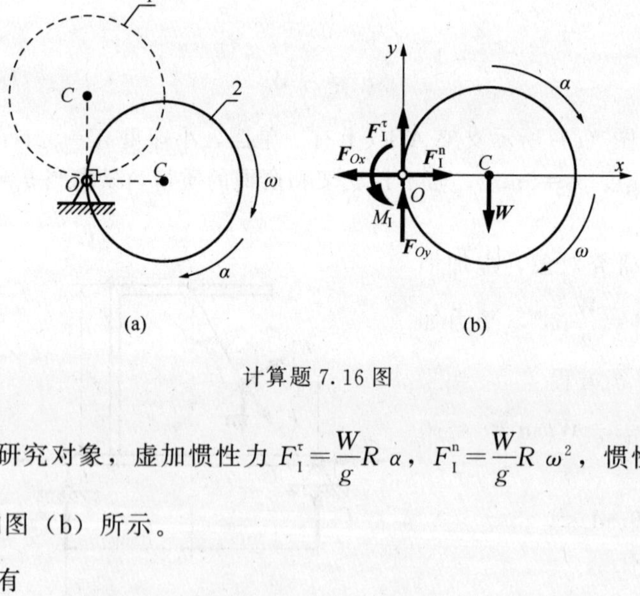

计算题 7.16 图

解 取圆盘为研究对象，虚加惯性力 $F_I^\tau = \dfrac{W}{g}R\alpha$，$F_I^n = \dfrac{W}{g}R\omega^2$，惯性力偶矩 $M_I = J_O\alpha = \dfrac{3W}{2g}R^2\alpha$，受力如图（b）所示。

由动能定理，有

$$\frac{1}{2}J_O\omega^2 - 0 = WR$$

得

$$\omega^2 = \frac{4g}{3R}$$

应用动静法，列平衡方程

$$\sum M_O = 0, \quad \frac{3W}{2g}R^2\alpha - WR = 0$$

得

$$\alpha = \frac{2g}{3R}$$

$$\sum Y = 0, \quad F_{Oy} + F_{I}^{\tau} - W = 0$$

得

$$F_{Oy} = \frac{W}{3}$$

$$\sum X = 0, \quad -F_{Ox} + F_{I}^{n} = 0$$

得

$$F_{Ox} = \frac{4}{3}W$$

计算题 7.17　均质悬臂梁 AB 重为 W，长为 l，A 端固定，其 B 端系一绕在均质圆柱上的不可伸长的绳子，如图（a）所示。圆柱体的质量为 m，半径为 r，质心 C 沿铅垂线向下运动。绳的质量略去不计。试求固定端 A 处的反力。

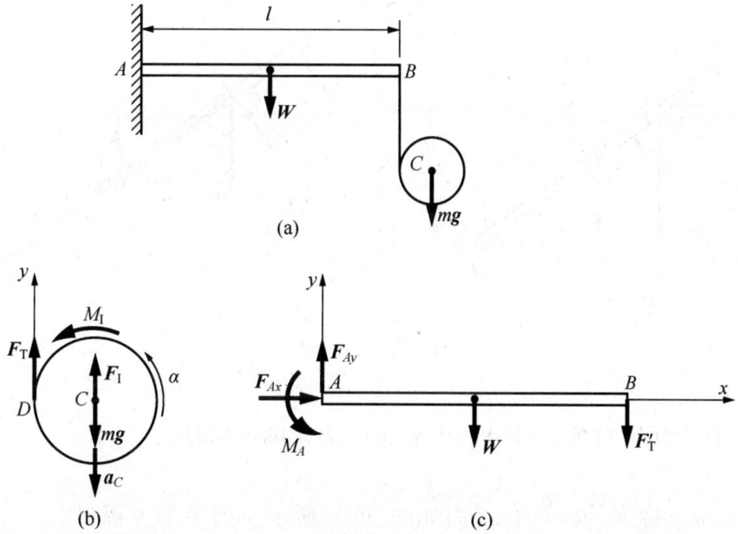

计算题 7.17 图

解　取圆柱为研究对象，圆柱作平面运动，虚加惯性力 $F_I - ma_C$，惯性力偶矩 $M_I = J_C\alpha = \frac{1}{2}mr^2\frac{a_C}{r} = \frac{1}{2}mra_C$，受力如图（b）所示。列平衡方程

$$\sum M_D = 0, \quad F_I r - mgr + M_I = 0$$

$$\sum Y = 0, \quad F_T + F_I - mg = 0$$

联立求解以上两式，得

$$F_T = \frac{1}{3}mg$$

取梁 AB 为研究对象，受力如图（c）所示。列平衡方程

$$\sum M_A = 0,\quad M_A - F_T l - W\frac{l}{2} = 0$$

得

$$M_A = \frac{1}{3}mlg + \frac{1}{2}gl$$

$$\sum X = 0,\quad F_{Ox} = 0$$

$$\sum Y = 0,\quad F_{Ay} - W - F_T = 0$$

得

$$F_{Oy} = \frac{1}{3}mg + W$$

计算题 7.18　均质杆 AB 长为 l，重为 W，C 点为质心，杆开始时支承在光滑的支点 D 上，并与铅垂方向成 θ 角，$CD=h$，如图（a）所示。设杆在此位置由静止开始运动，试求此时杆对支承点 D 的压力和质心 C 的加速度。

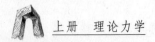

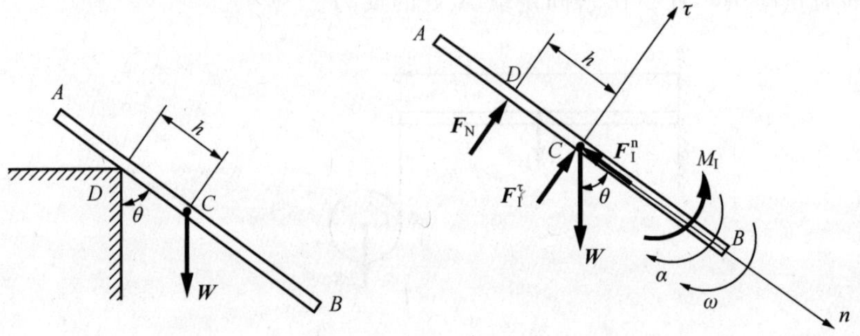

计算题 7.18 图

解　取杆 AB 为研究对象。杆 AB 作平面运动，虚加惯性力 $F_I^\tau = \frac{W}{g}a_C^\tau$，$F_I^n = \frac{W}{g}a_C^n$，惯性力偶矩 $M_I = J_C\alpha = \frac{1}{12}\times\frac{W}{g}l^2\frac{a_C^\tau}{h}$，受力如图（b）所示。列平衡方程

$$\sum F_n = 0,\quad -F_I^n + W\cos\theta = 0$$

得

$$a_C^n = g\cos\theta$$

$$\sum F_\tau = 0,\quad F_I^\tau + F_N - W\sin\theta = 0 \tag{a}$$

$$\sum M_C = 0,\quad -F_N h + M_I = 0 \tag{b}$$

联立求解式（a）、式（b），得

$$a_C^\tau = \frac{12h^2}{12h^2 + l^2}g\sin\theta$$

$$F_N = \frac{l^2}{12h^2 + l^2}W\sin\theta$$

计算题 7.19　质量为 4kg 的均质杆 AB，置于光滑的水平面上。在杆的 A 端作用一水平推力 $F=60\mathrm{N}$，使杆 AB 沿力 $\boldsymbol{F}$ 方向平移，如图（a）所示。试用动静法求 AB 杆平移的加速度和 θ 角的值。

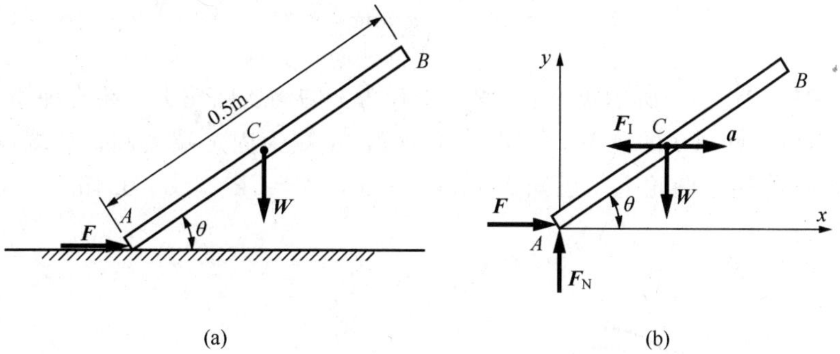

计算题 7.19 图

解　取杆 AB 为研究对象，虚加惯性力 $F_{\mathrm{I}}=ma$，受力如图（b）所示。列平衡方程

$$\sum X=0,\quad F-F_{\mathrm{I}}=0$$

得

$$a=\frac{F}{m}=15\mathrm{m/s^2}$$

$$\sum Y=0,\quad F_{\mathrm{N}}-W=0$$

得

$$F_{\mathrm{N}}=39.2\mathrm{N}$$

$$\sum M_C=0,\quad F\times 0.25\mathrm{m}\sin\theta-F_{\mathrm{N}}\times 0.25\mathrm{m}\cos\theta=0$$

得

$$\theta=33.16^\circ$$

计算题 7.20　图（a）所示调速器由两个质量均为 m 的均质圆盘所构成，两圆盘被偏心地铰接于距铅垂轴为 l 的 A、B 处，偏心距为 e。当调速器绕铅垂轴以角速度 ω 匀速旋转时，两个圆盘有张开角 φ，如不计摩擦，试求调速器的角速度 ω 和角 φ 的关系式。

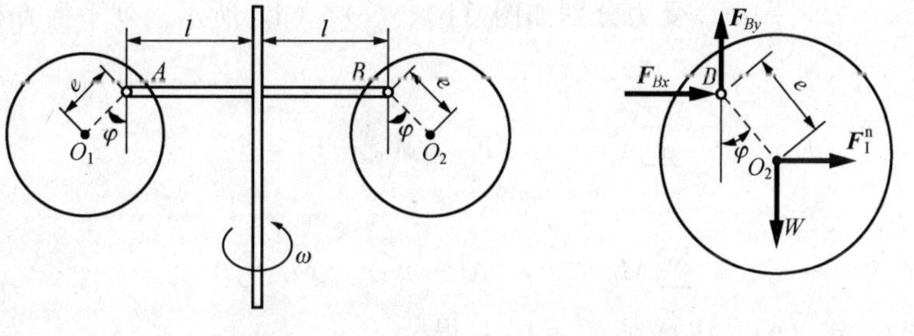

计算题 7.20 图

解　取圆盘 B 为研究对象，虚加惯性力 $F_{\mathrm{I}}^{\mathrm{n}}=m(l+e\sin\varphi)\omega^2$，受力如图（b）所示。列

平衡方程

$$\sum M_B = 0,\quad We\sin\varphi - F_{\mathrm{I}}^{\mathrm{n}} e\cos\varphi = 0$$

得

$$\omega^2 = \frac{g\tan\varphi}{l + e\sin\varphi}$$

计算题 7.21　图（a）所示重 $W_1 = W$，半径为 r 的均质圆轮上，绕有绳索悬挂重 $W_0 = 4W$ 的重物，均质直杆 AB 的重 $W_2 = 2W$，长为 l，A 端为固定端支座，B 端铰接于圆轮中心，驱动力矩 M 作用于圆轮上。已知 $M = 2\mathrm{kN\cdot m}$，$W = 1\mathrm{kN}$，$r = 0.4\mathrm{m}$，$l = 2\mathrm{m}$，试求固定端 A 处的反力。

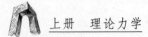

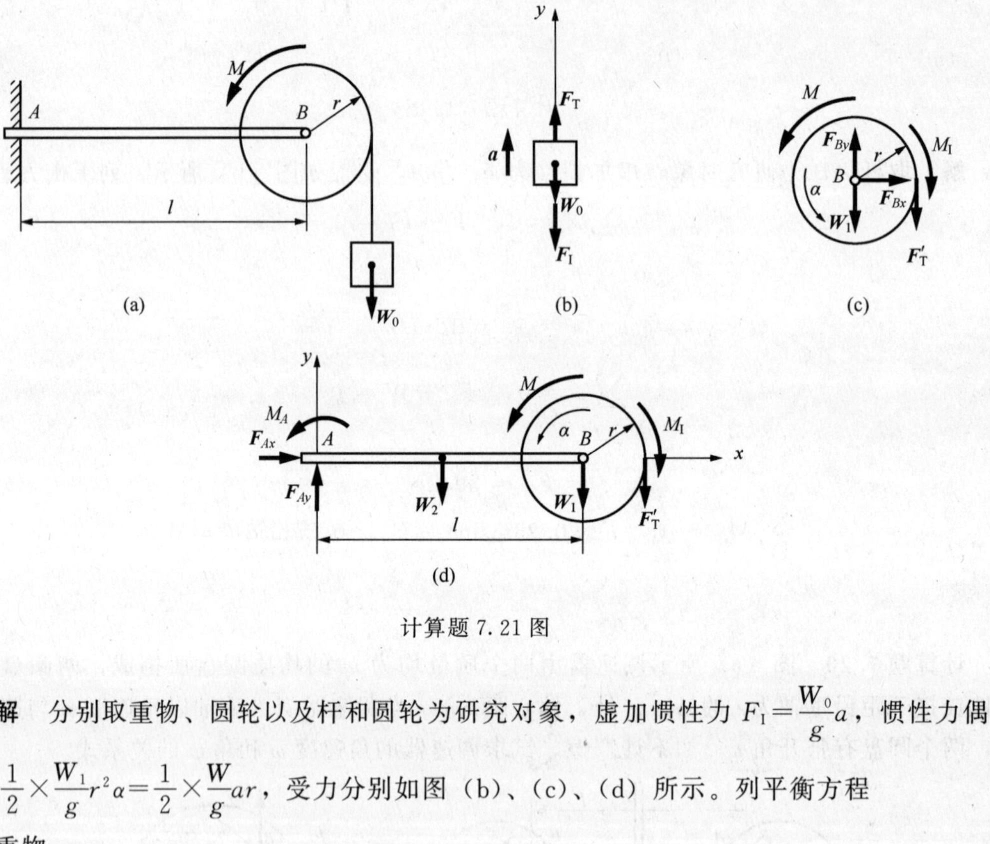

计算题 7.21 图

解　分别取重物、圆轮以及杆和圆轮为研究对象，虚加惯性力 $F_{\mathrm{I}} = \dfrac{W_0}{g}a$，惯性力偶矩 $M_{\mathrm{I}} = \dfrac{1}{2} \times \dfrac{W_1}{g} r^2 \alpha = \dfrac{1}{2} \times \dfrac{W}{g} ar$，受力分别如图（b）、（c）、（d）所示。列平衡方程

重物：

$$\sum Y = 0,\quad F_{\mathrm{T}} - W_0 - F_{\mathrm{I}} = 0 \qquad \text{(a)}$$

圆轮：

$$\sum M_B = 0,\quad M - F_{\mathrm{T}}' r - M_{\mathrm{I}} = 0 \qquad \text{(b)}$$

联立求解式（a）、式（b），注意到 $F_{\mathrm{T}} = F_{\mathrm{T}}'$，得

$$F_{\mathrm{T}} = F_{\mathrm{T}}' = 4.88\mathrm{kN},\quad a = 2.18\mathrm{m/s^2}$$

整体：

$$\sum X = 0,\quad F_{Ax} = 0$$

$$\sum Y = 0,\quad F_{Ay} - W_1 - W_2 - F'_T = 0$$

得

$$F_{Ay} = 7.89\text{kN}$$

$$\sum M_A = 0,\quad M_A + M - M_I - W_2 \times \frac{l}{2} - W_1 l - F'_T(l + r) = 0$$

得

$$M_A = 13.78\text{kN} \cdot \text{m}$$

计算题 7.22～计算题 7.31　虚位移原理

计算题 7.22　均质杆 AB 长为 $2l$，重为 W，一端靠在光滑的铅垂墙壁上，另一端放在固定曲线 DE 上，如图所示。欲使细杆能静止在铅垂面的任意位置上，试求曲线 DE 的方程。

解　取整体为研究对象，建立坐标系如图所示。由虚位移原理，有

$$W \times \delta y_C = 0$$

由于 $W \neq 0$，故只有 $\delta y_C = 0$，即 $y_C =$ 常数。

当杆处于铅垂位置时，$y_C = l$，故 y_C 在任一瞬时均为 l。当杆在任意位置时，A 点的坐标为

$$\begin{cases} x = 2l\sin\varphi \\ y = y_C - l\cos\varphi \end{cases}$$

即

$$\begin{cases} x = 2l\sin\varphi \\ y = l - l\cos\varphi \end{cases}$$

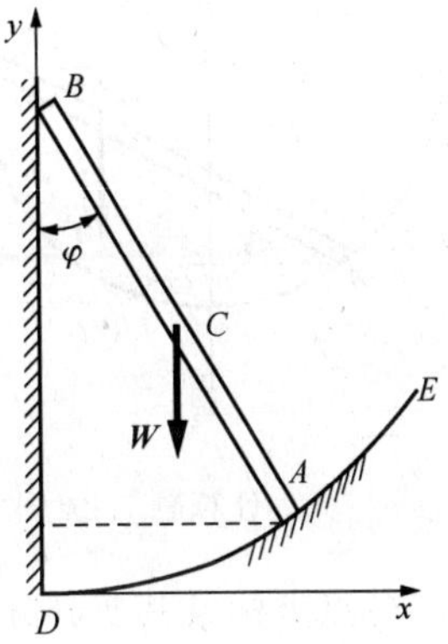

计算题 7.22 图

消去 φ 得

$$\left(\frac{x}{2l}\right)^2 + \frac{(l - y)^2}{l^2} = 1$$

即曲线 DE 是中心为（0，l），长轴为 $4l$，短轴为 $2l$ 的椭圆的一部分。

计算题 7.23　图示一根长为 l 的无重直杆下端与光滑的铅垂墙壁接触，杆搭在固定而光滑的钉子 C 上，钉与墙壁的距离为 d，杆的上端 B 挂一重为 W 的重物。试求平衡时杆和铅垂方向所成的角 θ。

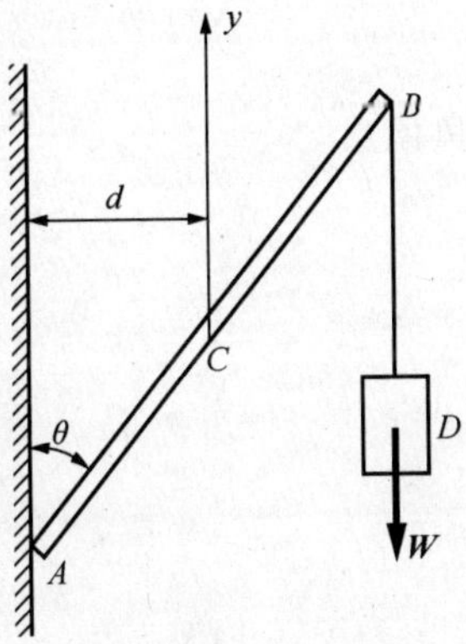

计算题 7.23 图

解　取整体为研究对象，建立坐标系如图所示。杆受一主动力 $\boldsymbol{W}$，由虚位移原理，杆平衡时应满足

$$\boldsymbol{W} \cdot \delta \boldsymbol{r}_D = 0$$

或

$$W \times \delta y_B = 0$$

因

$$W \neq 0$$

故

$$\delta y_B = 0 \tag{a}$$

B 点坐标及其变分分别为

$$y_B = l\cos\theta - d\cot\theta$$

$$\delta y_B = -l\sin\theta\delta\theta + d\csc^2\theta\delta\theta$$

将上式代入式（a），得

$$\sin^3\theta = \frac{d}{l}$$

故

$$\theta = \arcsin\left(\sqrt[3]{\frac{d}{l}}\right)$$

计算题 7.24 一长为 $2a$ 的均质杆靠在水平放置的半球形碗的边缘，一端在碗内，一端在碗外，如图所示。碗的半径为 R，忽略摩擦，试求杆的平衡位置。

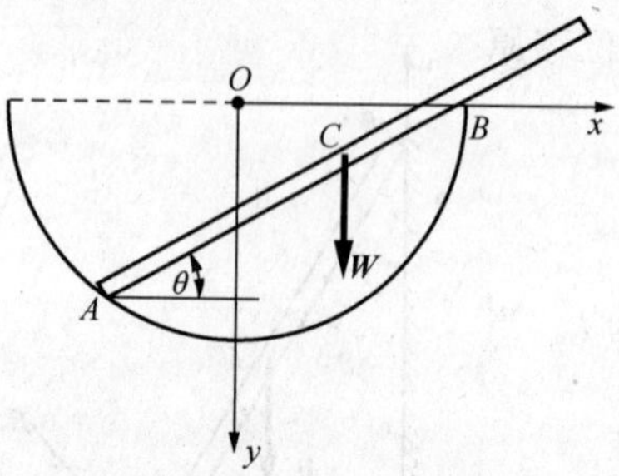

计算题 7.24 图

解 取整体为研究对象，建立坐标系如图所示。由虚位移原理，有

$$\boldsymbol{W} \cdot \delta \boldsymbol{r}_C = 0$$

由于力 $\boldsymbol{W}$ 只在 y 方向有投影，上式成为

$$W \times \delta y_C = 0 \tag{a}$$

因

$$W \neq 0$$

故

$$\delta y_C = 0$$

C 点坐标及其变分分别为

$$y_C = 2R\cos\theta\sin\theta - a\sin\theta = R\sin2\theta - a\sin\theta$$

$$\delta y_C = (2R\cos2\theta - a\cos\theta)\delta\theta$$

代入式（a），得

$$2R\cos2\theta - a\cos\theta = 0$$

即

$$4R\cos^2\theta - a\cos\theta - 2R = 0$$

解得

$$\cos\theta = \frac{a + \sqrt{a^2 + 32R^2}}{8R} \quad (\text{因为}\cos\theta > 0\text{,舍去负值})$$

由 $\cos\theta < 1$，得

$$R > \frac{1}{2}a$$

由于杆的一端在碗外，即

$$2R\cos\theta < 2a$$

得

$$R < \frac{\sqrt{6}}{2}a$$

因此，当$\frac{1}{2}a<R<\frac{\sqrt{6}}{2}a$时，$\cos\theta=\frac{a+\sqrt{a^2+32R^2}}{8R}$，杆平衡。

计算题 7.25　在图示机构中，曲柄 AB 和连杆 BC 长度相同，而且都是重为 W_1 的均质杆，滑块 C 重为 W_2，它可沿倾角为 θ 的导杆 AD 滑动。试求系统在铅垂面内平衡时的角 φ。

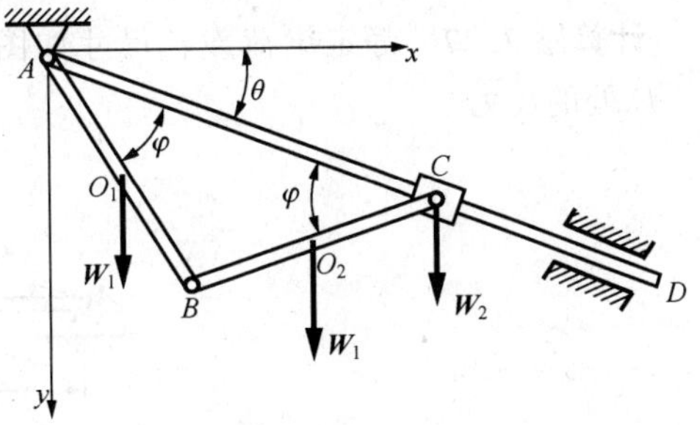

计算题 7.25 图

解　取整体为研究对象，建立坐标系如图所示。设 $AB=BC=a$，由虚位移原理，有

$$W_1\times\delta y_{O_1}+W_1\times\delta y_{O_2}+W_2\times\delta y_C=0 \quad \text{(a)}$$

主动力作用点的坐标及其变分分别为

$$y_{O_1}=\frac{a}{2}\sin(\varphi+\theta)$$

$$\delta y_{O_1}=\frac{a}{2}\cos(\varphi+\theta)\delta\varphi$$

$$y_{O_2}=2a\cos\varphi\sin\theta+\frac{a}{2}\sin(\varphi-\theta)$$

$$\delta y_{O_2}=-2a\sin\varphi\sin\theta\delta\varphi+\frac{a}{2}\cos(\varphi-\theta)\delta\varphi$$

$$y_C=2a\cos\varphi\sin\theta$$

$$\delta y_C=-2a\sin\varphi\sin\theta\delta\varphi$$

将以上关系式代入式（a），解得

$$\tan\varphi=\frac{W_1}{2(W_1+W_2)}\cot\theta$$

$$\varphi=\arctan\left[\frac{W_1}{2(W_1+W_2)}\cot\theta\right]$$

计算题 7.26　在图（a）所示机构中，杆 OA 处于水平位置，连杆 AC 与水平面成 φ 角，$OA=\frac{1}{2}AC=a$。不计机构的自重，试求该平衡位置时的转矩 M 与水平力 F 之间的关系。

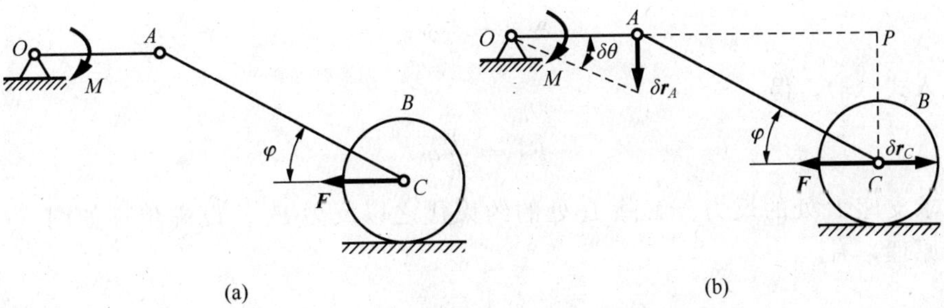

计算题 7.26 图

解　取整体为研究对象，设虚位移如图（b）所示。由虚位移原理，有

$$M\times\delta\theta-F\times\delta r_C=0 \quad \text{(a)}$$

虚位移之间的关系为

$$\delta r_C = \frac{PC}{PA}\delta r_A = \frac{PA \cdot \tan\varphi}{PA} a\delta\theta = a\tan\varphi\delta\theta$$

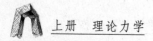

将上式代入式（a），得

$$F = \frac{M}{a}\cot\varphi$$

计算题 7.27　静定梁荷载、尺寸如图（a）所示。梁重不计，试用虚位移原理求支座 A、B 处的反力。

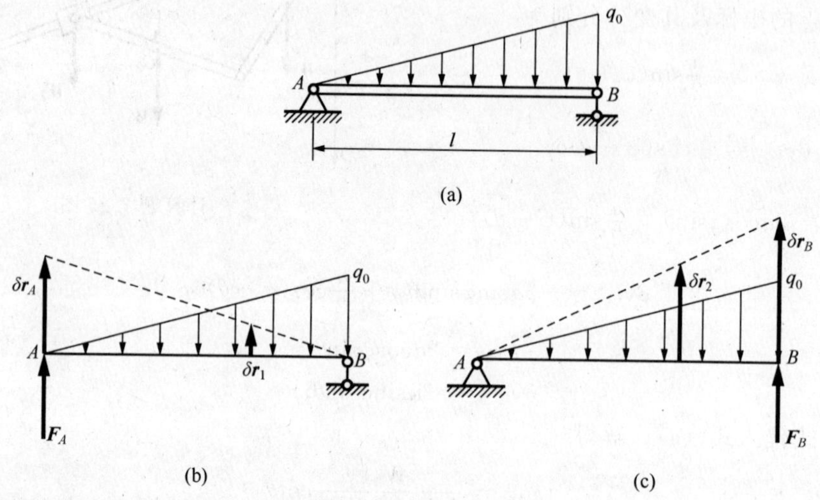

计算题 7.27 图

解　(1) 求支座 A 处的反力。解除 A 处的约束代之以反力 $\boldsymbol{F}_A$。设虚位移如图（b）所示。由虚位移原理，有

$$F_A \times \delta r_A - \frac{1}{2}q_0 l \times \delta r_1 = 0 \tag{a}$$

虚位移之间的关系为

$$\delta r_1 = \frac{1}{3}\delta r_A$$

将上式代入式（a），得

$$F_A = \frac{1}{6}q_0 l$$

(2) 求支座 B 处的反力。解除 B 处的约束代之以反力 $\boldsymbol{F}_B$。设虚位移如图（c）所示。由虚位移原理，有

$$F_B \times \delta r_B - \frac{1}{2}q_0 l \times \delta r_2 = 0 \tag{b}$$

虚位移之间的关系为

$$\delta r_2 = \frac{2}{3}\delta r_B$$

将上式代入式（b），得

$$F_B = \frac{1}{3}q_0 l$$

计算题 7.28 组合梁荷载、尺寸如图（a）所示。已知 $q=4\text{kN/m}$，梁重不计，试用虚位移原理求支座 D 处的反力。

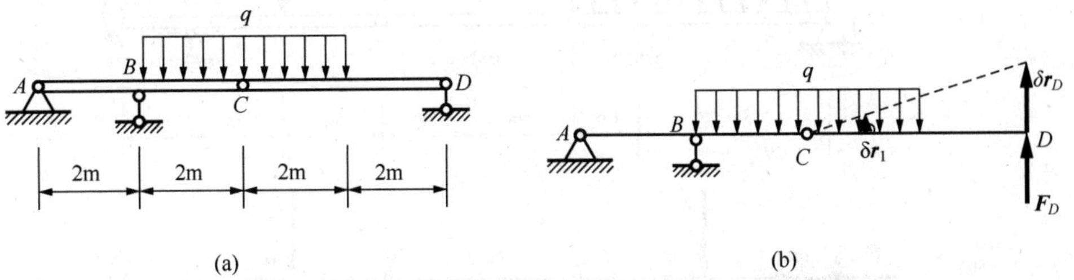

计算题 7.28 图

解 解除 D 处的约束代之以反力 $\boldsymbol{F}_D$。设虚位移如图（b）所示。由虚位移原理，有

$$F_D \times \delta r_D - q \times 2 \times \delta r_1 = 0 \tag{a}$$

虚位移之间的关系为

$$\delta r_D = 4\delta r_1$$

将上式及 $q=4\text{kN/m}$ 代入式（a），得

$$F_D = 2\text{kN}$$

计算题 7.29 试用虚位移原理求图（a）所示梁支座 A、B 处的反力。已知 $q=15\text{kN/m}$，$F=4\text{kN}$，$M=2\text{kN}\cdot\text{m}$，梁重不计。

解 （1）求支座 A 处的反力。解除 A 处的水平约束代之以反力 $\boldsymbol{F}_{Ax}$。设虚位移如图（b）所示。由虚位移原理，有

$$F_{Ax} \times \delta r_A = 0$$

得

$$F_{Ax} = 0$$

解除 A 处的铅垂约束代之以反力 $\boldsymbol{F}_{Ay}$。设虚位移如图（c）所示。由虚位移原理，有

$$F_{Ay} \times \delta r_A - F_q \times \delta r_q - F \times \delta r_F + M \times \delta\varphi = 0 \tag{a}$$

虚位移之间的关系为

$$\delta r_F = 1.5\delta\varphi$$

$$\delta r_A = 3\delta r_q = 9\delta\varphi$$

将以上关系式及 $F=4\text{kN}$，$F_q=4q=60\text{kN}$，$M=2\text{kN}\cdot\text{m}$ 代入式（a），得

$$F_{Ay} = 20.4\text{kN}$$

（2）求支座 B 处的反力。解除 B 处约束代之以反力 $\boldsymbol{F}_B$。设虚位移如图（d）所示。由虚位移原理，有

$$F_B \times \delta r_B - F_q \times \delta r_q + F \times \delta r_F - M \times \delta\varphi = 0 \tag{b}$$

虚位移之间的关系为

$$\delta r_F = 1.5\delta\varphi$$

$$\delta r_B = \frac{3}{4}\delta r_G = \frac{9}{4}\delta\varphi$$

$$\delta r_q = 0.5\delta r_G = 1.5\delta\varphi$$

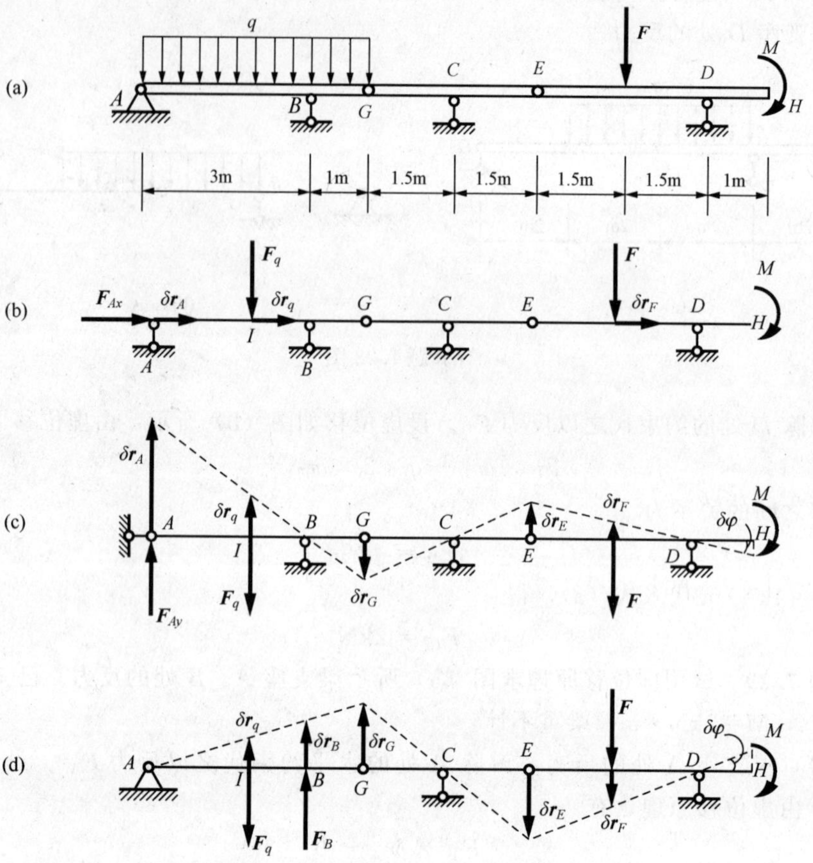

计算题 7.29 图

将以上关系式及 $F=4\text{kN}$，$F_q=4q=60\text{kN}$，$M=2\text{kN}\cdot\text{m}$ 代入式（b），得

$$F_B = 38.2\text{kN}$$

计算题 7.30　图（a）所示一铰接菱形 $ABCD$，其 B、D 两点也用杆相连，此杆与菱形之边的夹角为 θ。设在 A、C 处分别作用有两等值、反向、共线的力 $\boldsymbol{F}$ 与 $\boldsymbol{F}'$，试用虚位移原理求 BD 杆的受力。杆的自重不计。

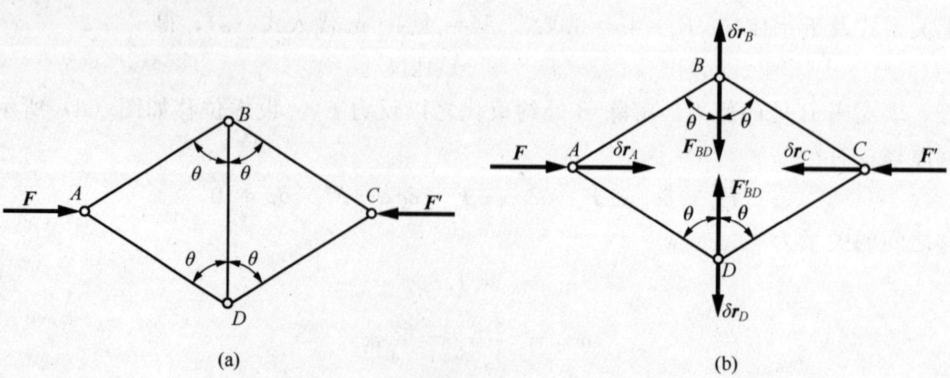

计算题 7.30 图

解　切断 BD 杆代之以力 $\boldsymbol{F}_{BD}$、$\boldsymbol{F}'_{BD}$，设虚位移如图（b）所示。由虚位移原理，有

$$F \times \delta r_A + F' \times \delta r_C - F_{BD} \times \delta r_B - F'_{BD} \times \delta r_D = 0 \quad \text{(a)}$$

杆 AB、BC、CD、AD 作平面运动，根据系统的对称性，虚位移之间的关系为

$$\delta r_A = \delta r_C$$

$$\delta r_B = \delta r_D$$

$$\delta r_B \cos\theta = \delta r_A \sin\theta$$

将以上关系式代入式（a），得

$$F_{BD} = F\cot\theta$$

计算题 7.31　图（a）所示桁架中各杆的长度均为 a，已知作用力 $\boldsymbol{F}$，试用虚位移原理求杆 1、2 的受力。

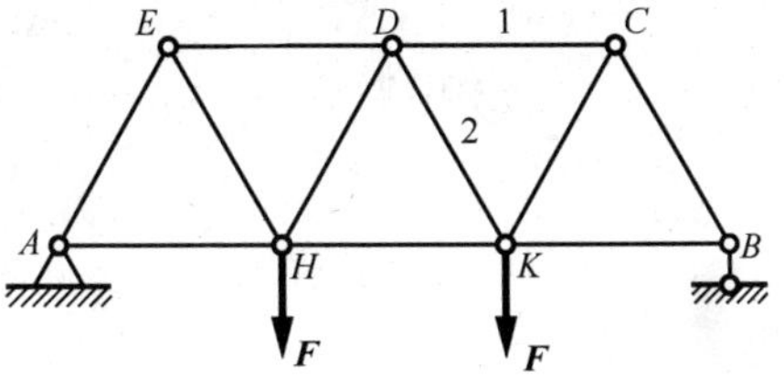

(a)

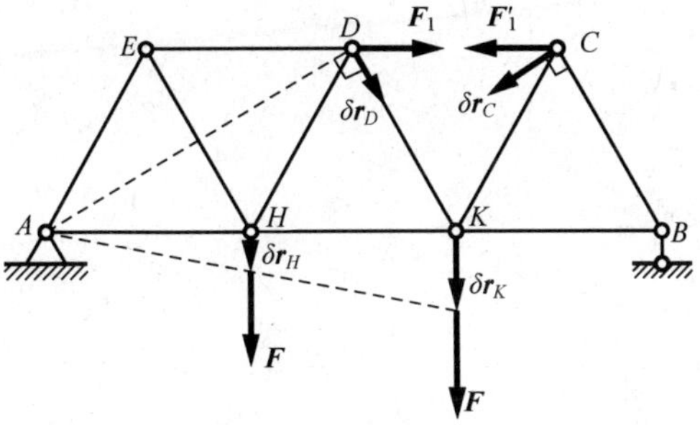

(b)

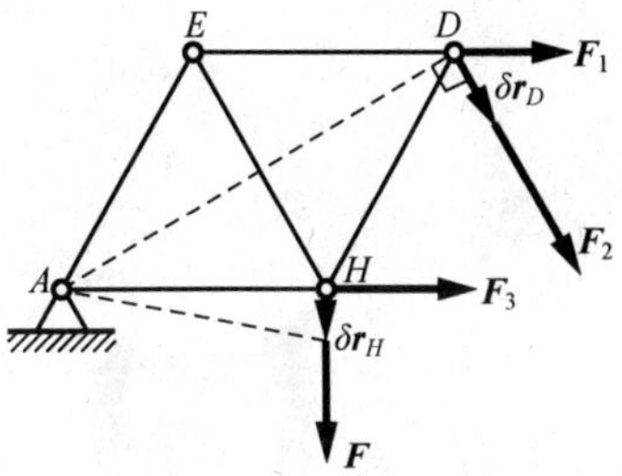

(c)

计算题 7.31 图

解　(1) 切断杆 1 代之以力 $\boldsymbol{F}_1$、$\boldsymbol{F}'_1$。设虚位移如图（b）所示。由虚位移原理，有

$$F \times \delta r_H + F \times \delta r_K + F_1 \times \delta r_D \cos 60° + F'_1 \times \delta r_C \cos 30° = 0 \quad \text{(a)}$$

虚位移之间的关系为

$$\delta r_D = \sqrt{3}\delta r_H$$

$$\delta r_K = 2\delta r_H$$

$$\delta r_C = \delta r_K = 2\delta r_H$$

将以上关系式代入式（a），得

$$F_1 = -\frac{2\sqrt{3}}{3}F(\text{压力})$$

(2) 切断杆 2 代之以力 $\boldsymbol{F}_2$、$\boldsymbol{F}'_2$。设虚位移如图（c）所示。由虚位移原理，有

$$F \times \delta r_H + F_2 \times \delta r_D + F_1 \times \delta r_D \cos 60^\circ = 0 \tag{b}$$

虚位移之间的关系为

$$\delta r_D = \sqrt{3}\delta r_H$$

将上式代入式（b），得

$$F_2 = 0$$

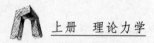